Dieter Kind

# Einführung in die Hochspannungs-Versuchstechnik

Lehrbuch
für Elektrotechniker

Mit 181 Bildern

Friedr. Vieweg + Sohn
Braunschweig

# uni—text

Verlagsredaktion: *Bernhard Lewerich*

**ISBN** 3 528 0**3805** 5

1972

Alle Rechte vorbehalten
Copyright © 1972 by Friedr. Vieweg + Sohn GmbH, Verlag, Braunschweig
Library of Congress Catalog Card No. 72–77007

Die Vervielfältigung und Übertragung einzelner Textabschnitte, Zeichnungen oder Bilder, auch für Zwecke der Unterrichtsgestaltung, gestattet das Urheberrecht nur, wenn sie mit dem Verlag vorher vereinbart wurden. Im Einzelfall muß über die Zahlung einer Gebühr für die Nutzung fremden geistigen Eigentums entschieden werden. Das gilt für die Vervielfältigung durch alle Verfahren einschließlich Speicherung und jede Übertragung auf Papier, Transparente, Filme, Bänder, Platten und andere Medien.

Satz: Friedr. Vieweg + Sohn, Braunschweig
Druck: E. Hunold, Braunschweig
Buchbinder: W. Langelüddecke, Braunschweig
Printed in Germany-West

# Vorwort

Die Hochspannungstechnik ist ein Gebiet der Elektrotechnik, dessen wissenschaftliche Grundlagen vor allem in der Physik liegen und das durch seine Anwendung eng mit der industriellen Praxis verbunden ist. Sie beschäftigt sich mit physikalischen Erscheinungen und technischen Problemen, die im Zusammenhang mit hohen Spannungen auftreten.

Die Eigenschaften von Gasen und Plasmen sowie von flüssigen und festen Isolierstoffen sind von grundsätzlicher Bedeutung für die Hochspannungstechnik. Da die physikalischen Erscheinungen in diesen Medien durch eine theoretische Behandlung trotz aller Fortschritte nur unvollständig erfaßt werden können, steht das Experiment im Vordergrund der wissenschaftlichen Arbeit auf diesem Fachgebiet. Lehre und Forschung sind in der Hochspannungstechnik daher wesentlich auf die Versuchstechnik als Voraussetzung für die Lösung vieler Aufgaben angewiesen.

Diese Erkenntnis liegt der Konzeption des vorliegenden Buches zugrunde. Es richtet sich in erster Linie an Studierende der Elektrotechnik und will dem Leser das wichtigste Rüstzeug für die experimentelle Behandlung von Fragen der Hochspannungstechnik angeben. Dabei wurde versucht, auf wichtige praktische Aufgaben in Prüffeldern und Laboratorien hinzuweisen und Lösungswege aufzuzeigen. Es sollte daher auch dem bereits in der Praxis stehenden Ingenieur eine Hilfe bei seiner Arbeit sein können.

Die theoretischen Betrachtungen werden im Zusammenhang mit ausführlich beschriebenen Versuchen eines Hochspannungspraktikums gebracht. Die Darstellung setzt Kenntnisse voraus, wie sie bei Studierenden der Elektrotechnik an einer Technischen Universität im 3. Studienjahr erwartet werden dürfen.

Die Entwicklung der Hochspannungstechnik reicht bis in die ersten Jahre des 20. Jahrhunderts zurück. Inzwischen sind viele neue Teilgebiete der Elektrotechnik entstanden, auf denen jeder Elektroingenieur bestimmte Kenntnisse besitzen sollte. Diese Entwicklung führte notwendigerweise zu einer Besinnung auf die gemeinsamen wissenschaftlichen Grundlagen der Elektrotechnik, was nicht ohne Rückwirkung auf die aus der Tradition entstandene Terminologie der Hochspannungstechnik bleiben konnte. Im Rahmen dieses Buches wurden daher möglichst einheitliche und auch für Elektroingenieure anderer Fachrichtungen verständliche Bezeichnungen verwendet. Die Angabe physikalischer Größen erfolgte durchweg im Internationalen Einheitensystem „SI".

Bereits vor 30 Jahren hat mein verehrter Vorgänger Herr Prof. Dr.-Ing. Dr.-Ing. E. h. *Erwin Marx* mit seinem im In- und Ausland weit verbreiteten „Hochspannungspraktikum" das Thema dieses Buches behandelt. Damals betrug die höchste Übertragungsspannung 220 kV, heute ist die Überschreitung der 1 MV-Grenze in greifbare Nähe gerückt. Die Tatsache, daß inzwischen eine stürmische Fortentwicklung der Hochspannungstechnik stattgefunden hat, rechtfertigt es, die gleiche Aufgabe von Grund auf neu zu bearbeiten.

Dieses Buch ist im Zusammenhang mit der Ausarbeitung von Lehrveranstaltungen am Institut für Hochspannungstechnik der Technischen Universität Braunschweig entstanden. Eine große Zahl von Mitarbeitern des Instituts ist am Inhalt des Buches und an der Planung und Erprobung der beschriebenen Versuche wesentlich beteiligt. Vor allem möchte ich die Herren *Uwe Brand, Ulrich Braunsberger, Harald Brumshagen, Dr. Hagen Härtel, Werner Kodoll, Harro Lührmann, Manfred Naglik, Gerald Newi, Dirk Peier, Dr. Jürgen Salge, Jürgen Schirr, Dr. Ludwig Schiweck* und *Manfred Weniger* nennen, ohne deren vorbehaltlos aktive Mitwirkung das Vorhaben nicht zu verwirklichen gewesen wäre. Ich danke ihnen allen sehr herzlich, nicht zuletzt aber auch Frau *Margrit Bödecker* für die geduldige Ausführung vieler Schreibarbeiten und Herrn *Hans-Joachim Müller* für die vorbildliche Anfertigung der Zeichnungen. Dank schulde ich vor allem aber auch Herrn *Walter Steudle,* der die für das Gelingen des Buches so wichtige und umfangreiche Aufgabe der sorgfältigen Überarbeitung des Manuskriptentwurfes mit großem persönlichen Einsatz übernommen hat. Dem Vieweg-Verlag danke ich für das verständnisvolle Eingehen auf zahlreiche Sonderwünsche und für die gute Zusammenarbeit.

*Dieter Kind*

# Inhaltsverzeichnis

| | | |
|---|---|---|
| **1.** | **Wissenschaftliche Grundlagen der Hochspannungs-Versuchstechnik** | **1** |
| 1.1. | Erzeugung und Messung hoher Wechselspannungen | 1 |
| | 1.1.1. Kenngrößen für hohe Wechselspannungen | 1 |
| | 1.1.2. Schaltung von Prüftransformatoren | 1 |
| | 1.1.3. Aufbau von Prüftransformatoren | 3 |
| | 1.1.4. Betriebsverhalten von Prüftransformatoren | 5 |
| | 1.1.5. Hochspannungserzeugung mit Resonanzschaltungen | 6 |
| | 1.1.6. Scheitelwertmessung mit Kugelfunkenstrecken | 7 |
| | 1.1.7. Scheitelwertmessung mit Meßkondensatoren | 9 |
| | 1.1.8. Scheitelwertmessung mit kapazitiven Spannungsteilern | 10 |
| | 1.1.9. Effektivwertmessung mit elektrostatischen Spannungsmessern | 12 |
| | 1.1.10. Messung mit Spannungswandlern | 14 |
| 1.2. | Erzeugung und Messung hoher Gleichspannungen | 14 |
| | 1.2.1. Kenngrößen für hohe Gleichspannungen | 14 |
| | 1.2.2. Eigenschaften von Hochspannungsgleichrichtern | 15 |
| | 1.2.3. Die Einweg-Gleichrichterschaltung | 16 |
| | 1.2.4. Vervielfachungsschaltungen | 18 |
| | 1.2.5. Elektrostatische Generatoren | 21 |
| | 1.2.6. Messung mit Hochspannungswiderständen | 23 |
| | 1.2.7. Effektivwertmessung mit elektrostatischen Spannungsmessern | 24 |
| | 1.2.8. Spannungs- und Feldstärkemesser nach dem Generatorprinzip | 24 |
| | 1.2.9. Andere Verfahren zur Messung hoher Gleichspannungen | 27 |
| | 1.2.10. Messung der Überlagerungen | 27 |
| 1.3. | Erzeugung und Messung von Stoßspannungen | 28 |
| | 1.3.1. Kenngrößen für Stoßspannungen | 28 |
| | 1.3.2. Kapazitive Kreise zur Stoßspannungserzeugung | 30 |
| | 1.3.3. Berechnung einstufiger Stoßspannungskreise | 33 |
| | 1.3.4. Andere Wege zur Erzeugung von Stoßspannungen | 35 |
| | 1.3.5. Scheitelwertmessung mit der Kugelfunkenstrecke | 37 |
| | 1.3.6. Schaltung und Übertragungsverhalten von Stoßspannungsteilern | 38 |
| | 1.3.7. Experimentelle Bestimmung des Übertragungsverhaltens von Stoßspannungs-Meßkreisen | 43 |
| 1.4. | Erzeugung und Messung von Stoßströmen | 46 |
| | 1.4.1. Kenngrößen für Stoßströme | 46 |
| | 1.4.2. Energiespeicher | 48 |
| | 1.4.3. Entladekreise zur Erzeugung von Stoßströmen | 50 |
| | 1.4.4. Strommessung mit Meßwiderständen | 53 |
| | 1.4.5. Strommessung unter Anwendung von Induktionswirkungen | 54 |
| | 1.4.6. Andere Arten der Messung von rasch veränderlichen transienten Strömen | 55 |
| 1.5. | Zerstörungsfreie Hochspannungsprüfungen | 56 |
| | 1.5.1. Verluste im Dielektrikum | 56 |
| | 1.5.2. Messung des Leitungsstromes bei Gleichspannung | 57 |
| | 1.5.3. Messung des Verlustfaktors bei Wechselspannung | 58 |
| | 1.5.4. Messung von Teilentladungen bei Wechselspannungen | 62 |

| | | | |
|---|---|---|---|
| **2.** | **Ausführung und Betrieb von Hochspannungs-Versuchsanlagen** | | **69** |
| **2.1.** | **Abmessungen und technische Einrichtungen von Versuchsanlagen** | | **69** |
| | 2.1.1. | Anlagen für ein Hochspannungspraktikum | 69 |
| | 2.1.2. | Hochspannungs-Prüffelder | 70 |
| | 2.1.3. | Hochspannungs-Laboratorien | 74 |
| | 2.1.4. | Hilfseinrichtungen für größere Versuchsanlagen | 75 |
| **2.2.** | **Abgrenzung, Erdung und Abschirmung von Versuchsanlagen** | | **76** |
| | 2.2.1. | Abgrenzung | 77 |
| | 2.2.2. | Erdungsanlagen | 77 |
| | 2.2.3. | Abschirmung | 80 |
| **2.3.** | **Schaltungen für Hochspannungsversuche** | | **81** |
| | 2.3.1. | Energieversorgungs- und Sicherheitskreis | 81 |
| | 2.3.2. | Aufbau von Hochspannungsschaltungen | 83 |
| **2.4.** | **Bauelemente für Hochspannungsschaltungen** | | **86** |
| | 2.4.1. | Hochspannungswiderstände | 86 |
| | 2.4.2. | Hochspannungskondensatoren | 88 |
| | 2.4.3. | Funkenstrecken | 90 |
| | 2.4.4. | Hochspannungs-Baukasten | 94 |
| | | | |
| **3.** | **Hochspannungspraktikum** | | **98** |
| **3.1.** | **Versuch „Wechselspannungen"** | | **99** |
| | 3.1.1. | Grundlagen: Sicherheitseinrichtungen – Prüftransformatoren – Scheitelwertmessung – Effektivwertmessung – Kugelfunkenstrecken | 99 |
| | 3.1.2. | Durchführung | 100 |
| | 3.1.3. | Ausarbeitung | 102 |
| **3.2.** | **Versuch „Gleichspannungen"** | | **103** |
| | 3.2.1. | Grundlagen: Gleichrichterkennlinien – Überlagerungsfaktor – Greinacher-Verdoppelungsschaltung – Polaritätseffekt – Isolierschirme | 103 |
| | 3.2.2. | Durchführung | 105 |
| | 3.2.3. | Ausarbeitung | 109 |
| **3.3.** | **Versuch „Stoßspannungen"** | | **110** |
| | 3.3.1. | Grundlagen: Blitzstoßspannungen – einstufige Stoßspannungsschaltungen – Scheitelwertmessung mit Kugelfunkenstrecken – Durchschlagswahrscheinlichkeit | 110 |
| | 3.3.2. | Durchführung | 112 |
| | 3.3.3. | Ausarbeitung | 115 |
| **3.4.** | **Versuch „Elektrisches Feld"** | | **116** |
| | 3.4.1. | Grundlagen: Grafische Feldbestimmung – Modellmessungen im Strömungsfeld – Feldmessungen bei Hochspannung | 116 |
| | 3.4.2. | Durchführung | 121 |
| | 3.4.3. | Ausarbeitung | 123 |
| **3.5.** | **Versuch „Flüssige und feste Isolierstoffe"** | | **125** |
| | 3.5.1. | Grundlagen: Isolieröl und fester Isolierstoff – Leitfähigkeitsmessung – Verlustfaktormessung – Faserbrückendurchschlag – Wärmedurchschlag – Durchschlagsprüfung | 125 |
| | 3.5.2. | Durchführung | 130 |
| | 3.5.3. | Ausarbeitung | 133 |

3.6. Versuch „Teilentladungen" 134
    3.6.1. Grundlagen: Äußere Teilentladungen (Korona) – Innere Teilentladungen – Gleitentladungen 134
    3.6.2. Durchführung 141
    3.6.3. Ausarbeitung 144

3.7. Versuch „Durchschlag von Gasen" 144
    3.7.1. Grundlagen: Townsend-Mechanismus – Kanal-Mechanismus – Isoliergase 144
    3.7.2. Durchführung 148
    3.7.3. Ausarbeitung 152

3.8. Versuch „Stoßspannungs-Meßtechnik" 152
    3.8.1. Grundlagen: Vervielfachungsschaltung nach Marx – Stoßspannungsteiler – Stoßkennlinien 153
    3.8.2. Durchführung 156
    3.8.3. Ausarbeitung 159

3.9. Versuch „Transformatorprüfung" 161
    3.9.1. Grundlagen: Vorschriften für Hochspannungsprüfungen – Isolationskoordination – Durchschlagsprüfung von Isolieröl – Transformatorprüfung mit Wechselspannung – Transformatorprüfung mit Blitzstoßspannung 161
    3.9.2. Durchführung 165
    3.9.3. Ausarbeitung 168

3.10. Versuch „Innere Überspannungen" 168
    3.10.1. Grundlagen: Mittelpunktsverlagerung – Erdungsziffer – Magnetisierungskennlinie – Kippschwingungen – Subharmonische Schwingungen 168
    3.10.2. Durchführung 176
    3.10.3. Ausarbeitung 179

3.11. Versuch „Wanderwellen" 179
    3.11.1. Grundlagen: Blitzüberspannungen – Schaltüberspannungen – Überspannungsableiter – Schutzbereich – Wellen in Wicklungen – Stoßspannungsverteilung 180
    3.11.2. Durchführung 186
    3.11.3. Ausarbeitung 188

3.12. Versuch „Stoßströme und Lichtbögen" 190
    3.12.1. Grundlagen: Entladekreis mit kapazitivem Energiespeicher – Stoßstrommessung – Kraftwirkungen im magnetischen Feld – Wechselstromlichtbogen – Lichtbogenlöschung 191
    3.12.2. Durchführung 195
    3.12.3. Ausarbeitung 200

Anhang 1    Sicherheitsvorschriften für Hochspannungsversuche 201
Anhang 2    Berechnung der Kurzschlußimpedanz von Transformatoren in Kaskadenschaltung 204
Anhang 3    Berechnung einstufiger Stoßspannungskreise 206
Anhang 4    Berechnung der Impedanz von Flächenleitern 207
Anhang 5    Statistische Auswertung von Meßergebnissen 211

Schrifttum 218
Sachwortverzeichnis 222

## Zusammenstellung der verwendeten Formelzeichen

| | | | |
|---|---|---|---|
| a | Länge | L | Induktivitätsbelag |
| b | Breite, atmosphärischer Druck, Beweglichkeit | M | Gegeninduktivität |
| c | Lichtgeschwindigkeit, Länge | N | Windungszahl |
| d | Durchmesser, relative Luftdichte | P | Leistung, Wahrscheinlichkeit |
| f | Frequenz | $P'$ | Leistungsdichte |
| i | Strom (Augenblickswert), Laufindex | Q | elektrische Ladung, Wärmemenge |
| k | Proportionalitätsfaktor | R | Widerstand, Radius |
| $l$ | Länge | S | Stromdichte, Spannungssteilheit |
| m | Masse, natürliche Zahl | T | Periodendauer, Zeitkonstante, Antwortzeit |
| n | natürliche Zahl, Impulshäufigkeit, Ladungsträgerdichte | U | Spannung (fester Wert) |
| | | $U_{eff}$ | Spannung (Effektivwert) |
| p | Druck, Laplace-Operator | $\overline{U}$ | Spannung (arithmetischer Mittelwert) |
| q | Ladung | $\hat{U}$ | Spannung (Scheitelwert) |
| r | Radius, Abstand | W | Energie |
| s | Schlagweite, Standardabweichung | $W'$ | Energiedichte |
| s(t) | Sprungfunktion | X | Blindwiderstand |
| t | Zeit | Y | Scheinleitwert |
| u | Spannung (Augenblickswert) | Z | Wellenwiderstand, Scheinwiderstand |
| ü | Leerlaufübersetzungsverhältnis | | |
| v | Geschwindigkeit, Variationskoeffizient | | |
| w(t) | Sprungantwort | | |
| x | Ortskoordinate | $\alpha$ | Ionisierungskoeffizient, Abkürzung |
| z | Ortskoordinate | $\beta$ | Winkel |
| | | $\delta$ | Verlustwinkel |
| A | Fläche, Konstante | $\tan \delta$ | Verlustfaktor |
| B | magnetische Induktion, Konstante | $\epsilon$ | Dielektrizitätskonstante, Erdungsziffer |
| C | Kapazität | $\eta$ | Ausnutzungsgrad |
| $C'$ | Kapazitätsbelag | $\vartheta$ | Temperatur |
| D | dielektrische Verschiebung, Durchmesser | $\kappa$ | Leitfähigkeit |
| E | elektrische Feldstärke | $\mu$ | Permeabilität |
| F | Kraft, Aufbaufläche | $\nu$ | Laufindex |
| G(p) | Übertragungsfunktion | $\rho$ | spezifischer Widerstand |
| I | Strom (fester Wert) | $\sigma$ | Oberflächenladungsdichte |
| $\overline{I}$ | Strom (arithmetischer Mittelwert) | $\tau$ | Laufzeit |
| $\hat{I}$ | Strom (Scheitelwert) | $\varphi$ | elektrisches Potential |
| K | Konstante | $\omega$ | Kreisfrequenz |
| L | Selbstinduktivität | $\Phi$ | magnetischer Fluß |

# 1. Wissenschaftliche Grundlagen der Hochspannungs-Versuchstechnik

## 1.1. Erzeugung und Messung hoher Wechselspannungen

Hohe Wechselspannungen werden in Laboratorien sowohl für Versuche und Prüfungen mit Wechselspannung als auch für die meisten Schaltungen zur Erzeugung hoher Gleich- und Stoßspannungen benötigt. Die hierfür vorwiegend verwendeten Prüftransformatoren unterscheiden sich von Leistungstransformatoren durch bedeutend kleinere Nennleistungen und ein oft viel höheres Übersetzungsverhältnis. Die Erregung erfolgt zumeist über Stelltransformatoren, die vom Versorgungsnetz gespeist werden, in Sonderfällen auch über Synchrongeneratoren.

Bei fast allen Prüfungen und Versuchen mit hohen Wechselspannungen ist es erforderlich, die Höhe der Spannung möglichst genau zu kennen. Dies ist meist nur möglich, wenn eine Messung auf der Hochspannungsseite erfolgt. Aus diesem Grunde wurden die verschiedensten Verfahren zur Messung von hohen Wechselspannungen entwickelt.

### 1.1.1. Kenngrößen für hohe Wechselspannungen

Der zeitliche Verlauf u(t) hoher Wechselspannungen weicht oft beträchtlich von der Sinusform ab. Für die Hochspannungstechnik sind vor allem der Scheitelwert $\hat{U}$ und der Effektivwert

$$U_{eff} = \sqrt{\frac{1}{T} \int_0^T u(t)^2 \, dt}$$

von Bedeutung.

Bei Hochspannungsprüfungen ist die Kenngröße $\hat{U}/\sqrt{2}$ als Prüfspannung definiert (VDE 0433; IEC-Publ. 60)[1]. Dabei wird vorausgesetzt, daß die Abweichungen des zeitlichen Verlaufs der Hochspannung von einer Sinuskurve den zulässigen Wert nicht überschreiten. Für reine Sinusform wird $\hat{U}/\sqrt{2} = U_{eff}$.

### Erzeugung hoher Wechselspannungen

### 1.1.2. Schaltung von Prüftransformatoren

Transformatoren zur Erzeugung hoher Prüfwechselspannungen werden meist mit einpolig geerdeter Hochspannungswicklung ausgeführt. Für Schaltungen zur Erzeugung hoher Gleich- und Stoßspannungen werden jedoch oft auch Transformatoren mit Wicklungen benötigt, die vollständig isoliert sind.

---

[1] VDE: Verband Deutscher Elektrotechniker
    IEC: International Electrotechnical Commission

# 1. Wissenschaftliche Grundlagen der Hochspannungs-Versuchstechnik

**Bild 1.1-1**
Schaltungen einstufiger Prüftransformatoren
E Erregerwicklung
H Hochspannungswicklung
F Eisenkern
a) einpolig isoliert
b) vollisoliert

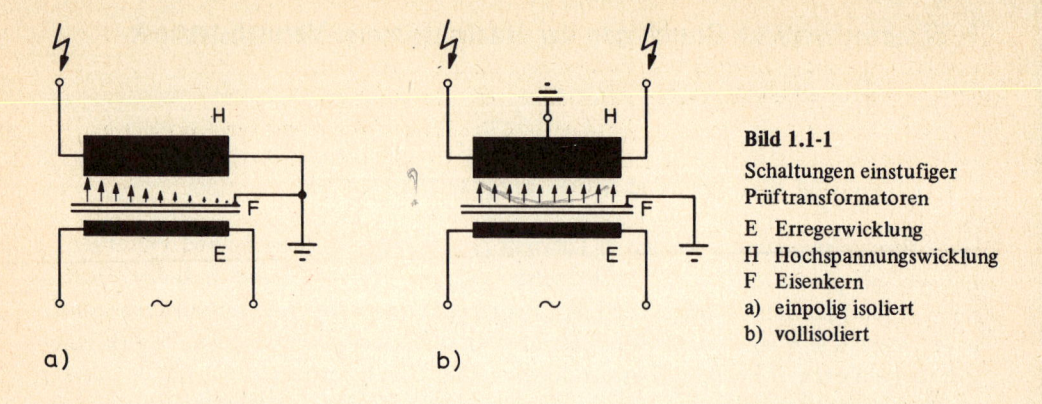

Bild 1.1-1 zeigt diese beiden Grundschaltungen von Prüftransformatoren. Die Länge der Spannungspfeile soll die Höhe der Beanspruchung der Isolierung zwischen der Hochspannungswicklung H und der Erregerwicklung E bzw. dem Eisenkern F andeuten. Die vollisolierte Wicklung kann wahlweise an einer der beiden Klemmen oder an der eingezeichneten Mittenanzapfung geerdet werden; im letzteren Fall erhält man eine erdsymmetrische Spannung.

Aus wirtschaftlichen und technischen Erwägungen erzeugt man Spannungen größer als einige 100 kV nicht mehr mit einstufigen Transformatoren nach Bild 1.1-1, sondern durch Reihenschaltung der Hochspannungswicklungen mehrerer Transformatoren. In einer solchen Kaskadenschaltung müssen die einzelnen Transformatoren entsprechend den Spannungen der unteren Stufen isoliert aufgestellt werden. Desgleichen müssen die Erregerwicklungen teilweise auf Hochspannungspotential gebracht sein.

Bild 1.1-2 zeigt eine besonders häufig gebrauchte und bereits 1915 von *W. Petersen*, *F. Dessauer* und *E. Welter* angegebene Schaltung. Die Erregerwicklungen E der oberen

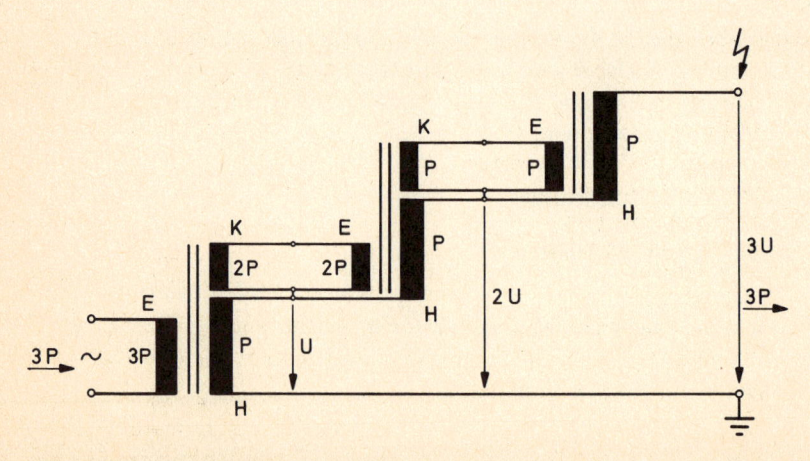

**Bild 1.1-2.** Prüftransformator in dreistufiger Kaskadenschaltung. E Erregerwicklung, H Hochspannungswicklung, K Kopplungswicklung

## 1.1. Erzeugung und Messung hoher Wechselspannungen

Stufen werden von den Kopplungswicklungen K der jeweils darunterliegenden Transformatoreinheiten gespeist. Die einzelnen Stufen, abgesehen von der obersten, müssen als Dreiwicklungs-Transformatoren ausgeführt sein. Bei der Ermittlung der Erwärmung [*Grabner* 1967], der Kurvenform [*Matthes* 1959; *Müller* 1961] sowie der Kurzschlußspannung [*Pfestorf* 1960] ist zu beachten, daß die Kopplungs- und Erregerwicklungen der unteren Stufen größere Leistungen zu übertragen haben als die der oberen und daher für höhere Belastungen ausgelegt sein müssen. Die Größe der von den einzelnen Wicklungen zu übertragenden Leistung ist in Bild 1.1-2 durch ein Vielfaches von P gekennzeichnet.

In Anhang 2 wird gezeigt, wie für Kaskadenschaltungen die gesamte Kurzschlußspannung aus den Werten der einzelnen Stufen berechnet werden kann.

Prüftransformatoren in Kaskadenschaltung wurden bereits für Spannungen von über 2 MV gebaut.

### 1.1.3. Aufbau von Prüftransformatoren[1])

Bei Leistungen von höchstens einigen kVA können zur Erzeugung hoher Wechselspannungen induktive Spannungswandler verwendet werden. Auch Prüftransformatoren kleinerer Leistung weisen konstruktive Ähnlichkeiten mit Spannungswandlern gleicher Prüfspannung auf. Als Isolierung werden dementsprechend bei Spannungen bis etwa 100 kV Epoxidharz, darüber Ölpapier oder Öl mit Isolierbarrieren angewendet. Bei größeren Leistungen findet man wegen der erforderlichen Maßnahmen zur Kühlung der Wicklungen mehr Merkmale von Leistungstransformatoren. Als Isolierung sind Öl mit Barrieren und Ölpapier vorherrschend.

Bei Prüftransformatoren mit Gießharz-Isolierung ist zumindest die Hochspannungswicklung in Epoxidharz eingegossen. Bild 1.1-3 stellt eine mögliche Ausführungsform stark vereinfacht dar.

**Bild 1.1-3**
Aufbau eines Prüftransformators mit Gießharzisolierung
1 Hochspannungswicklung
2 Niederspannungswicklung
3 Eisenkern
4 Fundament
5 Hochspannungsanschluß
6 Isolierung

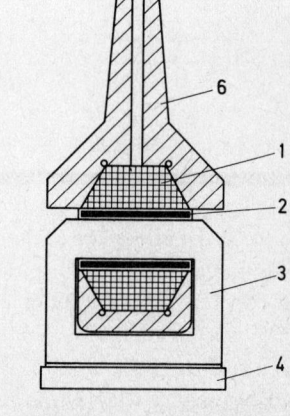

---

[1]) Vgl. auch *Sirotinski* 1956; *Lesch* 1959; *Potthoff, Widmann* 1965; *Prinz* 1965; *Grabner* 1967

Für Prüftransformatoren mit Isolieröl gibt es eine Vielzahl von konstruktiven Lösungen. Bei der Kesselbauweise nach Bild 1.1-4a werden die aktiven Teile (Kern und Wicklungen) von einem metallischen Gehäuse umgeben, das eine günstige Oberflächenselbstkühlung ermöglicht. Nachteilig ist jedoch der hohe Aufwand für die Durchführung bei hohen Spannungen. Bei der Isoliermantelbauweise nach Bild 1.1-4b werden die aktiven Teile mit einem Isolierrohr umgeben. Ein Transformator dieser Ausführung enthält meist viel Öl und besitzt daher für Erwärmungsvorgänge eine große thermische Zeitkonstante. Eine Wärmeabfuhr über den Isoliermantel ist sehr gering, weshalb bei hoher Dauerleistung eine Umlaufkühlung mit Wärmetauschern außerhalb des Isoliermantels erforderlich wird. Von Vorteil ist, daß keine Durchführungen benötigt werden und daß Hochspannungselektroden mit großen Abrundungsradien leicht anzubringen sind.

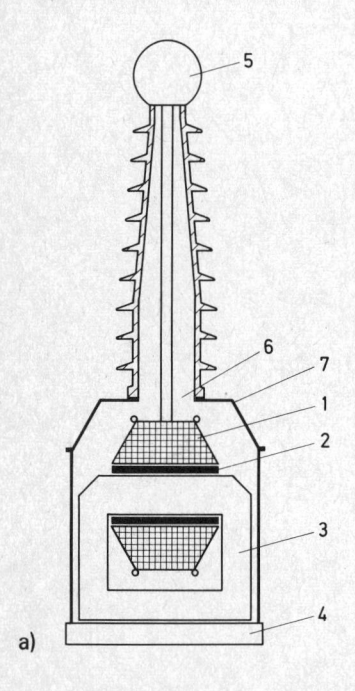

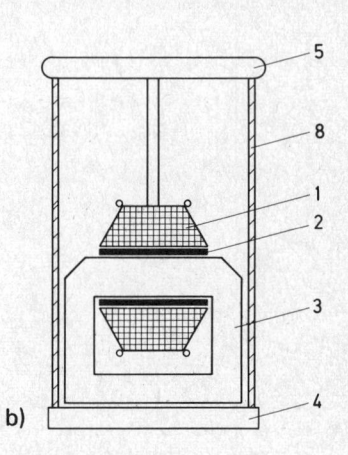

**Bild 1.1-4**
Aufbau ölisolierter Prüftransformatoren
1 bis 5 s. Bild 1.1-3
6 Durchführung
7 Metallgehäuse
8 Isoliergehäuse
a) Kesselbauweise, b) Isoliermantelbauweise

Eine vorteilhafte und daher häufig angewandte Anordnung der aktiven Teile ist in Bild 1.1-5 dargestellt. Es liegt eine zweistufige Kaskadenschaltung vor, bei der beide Stufen einen gemeinsamen Eisenkern F haben, der auf Mittenpotential liegt und daher im allgemeinen isoliert aufgestellt werden muß. Bei der gezeichneten symmetrischen Anordnung der Wicklungen kann die Einspeisung wahlweise in $E_1$ oder $E_2$ erfolgen. Für den Fall, daß mit einer weiteren Transformatoreinheit eine Kaskadenschaltung gebildet werden soll, kann die nicht eingespeiste Wicklung als Kopplungswicklung für die nächsthöhere Stufe dienen. Bei Einspeisung in $K_1$, $K_2$ erhält man eine erdsymmetrische Hochspannung. Als Beispiel sind die Spannungen gegen Erde für den Fall eingezeichnet, daß die rechte Hochspannungsklemme geerdet ist.

## 1.1. Erzeugung und Messung hoher Wechselspannungen

**Bild 1.1-5**
Zweistufige Kaskade mit
gemeinsamem Eisenkern
auf Mittenpotential

$E_1, E_2$   Erregerwicklungen
$H_1, H_2$   Hochspannungswicklungen
$K_1, K_2$   Kopplungswicklungen
$F$          Eisenkern

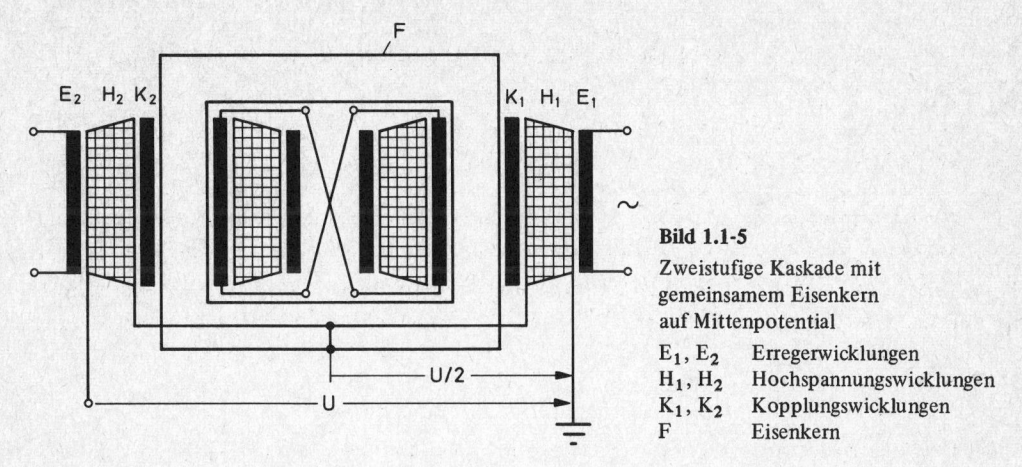

Die beschriebene Anordnung kann besonders bei sehr hohen Spannungen Vorteile bringen und ist sowohl in Kesselbauweise mit zwei Durchführungen als auch in Isoliermantelbauweise auszuführen. Im letzteren Fall wird man jedoch die Anordnung um 90 Grad drehen, so daß die beiden Stufen übereinander liegen.

### 1.1.4. Betriebsverhalten von Prüftransformatoren

Das Betriebsverhalten von Prüftransformatoren ist mit dem üblichen Transformator-Ersatzschaltbild nur sehr unvollkommen zu erfassen, da die Eigenkapazität $C_i$ der Hochspannungswicklungen und der angeschlossene Prüfling, der meist eine überwiegend kapazitive äußere Belastung $C_a$ darstellt, das Verhalten wesentlich beeinflussen. Der Magnetisierungsstrom dagegen kann vernachlässigt werden, so lange noch keine Sättigung des Eisenkerns vorliegt.

Für eine näherungsweise Untersuchung des Betriebsverhaltens ist die Ersatzschaltung nach Bild 1.1-6 gut geeignet. Sie enthält die Kurzschlußimpedanz $R_k + j\omega L_k$ und die gesamte hochspannungsseitige Kapazität $C = C_i + C_a$. Mit $\tilde{U}_1'$ wird die auf die Sekundärseite bezogene Primärspannung $\tilde{U}_1$ bezeichnet. Dieses Ersatzschaltbild gilt auch für Prüftransformatoren in Kaskadenschaltung.

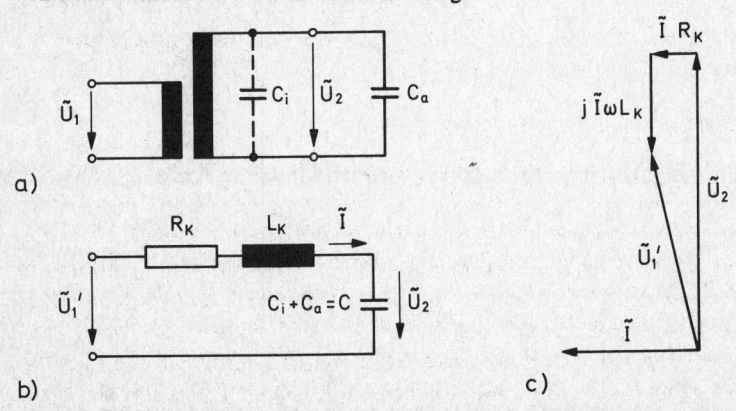

**Bild 1.1-6.** Betriebsverhalten von Prüftransformatoren. a) Schaltbild, b) Ersatzschaltbild, c) Zeigerdiagramm

Da in der Regel $R_k \ll \omega L_k$ ist und die Sekundärspannung $\tilde{U}_2$ dann phasengleich der Primärspannung $\tilde{U}_1$ wird, gilt:

$$U_2 \approx U'_1 \frac{1}{1 - \omega^2 L_k C}$$

Da der Ausdruck $1/(1 - \omega^2 L_k C)$ stets $> 1$ ist, ergibt sich durch Reihenresonanz eine kapazitive Überhöhung der Sekundärspannung. Diese läßt sich für den Fall, daß C bei Nennspannung $U_n$ und Nennfrequenz gerade Nennstrom $I_n$ aufnimmt, unmittelbar aus der bezogenen Kurzschlußspannung $u_k$ des Transformators berechnen:

$$u_k = \frac{I_n \, \omega L_k}{U_n} = \omega^2 L_k C$$

Ein Prüftransformator mit $u_k = 20\,\%$ hat demnach bei Nennfrequenz und bei kapazitiver Belastung mit Nennstrom eine Spannungsüberhöhung von 25 %.

Diese Spannungsüberhöhung muß besonders bei Prüftransformatoren mit großer bezogener Kurzschlußspannung und vor allem bei Betrieb mit erhöhter Frequenz beachtet werden. Die Sekundärspannung steht in diesem Fall nicht mehr in einem festen Verhältnis zur Primärspannung, weshalb eine Bestimmung des Wertes der Hochspannung durch eine Spannungsmessung auf der Niederspannungsseite unzulässig ist. Sie würde zu niedrige Meßwerte ergeben, wodurch Prüfling und Prüftransformator gefährdet werden können.

Prüftransformatoren, insbesondere Kaskadenschaltungen, stellen räumlich ausgedehnte schwingungsfähige Netzwerke dar. Durch Oberschwingungen der Primärspannung und des Magnetisierungsstromes können Eigenschwingungen mit verschiedener Frequenz angeregt werden, was zu einer beträchtlichen Verzerrung der Sekundärspannung führen kann.

Da die Oberschwingungen der Hochspannung stark von der Belastung und der Höhe der eingestellten Spannung abhängen, muß bei Prüfungen darauf geachtet werden, daß die zulässige Abweichung der Hochspannung von einer Sinuskurve gleicher Grundfrequenz auf 5 % des Scheitelwerts begrenzt ist. Dabei darf der Scheitelwert der gedachten idealen Sinuskurve so gewählt werden, daß die Abweichungen von dem vorliegenden Verlauf nach oben und unten ein Minimum ergeben (VDE 0433-1).

### 1.1.5. Hochspannungserzeugung mit Resonanzschaltungen

Anhand von Bild 1.1-6 wurde gezeigt, daß an einem Prüftransformator bei kapazitiver Belastung durch Reihenresonanz eine wesentliche Spannungsüberhöhung auf der Sekundärseite entstehen kann. Diese Erscheinung kann zur Erzeugung von hohen Prüfwechselspannungen ausgenutzt werden, wobei anstelle der Kurzschlußinduktivität des Prüftransformators eine eigene Hochspannungsinduktivität tritt. Der aus der Kapazität des Prüflings und dieser Induktivität gebildete Reihenresonanzkreis wird durch einen Transformator vergleichsweise niedriger Sekundärspannung erregt [*Kuffel, Abdullah* 1970]. Besonders bietet sich eine Anwendung dann an, wenn ein Prüfling mit hoher Kapazität, wie z.B. ein Hochspannungskabel, vorliegt. Vorteilhaft an der Schaltung ist, daß sie

1.1. Erzeugung und Messung hoher Wechselspannungen

eine verzerrungsarme Hochspannung liefert und daß, durch die Wirkungsweise des Reihenschwingkreises bedingt, eine weitgehende Kompensation der für den Prüfling erforderlichen Blindleistung erfolgt.

Zu den Resonanzschaltungen gehört auch der nach seinem Erfinder benannte Tesla-Transformator [*Marx* 1952; *Heise* 1964]. Die Schaltung besteht aus einem primären und einem sekundären Schwingkreis, die magnetisch lose miteinander gekoppelt sind. Dieses schwingungsfähige Gebilde wird durch periodische Entladungen des Primärkondensators über eine Funkenstrecke zu hochfrequenten Schwingungen angeregt. Entsprechend den gewählten Kreisdaten und dem Übersetzungsverhältnis von Sekundär- zu Primärwicklung können mit Tesla-Transformatoren Spannungen bis über 1 MV erzeugt werden. Die Frequenz der Hochspannung kann einige 10 kHz bis über 100 kHz betragen.

## Messung hoher Wechselspannungen[1])

### 1.1.6. Scheitelwertmessung mit Kugelfunkenstrecken

Der Durchbruch einer Gasstrecke erfolgt nach dem Erreichen der „statischen Durchschlagsspannung" in einer Zeit von einigen µs, während der der Scheitelwert einer netzfrequenten Schwingung als konstant anzusehen ist. Bei Wechselspannungen niedriger Frequenz tritt daher ein Durchschlag in Gasen stets im Scheitel auf. Bei Anordnungen mit angenähert homogenem Feld, für die die Durchschlagszeiten besonders kurz sind, gilt dies in guter Näherung auch für hochfrequente Wechselspannungen. Aufgrund dieses physikalischen Verhaltens kann der Scheitelwert hoher Wechselspannungen bei Frequenzen bis zu etwa 500 kHz über den Durchschlag einer Meßfunkenstrecke in atmosphärischer Luft ermittelt werden.

Bild 1.1-7 zeigt die beiden grundsätzlichen Ausführungsformen von Kugelfunkenstrecken für Meßzwecke. Bei Kugeldurchmessern D < 50 cm bevorzugt man im allgemeinen die horizontale Anordnung, bei größeren Kugeln die vertikale Anordnung, die nur zur Messung von Spannungen gegen Erde geeignet ist.

In den zuständigen Vorschriften (VDE 0433-2; IEC-Publ. 52) sind die auf Normalbedingungen bezogenen Durchschlagsspannungen von Kugelfunkenstrecken verschiedener Kugeldurchmesser D abhängig von der Schlagweite s in Tabellenform angegeben:

$$\hat{U}_{d_0} = f(D, s)$$

Die Werte gelten für einen Luftdruck von b = 1013 mbar und eine Temperatur von $\vartheta = 20\,°C$. Die Luftfeuchte ist ohne Einfluß auf die Durchschlagsspannung von Kugelfunkenstrecken. Zur Veranschaulichung sind in Bild 1.1-8 die für einige Durchmesser gültigen Durchschlagsspannungen in Abhängigkeit von s dargestellt. Bei Messungen mit Kugelfunkenstrecken ist zu beachten, daß mit wachsendem Verhältnis s/D das Feld stärker inhomogen wird und damit der Einfluß durch die Umgebung und die Streuung

---

[1]) Zusammenfassende Darstellung u.a. bei *Craggs, Meek* 1954; *Sirotinski* 1956; *Potthoff, Widmann* 1965; *Schwab* 1969

**Bild 1.1-7**
Kugelfunkenstrecken für Meßzwecke
a) horizontale
b) vertikale Anordnung

**Bild 1.1-8**
Durchschlagsspannung $U_{d_0}$ von Kugelfunkenstrecken bei veränderlicher Schlagweite s und unterschiedlichen Kugeldurchmessern D

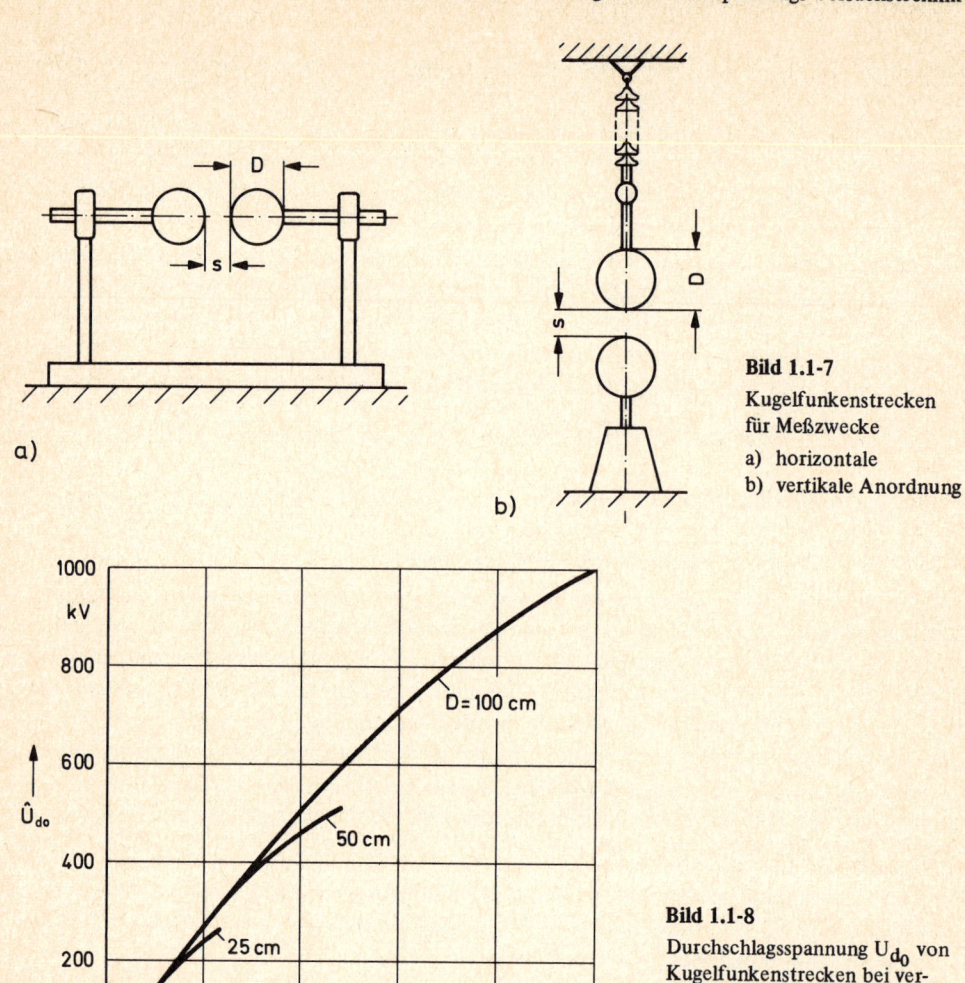

der Durchschlagswerte zunehmen. Das Verhältnis s/D darf also nicht beliebig groß gewählt werden. Für die Messung einer Spannung der Höhe $\hat{U}$ mit einer Kugelfunkenstrecke kann als Richtwert der erforderliche Kugeldurchmesser D nach folgender Beziehung abgeschätzt werden:

$$D \text{ in mm} \geq \hat{U} \text{ in kV}$$

Weiter ist bei diesen Messungen zu beachten, daß die Tabellenwerte nur solange gelten, wie Mindestabstände von der Durchschlagsstrecke zu anderen Anlagenteilen eingehalten werden.

## 1.1. Erzeugung und Messung hoher Wechselspannungen

Da die Durchschlagsspannung $\hat{U}_d$ der relativen Luftdichte d im Bereich von 0,9 ... 1,1 proportional ist, gilt für die Bestimmung der tatsächlichen Durchschlagsspannung $\hat{U}_d$ bei der Luftdichte d aus dem in der Zahlentafel angegebenen Wert $\hat{U}_{d_0}$ folgende Beziehung:

$$\hat{U}_d \approx d\ \hat{U}_{d_0} = \frac{b}{1013}\ \frac{273+20}{273+\vartheta}\ \hat{U}_{d_0} = 0{,}289\ \frac{b}{273+\vartheta}\ \hat{U}_{d_0}$$

Hierbei sind b in mbar[1]) und $\vartheta$ in °C einzusetzen.

Auch wenn alle Einflußgrößen wie Luftdichte, Mindestabstände, Elektrodenoberfläche und genaue Einstellung der Schlagweite berücksichtigt werden, ist mit einer Meßunsicherheit von 3 % zu rechnen. Kugelfunkenstrecken werden heute für Spannungsmessungen bei sehr hohen Spannungen (> 1 MV) nur noch selten verwendet, da sie viel Platz beanspruchen und teuer sind. Eine kontinuierliche Spannungsmessung mit Funkenstrecken ist nicht möglich, da gerade im Augenblick der Messung die Spannungsquelle kurzgeschlossen wird. Das Verfahren eignet sich jedoch zur Aufnahme und Kontrolle von Meßpunkten, beispielsweise zur punktweisen Aufnahme einer Eichkurve, die die Abhängigkeit der Hochspannung von der Transformatorprimärspannung für eine bestimmte Prüfanordnung angibt. Kugelfunkenstrecken sind trotz ihrer Nachteile ein vielseitiges und anschauliches Laborgerät für Hochspannungsversuche. Außer zur Spannungsmessung können sie zur Spannungsbegrenzung, zum spannungsabhängigen Zuschalten, als veränderlicher Hochspannungskondensator usw. verwendet werden.

### 1.1.7. Scheitelwertmessung mit Meßkondensatoren

Zur genauen und kontinuierlichen Messung des Scheitelwerts einer hohen Wechselspannung gegen Erde eignet sich eine 1913 von *Chubb* und *Fortescue* angegebene Schaltung, die in Bild 1.1-9 dargestellt ist. Entsprechend der Höhe der zu messenden

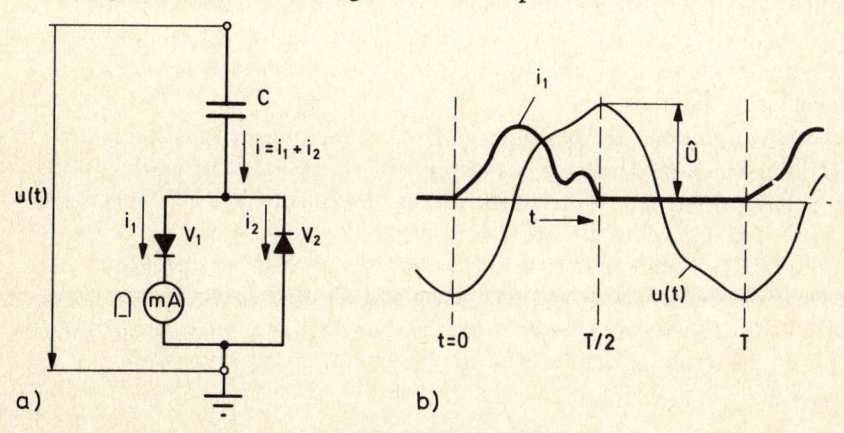

**Bild 1.1-9.** Scheitelwertmessung nach Chubb und Fortescue
a) Schaltung, b) Verlauf des Meßstromes

---
[1]) 1 mbar = 100 N/m² ≈ 0,75 Torr

Spannung u(t) fließt über den Hochspannungskondensator C ein Ladestrom i, der zur Erde hin über zwei antiparallel geschaltete Ventile $V_1$ und $V_2$ geführt wird. Mit einem Drehspulmeßgerät wird im linken Zweig der arithmetische Mittelwert $\bar{I}_1$ des Stromes $i_1$ gemessen, der, wie unten gezeigt wird, unter gewissen Bedingungen proportional dem Scheitelwert $\hat{U}$ der Hochspannung ist.

Werden die Gleichrichter als ideale Ventile angenommen, so gilt während des Durchlaßbereichs von $V_1$:

$$i_1 = i = C \frac{du}{dt} \quad \text{für } t = 0 \ldots T/2$$

$$\bar{I}_1 = \frac{1}{T} \int_0^T i_1 \, dt = \frac{1}{T} \int_{u(0)}^{u(T/2)} C \, du = \frac{C}{T} \left[ u\left(t = \frac{T}{2}\right) - u(t = 0) \right]$$

Bei symmetrischer Spannung wird

$$u\left(t = \frac{T}{2}\right) - u(t = 0) = 2\hat{U}$$

und man erhält mit $T = 1/f$:

$$\hat{U} = \bar{I}_1 \frac{1}{2 fC}$$

Wird anstelle der im Bild gezeichneten Schaltung mit Einweggleichrichtung eine Schaltung mit Zweiweggleichrichtung (Grätz-Schaltung) vorgesehen, ist der Faktor 2 im Nenner der vorstehenden Gleichung durch 4 zu ersetzen.

Bei der Ableitung wurde nicht vorausgesetzt, daß u(t) sinusförmig ist, doch ist bei Verwendung von Ventilen (Halbleiterdioden) zu fordern, daß die zu messende Hochspannung sattelfrei bleibt. Bei mechanischen Gleichrichtern oder steuerbaren Ventilen (Schwingkontakte, rotierende Gleichrichter) werden auch nicht sattelfreie Wechselspannungen richtig gemessen.

Eine oszillografische Kontrolle der Kurvenform der Hochspannung ist notwendig und erfolgt zweckmäßig durch Beobachtung des Stromes $i_1$, der bei sattelfreiem Hochspannungsverlauf je Halbperiode nur einen Nulldurchgang zeigen darf. Da die Frequenz f, die Maßkapazität C und der Strom $\bar{I}_1$ sehr genau ermittelt werden können, ist eine Messung symmetrischer Wechselspannungen nach dem Verfahren nach *Chubb* und *Fortescue* bei entsprechendem Aufwand sehr genau und für die Eichung anderer Scheitelwertmeßeinrichtungen geeignet [*Boeck* 1963]. Nachteilig für Messungen im praktischen Betrieb ist jedoch die Abhängigkeit der Anzeige von Frequenz und Kurvenform.

### 1.1.8. Scheitelwertmessung mit kapazitiven Spannungsteilern

Es wurden verschiedene Gleichrichterschaltungen entwickelt, die in Verbindung mit kapazitiven Spannungsteilern die Messung des Scheitelwerts hoher Wechselspannungen gestatten. Sie besitzen gegenüber der Schaltung nach *Chubb* und *Fortescue* in der Regel

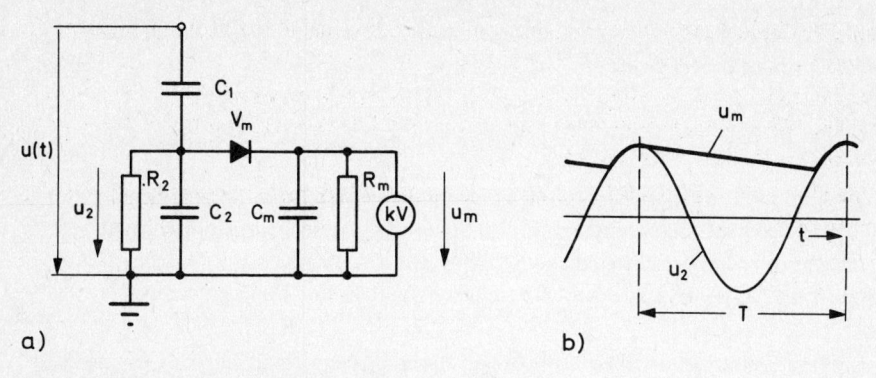

**Bild 1.1-10.** Scheitelwertmessung mit kapazitivem Teiler
a) Schaltung, b) Verlauf der Meßspannung

den Vorteil, daß die Anzeige praktisch unabhängig von der Frequenz ist und Sattelfreiheit der zu messenden Spannung nicht gefordert werden muß.

Die besonders einfache und für viele Zwecke hinreichend genaue Einwegschaltung ist in Bild 1.1-10 dargestellt. Bei dieser Schaltung wird der Meßkondensator $C_m$ auf den Scheitelwert $\hat{U}_2$ der Unterspannung $u_2(t)$ eines kapazitiven Teilers aufgeladen. Da bei einem Spannungsrückgang die an $C_m$ abgegriffene Meßspannung $u_m$ bis auf den neuen Scheitelwert zurückgehen muß, ist der Widerstand $R_m$ erforderlich. Die Zeitkonstante für diesen Entladevorgang wird im Hinblick auf die gewünschte Einstellzeit der Meßanordnung bestimmt, wobei der Innenwiderstand des angeschlossenen Meßgerätes zu berücksichtigen ist. Üblicherweise wird gewählt:

$$R_m C_m < 1 \text{ s}$$

Diese Zeitkonstante muß andererseits jedoch groß gegenüber der Periodendauer $T = 1/f$ der zu messenden Spannung sein, da sonst, wie in Bild 1.1-10b dargestellt, die Meßspannung $u_m$ wegen der Entladung von $C_m$ nicht hinreichend konstant ist. Die entsprechende Bedingung dafür lautet:

$$R_m C_m \gg \frac{1}{f}$$

Der Widerstand $R_2$ parallel zu $C_2$ ist erforderlich, um eine Aufladung von $C_2$ durch den Strom, der über das Ventil $V_m$ fließt, zu verhindern. Bei der Dimensionierung von $R_2$ ist zu beachten, daß der Gleichspannungsabfall an $R_2$, der zu einer Aufladung von $C_2$ führt, möglichst klein gehalten werden muß und damit

$$R_2 \ll R_m$$

sein soll, andererseits aber das kapazitive Teilerverhältnis durch $R_2$ möglichst wenig beeinflußt werden soll, also gefordert werden muß:

$$R_2 \gg 1/(\omega C_2)$$

Unter Berücksichtigung all dieser Bedingungen ist der Zusammenhang zwischen der Hochspannung und der Meßgröße:

$$\hat{U} = \frac{C_1 + C_2}{C_1} \hat{U}_m$$

Als Anzeigegerät wird ein Gleichspannungs-Meßgerät mit möglichst hohem Innenwiderstand benötigt. Geeignet sind elektrostatische Spannungsmesser, empfindliche Drehspulinstrumente oder auch elektronische Schaltungen mit analogen oder digitalen Anzeigegeräten. Eine Umschaltung des Meßbereichs erfolgt in der Regel durch Änderung von $C_2$.

Die dargestellten Dimensionierungsbedingungen beschränken die erzielbare Genauigkeit insbesondere bei niedrigen Meßfrequenzen. Mit größerem Schaltaufwand können verbesserte Eigenschaften erreicht werden [*Zaengl, Völcker* 1961]. Die insgesamt erreichbare Genauigkeit hängt jedoch nicht nur von den Eigenschaften der Niederspannungs-Meßeinrichtung ab, sondern ebenso von den Eigenschaften des Hochspannungs-Meßkondensators. Bei Meßkondensatoren für sehr hohe Spannungen ist auf zusätzliche Fehler durch die mögliche Fremdfeldbeeinflussung von ungeschirmten Hochspannungskondensatoren zu achten [*Lührmann* 1970].

### 1.1.9. Effektivwertmessung mit elektrostatischen Spannungsmessern

Wird an eine Elektrodenanordnung, z.B. nach Bild 1.1-11a, eine Spannung u(t) gelegt, so bewirkt das elektrische Feld eine Kraft F(t), die den Abstand s der Elektroden zu verringern sucht. Diese anziehende Kraft kann über die Energie des elektrischen Feldes

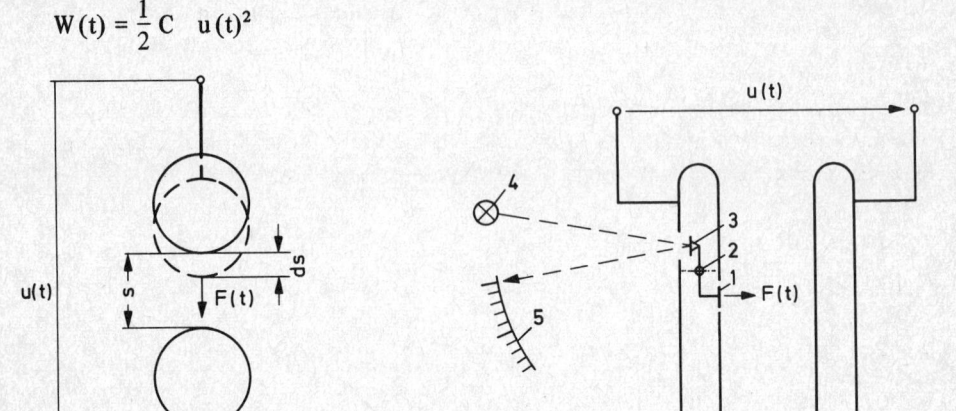

$$W(t) = \frac{1}{2} C\, u(t)^2$$

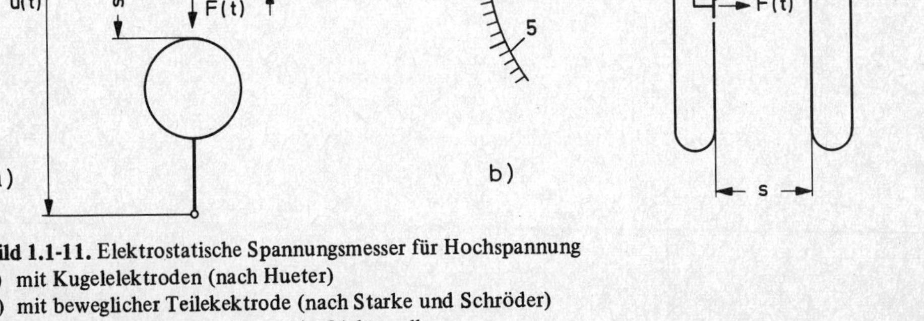

**Bild 1.1-11.** Elektrostatische Spannungsmesser für Hochspannung
a) mit Kugelelektroden (nach Hueter)
b) mit beweglicher Teilekektrode (nach Starke und Schröder)
1 bewegliche Elektrode    4 Lichtquelle
2 Achse                   5 Skala
3 Spiegel

## 1.1. Erzeugung und Messung hoher Wechselspannungen

berechnet werden. Die Kapazität C der Anordnung ist dabei von der Schlagweite s abhängig.

Den zeitlichen Verlauf der Kraft erhält man aus:

$$F(t) = \frac{dW(t)}{ds} = \frac{1}{2} u(t)^2 \frac{dC}{ds}$$

Wird aus der Beziehung für F(t) der arithmetische Mittelwert $\bar{F}$ der Kraft gebildet, dann erkennt man den linearen Zusammenhang zwischen $\bar{F}$ und dem Quadrat des Effektivwertes der angelegten Spannung:

$$\bar{F} = \frac{1}{2} \frac{dC}{ds} \frac{1}{T} \int_0^T u(t)^2 \, dt \sim U_{eff}^2$$

Der Einfluß der Größe dC/ds ist entsprechend der Art, in der die Umsetzung der Kraft $\bar{F}$ in eine Anzeige erfolgt, unterschiedlich. Im allgemeinen ändert sich diese Größe über den Anzeigebereich, so daß die Skalenunterteilung keine quadratische Abhängigkeit mehr aufweist.

In Bild 1.1-11b ist als Beispiel für ein elektrostatisches Meßgerät die Ausführungsform nach *Starke* und *Schroeder* vereinfacht dargestellt. Die Kraft F(t) greift an einem über einen Hebel drehbar gelagerten Plättchen 1 an, dessen Auslenkung in eine Drehung des Spiegels 3 umgesetzt und optisch angezeigt wird. Die als Spannband ausgeführte Achse liefert das Rückstellmoment.

Wichtige Kennzeichen elektrostatischer Meßwerke sind der sehr hohe Innenwiderstand sowie die sehr kleine Eigenkapazität. Elektrostatische Spannungsmesser können daher auch für die direkte Messung von hochfrequenten Hochspannungen bis hinauf in den MHz-Bereich verwendet werden.

Neben diesen beschriebenen Verfahren der direkten Messung hoher Wechselspannungen können elektrostatische Spannungsmesser auch in Verbindung mit Spannungsteilern oder Spannungswandlern zur Effektivwertmessung benutzt werden.

### 1.1.10. Messung mit Spannungswandlern

Hohe Wechselspannungen können mit Spannungswandlern außerordentlich genau gemessen werden. Im Gegensatz zu Messungen im Versorgungsnetz werden sie jedoch im Laboratorium nur selten für Spannungen über 100 kV verwendet.

Bild 1.1-12 zeigt die Grundschaltungen einpolig isolierter induktiver und kapazitiver Spannungswandler mit den Klemmenbezeichnungen nach den einschlägigen Vorschriften (VDE 0414-3).

Induktive Spannungswandler können für sehr hohe Spannungen nur mit großem Aufwand ausgeführt werden, da bei der vergleichsweise niedrigen Prüffrequenz von meist 50 Hz nach dem Induktionsgesetz das Produkt aus magnetischem Fluß und der Windungszahl der Hochspannungswicklung sehr große Werte annehmen muß. Dies führt zu teuren Konstruktionen.

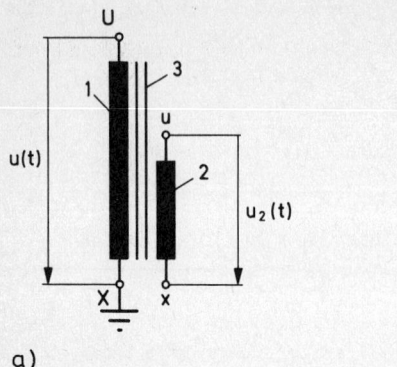

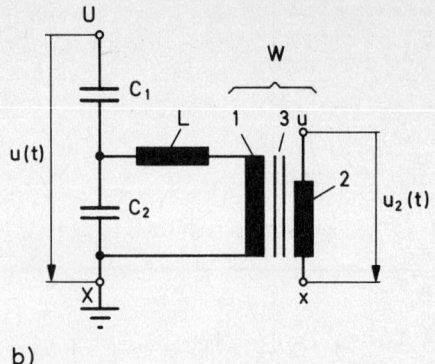

**Bild 1.1-12.** Grundschaltung von Spannungswandlern
a) induktiver Spannungswandler    b) kapazitiver Spannungswandler
1   Primärwicklung                 $C_1$, $C_2$ Kondensatoren des Spannungsteilers
2   Sekundärwicklung               L    Resonanzinduktivität
3   Eisenkern                      W    induktiver Zwischenwandler (Bezeichnungen s. bei a)

Kapazitive Spannungswandler in einer Ausführung, wie sie für Netzbetrieb verwendet werden, sind für den normalen Prüfbetrieb meist deswegen weniger geeignet, weil sie eine große kapazitive Belastung der Spannungsquelle darstellen.

Induktive und kapazitive Spannungswandler wird man daher im Laborbetrieb nur dann einsetzen, wenn bei mäßigen Spannungen eine besonders hohe Genauigkeit verlangt wird. Die Sekundärspannung eines Spannungswandlers gibt unabhängig von der Belastung den zeitlichen Verlauf der Primärspannung wieder. Entsprechend der Art des angeschlossenen Meßgerätes können der Scheitelwert, der Effektivwert oder der zeitliche Verlauf der Hochspannung gemessen werden.

## 1.2. Erzeugung und Messung hoher Gleichspannungen

Hohe Gleichspannungen werden im Laboratorium für die Untersuchung von Isolieranordnungen mit großer Kapazität wie Kondensatoren oder Kabel sowie für physikalische Untersuchungen verwendet. Sie haben ferner für die Elektromedizin (Röntgenanlagen) und für die verschiedenen technischen Anwendungen elektrostatischer Erscheinungen (Rauchgasfilter, Farbspritzanlagen) Bedeutung. Die Erzeugung hoher Gleichspannungen erfolgt im allgemeinen durch Gleichrichtung hoher Wechselspannungen und gegebenenfalls Vervielfachung, seltener in elektrostatischen Generatoren. Sie werden meist über Hochspannungswiderstände mit sehr großem Widerstand oder mit elektrostatischen Spannungsmessern gemessen.

### 1.2.1. Kenngrößen für hohe Gleichspannungen

Unter der Höhe einer Prüfgleichspannung wird ihr arithmetischer Mittelwert

$$\overline{U} = \frac{1}{T} \int_0^T u(t)\,dt$$

verstanden (VDE 0433-1; IEC Publ. 60). Als Überlagerungen bezeichnet man periodische Änderungen einer Gleichspannung zwischen dem Scheitelwert $\hat{U}$ und dem Kleinstwert $U_{min}$. Sie werden durch die Größe

$$\delta U = \frac{1}{2}(\hat{U} - U_{min})$$

angegeben. Als Überlagerungsfaktor bezeichnet man den Ausdruck:

$$\delta U/\overline{U}$$

Mit Rücksicht auf die Wirkungsweise einiger Meßverfahren wird oft auch der Effektivwert $U_{eff}$ nach 1.1.1 angegeben. Bei sehr gut geglätteter Gleichspannung wird $\delta U/\overline{U} \ll 1$ und es gilt:

$$\overline{U} \approx \hat{U} \approx U_{eff}\,.$$

## Erzeugung hoher Gleichspannungen[1])

### 1.2.2. Eigenschaften von Hochspannungsgleichrichtern

Als Gleichrichter für Laborschaltungen zur Erzeugung hoher Gleichspannungen werden im wesentlichen Reihenschaltungen von Halbleiterdioden oder Hochvakuumventile verwendet (Bild 1.2-1). Nur für höhere Ströme von mindestens einigen Ampere kommen für Spannungen bis etwa 10 kV Quecksilberdampf-Stromrichter in Frage.

Der Stromtransport in Hochvakuumventilen erfolgt durch Elektronen, die von einer Glühkathode emittiert und durch das elektrische Feld zur Anode beschleunigt werden. Diese Ventile werden bis zu Scheitelsperrspannungen von 100 kV ausgeführt. Aus dem allgemeinen Laborbetrieb wurden Hochvakuumventile zwar durch die wegen des Fort-

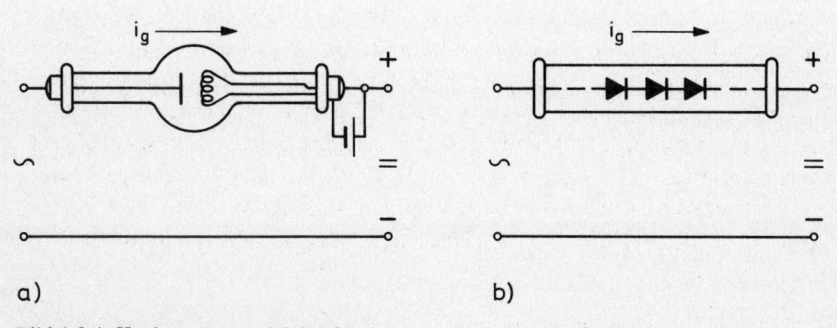

**Bild 1.2-1.** Hochspannungsgleichrichter
a) Hochvakuumventil, b) Halbleiterventil

---

[1]) Zusammenfassende Darstellung u.a. bei *Craggs, Meek* 1954; *Sirotinski* 1956; *Lesch* 1959; *Kuffel, Abdullah* 1970

falls der Kathodenheizung bequemer anzuwendenden Halbleiterventile verdrängt, sie besitzen jedoch für Röntgenanlagen eine große Bedeutung, da sie gleichzeitig die Funktion der Röntgenröhre erfüllen können.

Im Gegensatz zu Hochvakuumventilen sind Halbleitergleichrichter keine echten Ventile, da sie auch in Sperrichtung einen endlichen Strom führen können. Als Richtwerte für Sperrspannungen und Durchlaßströme vorwiegend verwendeter Halbleitergleichrichter können folgende Werte angegeben werden:

| Halbleitermaterial | Selen | Germanium | Silizium |
|---|---|---|---|
| Scheitelsperrspannung je Zelle | 30–50 | 150–300 | 1000–2000 V |
| Belastbarkeit der Sperrschicht | 0,1–0,5 | 50–150 | 50–150 A/cm$^2$ |

Se-Ventile erfordern gegenüber Si-Ventilen ein größeres Bauvolumen und ergeben einen schlechteren Wirkungsgrad. Für Laboranlagen werden jedoch nur Ströme von höchstens einigen 100 mA benötigt. Se-Ventile sind für solche Anwendungen bestens geeignet, da sie sich wegen hoher Kapazität der Sperrschicht zu Einheiten mit Scheitelsperrspannungen bis etwa 600 kV ohne Zusatzkondensatoren zur Spannungssteuerung zusammenschalten lassen.

### 1.2.3. Die Einweg-Gleichrichterschaltung

Die einfachste Schaltung zur Erzeugung einer hohen Gleichspannung benutzt die in Bild 1.2-2 dargestellte Einweg-Gleichrichtung. Ein Hochspannungstransformator T, dessen sinusförmige Sekundärspannung mit $u_T$ bezeichnet wird, ist mit dem Belastungswiderstand R über ein ideal angenommenes Gleichrichterventil V verbunden. Je nachdem, ob der gestrichelt eingezeichnete Glättungskondensator C eingeschaltet ist oder nicht, ergeben sich im stationären Zustand die im Bild eingetragenen Verläufe.

In der Schaltung ohne Glättungskondensator C erhält man eine pulsierende Gleichspannung mit den Kennwerten:

$$\hat{U} = \hat{U}_T; \quad \overline{U} = \frac{1}{\pi}\hat{U}; \quad U_{eff} = \frac{1}{2}\hat{U}$$

Die Stromflußdauer $t_V$ des Ventils ist gleich der halben Periodendauer T. Die das Ventil in Sperrichtung beanspruchende Scheitelsperrspannung ist:

$$\hat{U}_V = \hat{U}_T$$

Für die Schaltung mit C ergibt sich eine geglättete Gleichspannung mit Überlagerung. Es gilt:

$$\hat{U} = \hat{U}_T; \quad \overline{U} \approx \hat{U} - \delta U$$

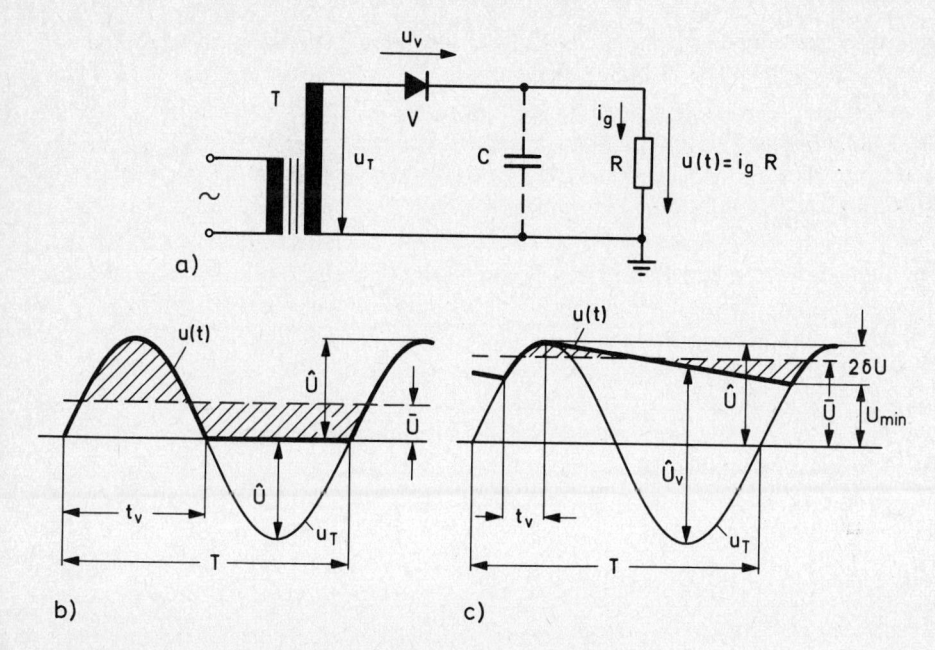

## 1.2. Erzeugung und Messung hoher Gleichspannungen

**Bild 1.2-2.** Einweg-Gleichrichtung mit idealen Schaltelementen
a) Schaltbild
b) Spannungsverlauf ohne Glättungskondensator C
c) Spannungsverlauf mit Glättungskodensator C

Die Stromflußdauer $t_V$ wird umso kleiner, je besser die Spannung geglättet ist. Das Ventil wird daher in Durchlaßrichtung nur mit jeweils einem kurzen Stromimpuls beansprucht, die erforderliche Scheitelsperrspannung beträgt

$$\hat{U}_V \approx 2\,\hat{U}_T$$

Die Überlagerungen lassen sich anhand von Bild 1.2-2c für

$$t_V \ll T = 1/f \quad \text{und} \quad \delta U \ll \overline{U}$$

leicht berechnen. Die exponentielle Entladung von C während der Sperrdauer von V kann in diesem Fall durch einen linearen Verlauf ersetzt werden. Man erhält aus der Ladungsänderung des Glättungskondensators während der Sperrdauer:

$$2\,\delta UC \approx \int_0^T i_g\,dt = T\,\overline{I}_g$$

$$\delta U \approx \overline{I}_g \frac{1}{2\,fC}$$

Bei Zweiwegschaltungen werden der zeitliche Abstand zwischen zwei Nachladungen und damit auch $\delta U$ auf die Hälfte verkleinert.

Übliche Wege zur Verringerung der Überlagerungen bei Gleichrichterschaltungen sind eine Vergrößerung des Glättungskondensators, der Frequenz und der Phasenzahl. In Laboranlagen werden Frequenzen bis zu einigen 1000 Hz angewendet. Übliche Werte für Überlagerungsfaktoren liegen bei wenigen Prozent.

Bei der Auslegung von Schaltungen muß berücksichtigt werden, daß die Ventile vom idealen Verhalten vor allem durch einen Spannungsabfall bei Stromfluß in Durchlaßrichtung abweichen. Hierdurch ergibt sich eine nichtlineare Abhängigkeit zwischen Gleichstrom $\overline{I}_g$ und Gleichspannung $\overline{U}$. In Bild 1.2-3 ist der grundsätzliche Verlauf der Belastungskennlinie für einen Gleichrichter aus Halbleiterzellen angegeben. Für $\overline{I}_g = 0$ folgt aus der Transformatorspannung die ideelle Leerlaufspannung $U_{i_0} = \hat{U}_T$. Die sich aus einer geradlinigen Verlängerung der Belastungskurve bei großen Strömen ergebende Leerlaufspannung $\overline{U}_0$ ist jedoch um einen praktisch stromunabhängigen Betrag $U_{Zelle}$ je Sperrschicht kleiner. Für eine Reihenschaltung von n Elementen gilt daher für nicht zu kleine Ströme:

$$\overline{U} = \overline{U}_0 - \Delta U = (U_{i_0} - n\, U_{Zelle}) - k\, \overline{I}_g$$

k ist ein von der Auslegung des Gleichrichters abhängiger Proportionalitätsfaktor; die Spannung $U_{Zelle}$ liegt im Bereich von 0,6 bis 1,2 V.

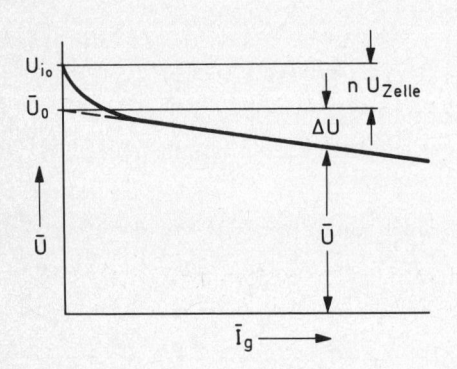

**Bild 1.2-3**
Belastungskennlinie von Halbleitergleichrichtern

## 1.2.4. Vervielfachungsschaltungen

Im folgenden werden die wichtigsten Vervielfachungsschaltungen unter der Annahme idealer Elemente beschrieben. Allen betrachteten Schaltungen ist gemeinsam, daß sie nur relativ kleine Ströme abzugeben vermögen und somit für Anwendungen mit hohem Strom, wie z.B. die Hochspannungs-Gleichstrom-Übertragung, ungeeignet sind. Die dargestellten Spannungsverläufe sollen ein Verständnis der Wirkungsweise der verschiedenen Schaltungen vermitteln. Zur Vereinfachung wurde in den Schaltbildern auf die Wiedergabe der Erregerwicklungen der Hochspannungstransformatoren T verzichtet.

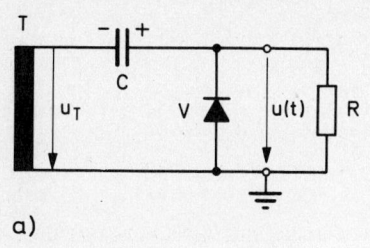

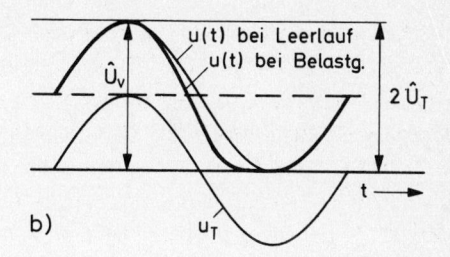

## 1.2. Erzeugung und Messung hoher Gleichspannungen

**Bild 1.2-4.** Villard-Schaltung
a) Schaltbild, b) Spannungsverlauf

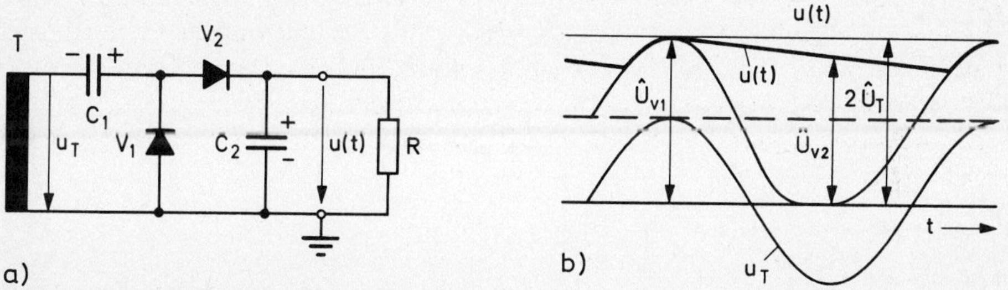

**Bild 1.2-5.** Greinacher-Verdopplungsschaltung
a) Schaltbild, b) Spannungsverlauf

*Villard-Schaltung.* Diese in Bild 1.2-4 dargestellte Schaltung ist die einfachste Verdopplungsschaltung. Der Schubkondensator C lädt sich auf $\hat{U}_T$ auf und erhöht das Potential der Hochspannungsklemme gegenüber der Spannung des Transformators um diesen Betrag. Es gilt für Leerlauf:

$$\overline{U} = \hat{U}_T; \quad \hat{U} = 2\hat{U}_T; \quad \hat{U}_V = 2\hat{U}_T$$

Eine Glättung der Ausgangsspannung u(t) ist nicht möglich.

*Greinacher-Verdopplungsschaltung.* Bild 1.2-5 zeigt die Erweiterung der Villard-Schaltung um das Ventil $V_2$, das den Anschluß des Glättungskondensators $C_2$ ermöglicht. Es gilt für Leerlauf:

$$\overline{U} = \hat{U} = 2\hat{U}_T; \quad \hat{U}_{V1} = \hat{U}_{V2} = 2\hat{U}_T$$

Die Summe der Scheitelsperrspannungen der eingebauten Ventile beträgt bei dieser Schaltung das Doppelte der Ausgangsspannung $\overline{U}$. Diese Feststellung gilt für jede Gleichrichterschaltung, die eine geglättete Spannung liefert.

*Zimmermann-Wittka-Schaltung.* Schaltet man zwei Villardkreise gegeneinander, so ergibt sich nach Bild 1.2-6 zwischen den Ausgangsklemmen eine ungeglättete Gleichspannung, deren Scheitelwert den dreifachen Wert der Transformator-Scheitelspannung erreicht. Diese Schaltung kann ebenso wie die anderen Schaltungen bei entsprechender Isolation der Transformatorwicklung an verschiedenen Punkten geerdet werden.

20   1. Wissenschaftliche Grundlagen der Hochspannungs-Versuchstechnik

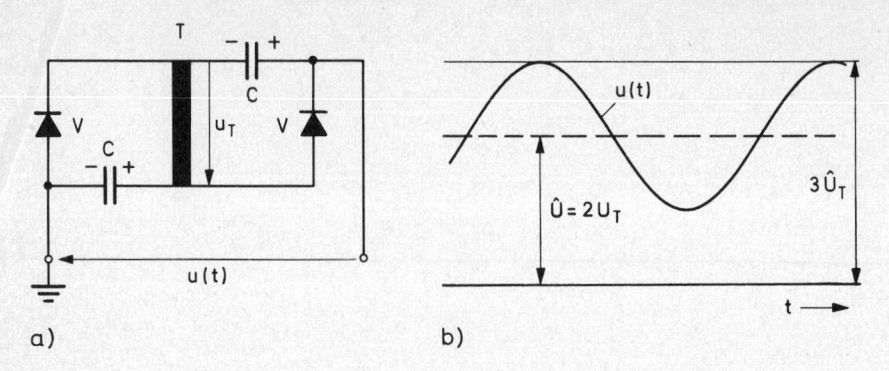

**Bild 1.2-6.** Zimmermann-Wittka-Schaltung (Leerlauf) a) Schaltbild, b) Spannungsverlauf

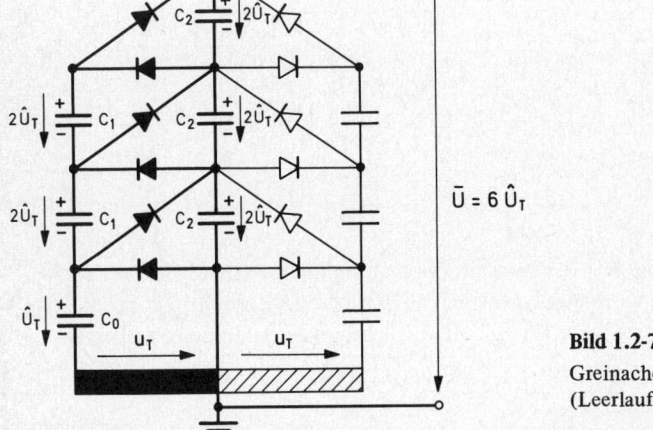

**Bild 1.2-7**
Greinacher-Kaskadenschaltung (Leerlauf)

*Greinacher-Kaskadenschaltung.* Diese 1920 von *H. Greinacher* angegebene und auch nach *Cockroft* und *Walton* benannte Schaltung ist die wichtigste Möglichkeit der Erzeugung sehr hoher Spannungen. Sie ist eine Erweiterung der Greinacher-Verdopplungsschaltung.

Von der in Bild 1.2-7 als Beispiel dargestellten dreistufigen Schaltung wird meist nur der stark ausgezogene Teil ausgeführt. Die eingetragenen Spannungen gelten bei idealen Elementen und bei Leerlauf. Die Kapazität $C_0$ der untersten Einheit wird zur Vergleichmäßigung der auftretenden Spannungsabfälle zweckmäßig doppelt so groß gewählt wie die Kapazität $C_1$ der darüberliegenden Kondensatoren. Die aus der Reihenschaltung der Einheiten $C_2$ bestehende Kondensatorsäule übernimmt unter anderem die Funktion eines Glättungskondensators. Zur Berechnung des Belastungsverhaltens kann die Kaskade auf eine Einwegschaltung nach Bild 1.2-2 zurückgeführt werden.

Diese einfache unsymmetrische Schaltung hat jedoch insbesondere bei hoher Stufenzahl den Nachteil, daß bei Belastung die Überlagerungen $\delta U$ und der Spannungsabfall $\Delta U$

## 1.2. Erzeugung und Messung hoher Gleichspannungen

auch bei erhöhter Frequenz verhältnismäßig hoch werden. Hier bringt die Erweiterung der Schaltung zur symmetrischen Greinacher-Kaskade durch den in Bild 1.2-7 dünn ausgezogenen Teil oft beträchtliche Vorteile [*Baldinger* 1959].

Greinacher-Kaskaden wurden bereits bis zu Spannungen von 5 MV ausgeführt. Die Ströme von Prüfanlagen liegen meist bei einigen 10 mA.

*Kaskade mit transformatorischer Stützung.* Werden Ströme über etwa 100 mA benötigt, ist es wirtschaftlicher, eine Reihenschaltung von einzelnen Gleichrichterkreisen vorzunehmen, wie dies in Bild 1.2-8 dargestellt ist. Hierdurch können auch bei großen Strömen kleine Überlagerungen und Spannungsabfälle erreicht werden. Zu beachten ist, daß die den einzelnen Stufen zugeführte Wechselstromleistung auf das jeweilige Hochspannungspotential gebracht werden muß. Dies kann sowohl über Isoliertransformatoren als auch mit Generatoren erfolgen, die über Wellen aus Isolierstoff angetrieben werden.

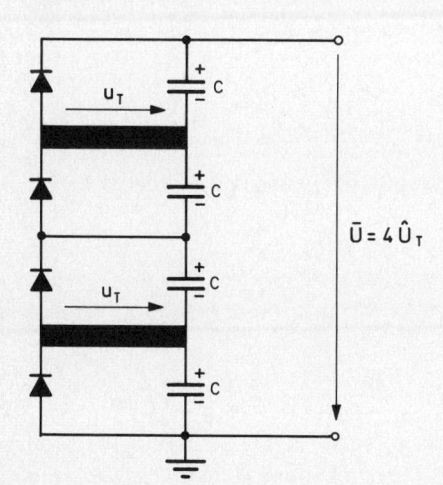

**Bild 1.2-8**
Kaskade mit transformatorischer Stützung (Leerlauf)

### 1.2.5. Elektrostatische Generatoren

In elektromagnetischen Generatoren werden stromdurchflossene Leiter entgegen den auf sie wirkenden elektromagnetischen Kräfte bewegt. In elektrostatischen Generatoren erfolgt eine Bewegung elektrisch geladener Körper entgegen den auf sie wirkenden elektrostatischen Kräften.

Anhand von Bild 1.2-9 soll die Wirkungsweise erklärt werden. In dem elektrischen Feld $E(x)$ zwischen zwei Elektroden im Abstand $s$ befindet sich ein mit Ladungsträgern der Dichte $\sigma$ besetztes isolierendes Band der Breite $b$. Die Ladung eines Streifens der Höhe $dx$ beträgt

$$dq = \sigma\, b\, dx.$$

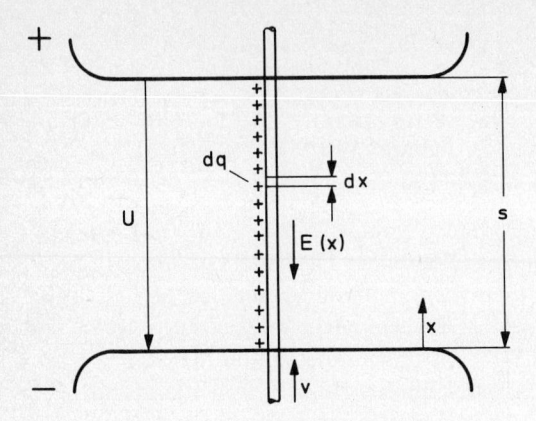

**Bild 1.2-9**
Zur Wirkungsweise elektrostatischer Generatoren

Auf das gesamte Band wirkt die Kraft

$$F = \int_0^s dF = \int_0^s E(x)\,dq = \sigma b \int_0^s E(x)\,dx.$$

Wird das Band entgegen der Kraft mit der konstanten Geschwindigkeit $v = dx/dt$ bewegt, so ist dazu die mechanische Leistung

$$P = F v = \sigma b v \int_0^s E(x)\,dx$$

erforderlich. Man erkennt, daß wegen

$$I = \frac{dq}{dt} = \sigma b v \quad \text{und} \quad U = \int_0^s E(x)\,dx$$

die zum Antrieb erforderliche mechanische Leistung gleich der abgenommenen elektrischen Leistung IU ist.

Die häufigste Ausführung eines elektrostatischen Generators ist der 1931 von *R. J. van de Graaff* angegebene Bandgenerator, dessen Wirkungsweise mit Hilfe von Bild 1.2-10 erklärt werden soll. Ein isolierendes Band wird über Rollen angetrieben und durch eine Erregereinrichtung elektrostatisch aufgeladen. Hierzu wird eine stark inhomogene Elektrodenanordnung verwendet, in der durch Stoßionisation an Spitzenelektroden gebildete Ladungsträger auf ihrem Weg zur Gegenelektrode vom Band aufgefangen werden. Eine ähnliche Anordnung auf der Hochspannungsseite dient zur Entladung des Bandes. Wird auf Hochspannungspotential eine Erregereinrichtung mit entgegengesetzter Polarität für die abwärts laufende Bandseite vorgesehen, ergibt sich eine Verdopplung des Stromes.

## 1.2. Erzeugung und Messung hoher Gleichspannungen

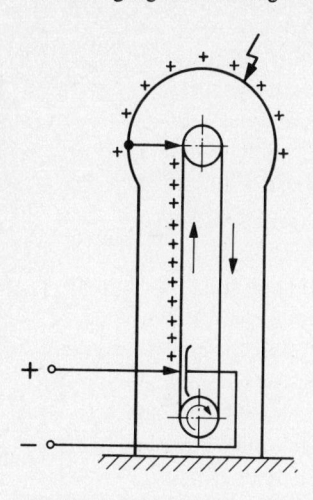

**Bild 1.2-10**
Bandgenerator nach van de Graaff

Bandgeneratoren sind in Drucktankausführung bereits für Spannungen über 10 MV ausgeführt worden, wobei Ströme von weniger als 1 mA üblich sind [*Herb* 1959]. Anstelle eines isolierenden Bandes können auch hochisolierende Flüssigkeiten oder staubartige feste Stoffe als Träger für die elektrischen Ladungen verwendet werden.

Für Spannungen bis zu einigen 100 kV wurden verschiedene Konstruktionen von elektrostatischen Maschinen mit trommel- oder scheibenförmigen Läufern gebaut. Sie haben unter anderem den Vorteil einer guten Regelbarkeit der Ausgangsspannung auf hohe Konstanz sowie einer kleinen Eigenkapazität, wodurch ein weitgehend ungefährliches Hochspannungsgerät gegeben ist [*Felici* 1957].

## Messung hoher Gleichspannungen[1])

### 1.2.6. Messung mit Hochspannungswiderständen

Die Messung einer Gleichspannung kann über Widerstände auf die Messung eines Gleichstromes zurückgeführt werden. Die vom grundsätzlichen her sehr einfache Schaltung ist in Bild 1.2-11 dargestellt.

**Bild 1.2-11**
Messung einer Gleichspannung mit Vorwiderstand oder über Widerstandsteiler

---

[1]) Zusammenfassende Darstellung u.a. bei *Böning* 1953; *Craggs, Meek* 1954; *Sirotinski* 1956; *Paasche* 1957; *Schwab* 1969; *Kuffel, Abdullah* 1970

Bei einer Anwendung für hohe Spannungen ergibt sich die Schwierigkeit, daß mit Rücksicht auf die zulässige Belastung der Spannungsquelle und die Erwärmung des Meßwiderstandes der Meßstrom sehr gering gewählt werden muß, zum Beispiel 1 mA. Ein kleiner Meßstrom ist jedoch durch Fehlerströme leicht zu verfälschen. Solche Fehlerströme treten auf durch Leitungsströme in Isolierstoffen und an Isolierstoffoberflächen sowie durch Koronaentladungen. Im Abschnitt 2.4.1 werden einige Angaben über die Ausführung von Hochspannungsmeßwiderständen gemacht.

Es hängt von der Wirkungsweise des in Reihe zum Meßwiderstand auf Erdpotential liegenden Strommessers ab, welche Kenngröße der Gleichspannung gemessen wird. Üblicherweise wird ein empfindliches Drehspulinstrument gewählt, dessen Anzeige ein Maß für den arithmetischen Mittelwert $\overline{U}$ der Gleichspannung ist. Die Meßbereichsumschaltung kann in jedem Fall einfach durch Parallelschaltung eines Widerstandes $R_2$ zum Meßinstrument erfolgen, wodurch aus dem Vorwiderstand ein Widerstandsspannungsteiler wird. Anstelle des Strommessers kann auch ein Spannungsmesser, vorzugsweise mit gegenüber $R_2$ sehr hohem Innenwiderstand, angeschaltet werden.

### 1.2.7. Effektivwertmessung mit elektrostatischen Spannungsmessern

Wie aus der Herleitung der Wirkungsweise elektrostatischer Spannungsmesser im Abschnitt 1.1.4 hervorgeht, ist diese Geräteart auch für Gleichspannungen verwendbar. Elektrostatische Spannungsmesser stellen tatsächlich die wichtigste Möglichkeit einer direkten Messung hoher Gleichspannungen dar. Es handelt sich hier um eine verlustlose Messung, und eine Anwendung ist auch dann möglich, wenn der Spannungsquelle kein Strom entnommen werden soll.

Bei diesem Verfahren wird die Spannungsmessung auf die Messung einer Feldstärke an einer Elektrode zurückgeführt, wie insbesondere die in Bild 1.1-11b angedeutete Ausführung erkennen läßt. Bei hohen Gleichspannungen ist mit dem Auftreten von Raumladungen zu rechnen, wenn Elektroden mit starker Krümmung vorkommen und das System nicht voll abgeschirmt ist. Solche Raumladungen oder an Isolieroberflächen haftende Flächenladungen können die Feldstärke in der Nähe der beweglichen Teilelektroden beeinflussen und so zu einem beträchtlichen Fehler führen.

### 1.2.8. Spannungs- und Feldstärkemesser nach dem Generatorprinzip

Es soll eine Anordnung nach Bild 1.2-12a betrachtet werden, bei der eine auf Erdpotential angenommene Meßelektrode mit der Fläche A eine durch die Gleichfeldstärke E hervorgerufene konstante Flächenladungsdichte $\epsilon_0$ E besitzt. Die gesamte Ladung der Meßelektrode beträgt:

$$q = \int_{(A)} \epsilon_0 \, E \, dA = \epsilon_0 \, AE$$

Die Ladung q möge nun durch ein periodisches Abdecken und Wiederfreigeben eines Teils der Meßelektrode durch eine geerdete Platte in der in Bild 1.2-12b dargestellten

## 1.2. Erzeugung und Messung hoher Gleichspannungen

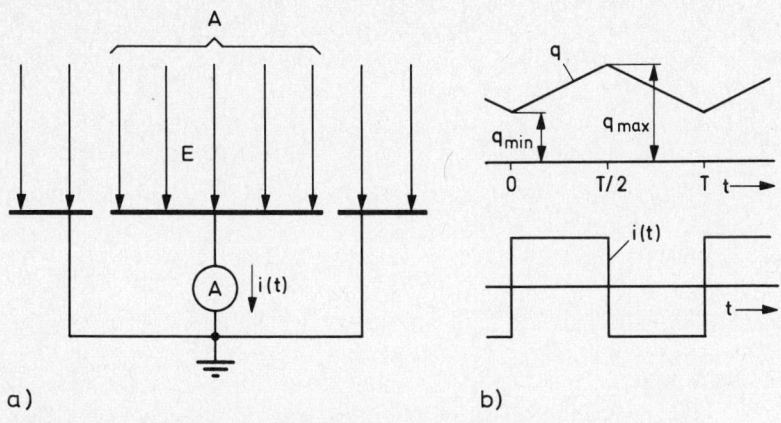

**Bild 1.2-12.** Spannungs- und Feldstärkemessung nach dem Generatorprinzip
a) Meßanordnung, schematisch, b) Ladungs- und Stromverlauf

Weise zwischen den Werten $q_{max}$ und $q_{min}$ schwanken. Es fließt dann in der Erdverbindung der Wechselstrom $i(t) = dq/dt$; bei gleichmäßiger Abdeck- und Freigabebewegung sind die Verläufe in der positiven und negativen Halbperiode gleich. Der arithmetische Mittelwert des Stromes zwischen zwei Nulldurchgängen beträgt

$$\frac{1}{T/2} \int_0^{T/2} \frac{dq}{dt}\, dt = \frac{2}{T}(q_{max} - q_{min}),$$

bei Gleichrichtung entspricht dieser Wert dem arithmetischen Mittelwert $\overline{I}$ über die ganze Periode.

Für den Fall einer völligen Abdeckung der Meßelektrode bei $t = 0$ wird $q_{min} = 0$, und es gilt:

$$\overline{I} = \frac{2}{T} q_{max} = \frac{2}{T} \epsilon_0\, AE$$

$\overline{I}$ ist also proportional der Feldstärke und kann zu ihrer Messung herangezogen werden. Bei einer hohen Frequenz der mechanischen Bewegung kann man durch das entsprechend hohe $dq/dt$ auch geringe Gleichfeldstärken gut messen. Tatsächlich haben *A. Matthias* und *H. Schwenkhagen* erstmals 1926 dieses Meßprinzip bei Untersuchungen über die Gewitterbildung zur Messung elektrischer Feldstärken am Erdboden angewandt. Eine andere Ausführungsform des Feldstärkemessers verwendet anstelle der Abdeckung eine Schwingungsbewegung der Meßelektrode in Feldrichtung zur Erzeugung des Wechselstromes $i(t)$.

Am Beispiel der in Bild 1.2-13 schematisch dargestellten Anordnung [*Kind* 1956] *soll* nun gezeigt werden, wie nach dem gleichen Prinzip eine Gleichspannung U gemessen werden kann. Die beiden Meßelektroden 1 und 1' werden abwechselnd durch den Antrieb unter der halbkreisförmigen Öffnung 2 der Erdplatte 3 vorbeibewegt, wodurch

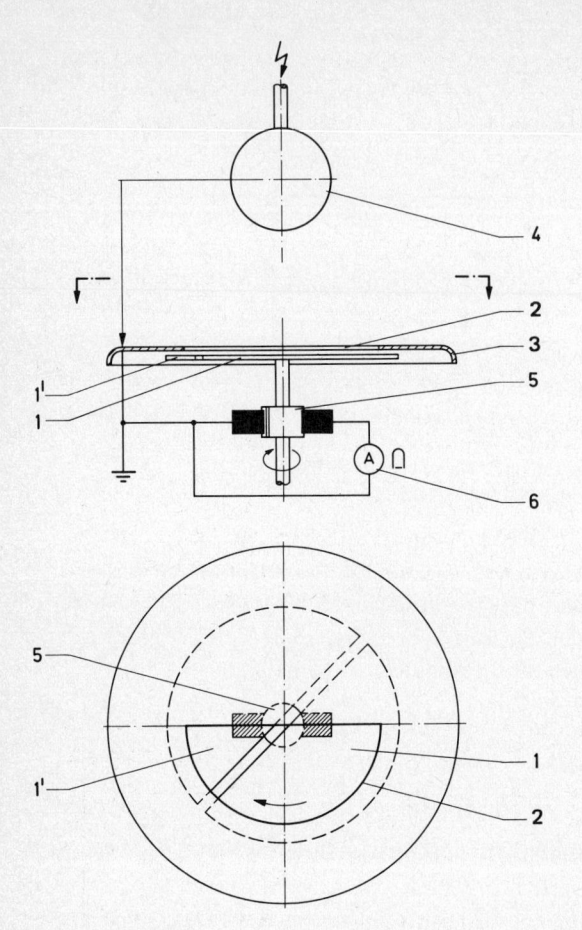

**Bild 1.2-13**
Spannungsmesser mit der
Elektrodenanordnung Kugel-Ebene
1, 1′  Umlaufende Halbkreisscheiben
2  Halbkreisausschnitt
3  Geerdetes Abdeckblech
4  Hochspannungselektrode
5  Kommutator
6  Strommesser

sich eine zwischen Null und einem Höchstwert veränderliche Teilkapazität zwischen jeder der Meßelektroden und der Hochspannungselektrode 4 ergibt. Zwischen den Meßelektroden fließt daher bei konstanter Drehzahl ein periodischer Wechselstrom $i(t)$, der durch den Kommutator 5 gleichgerichtet wird. Der arithmetische Mittelwert $\overline{I}$ nach der Gleichrichtung kann durch einen Drehspulstrommesser 6 angezeigt werden. Wegen der Proportionalität zwischen der Feldstärke E an den Meßelektroden und der zu messenden Spannung U ist $\overline{I}$ proportional U. Führt man zur Bestimmung der Flächenladung den Höchstwert $C_m$ der periodisch veränderlichen Teilkapazität zwischen einer Meßelektrode und der Hochspannungselektrode ein, so gilt:

$$q_{max} = C_m U \quad \text{und} \quad q_{min} = 0$$

und es wird

$$\overline{I} = \frac{2}{T} C_m U.$$

1.2. Erzeugung und Messung hoher Gleichspannungen

Das beschriebene Meßprinzip ist in sehr verschiedenartiger Weise ausgeführt worden [*Prinz* 1939; *Schwab* 1969]. Es hat insbesondere zur Messung von Spannungen und Feldstärken bei hohen Gleichspannungen erhebliche Bedeutung, da die Messung leistungslos erfolgt.

### 1.2.9. Andere Verfahren zur Messung hoher Gleichspannungen

Die bei 1.1.6 beschriebene Wechselspannungsmessung mit Kugelfunkenstrecken ist auch für die Bestimmung des Scheitelwertes Û hoher Gleichspannungen geeignet. Anstelle von Kugeln können gegebenenfalls Stabfunkenstrecken nach 2.4.3 gewählt werden.

Grundsätzlich andere Verfahren zur Messung hoher Gleichspannungen wurden für spezielle Anwendungsfälle in der Physik entwickelt. Von besonderer wissenschaftlicher Bedeutung sind Verfahren, die eine Zurückführung der Meßgröße auf die Grundeinheiten des Maßsystems erlauben. So werden z.B. zur Eichung der Spannungsmeßeinrichtungen von Teilchenbeschleunigern Protonen in einem der zu messenden Spannung proportionalen Feld beschleunigt. Bei bestimmten kinetischen Energien dieser Protonen treten beim Auftreffen auf leichte Atomkerne resonanzartige Kernumwandlungen auf, die eine sehr genaue Bestimmung der angelegten Gleichspannung erlauben [*Jiggins, Bevan* 1966].

### 1.2.10. Messung der Überlagerungen

Die Überlagerungen sind Wechselspannungen mit von der Sinusform stark abweichendem Verlauf, sie können daher als Fourier-Summe dargestellt werden. Bei geglätteten Gleichspannungen sind die Scheitelwerte $\delta U$ der Überlagerungen stets sehr viel kleiner als $\overline{U}$, weshalb eine oszillografische Messung, z.B. an einem Widerstandsteiler, zu unempfindlich ist. Deshalb verwendet man Meßschaltungen, die eine unmittelbare Erfassung des zeitlichen Verlaufs $u(t) - \overline{U}$ der Überlagerungen ermöglichen.

Eine einfache Schaltung zeigt Bild 1.2-14, in der ein Hochspannungskondensator C zur Trennung von Überlagerungen und Gleichspannung vorgesehen ist. Der aus C und R gebildete Spannungsteiler hat für Gleichspannungen das Teilerverhältnis 0, für eine Wechselspannung mit der Kreisfrequenz $\omega$ dagegen:

$$\frac{\widetilde{U}_2}{\widetilde{U}} = \frac{jR\omega C}{1 + jR\omega C}$$

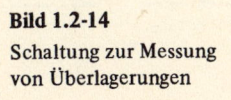

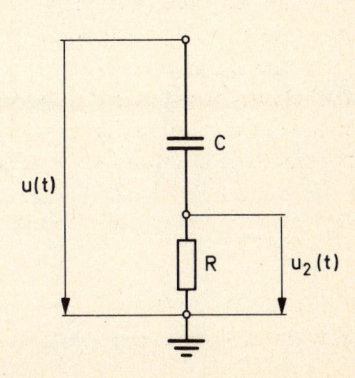

**Bild 1.2-14**
Schaltung zur Messung
von Überlagerungen

Soll nun die Bedingung

$$u_2(t) \approx u(t) - \overline{U}$$

möglichst gut erfüllt sein, so muß für alle im Spektrum der Überlagerungen enthaltenen Frequenzen das Teilerverhältnis möglichst gleich 1 sein. Dies ist der Fall für:

$$R\omega C \gg 1$$

Dies ist für die Grundfrequenz $\omega$ meist leicht zu erfüllen, womit auch eine getreue Wiedergabe der Oberschwingungen gesichert ist.

## 1.3. Erzeugung und Messung von Stoßspannungen

Stoßspannungen werden bei Hochspannungsprüfungen zur Nachbildung der durch äußere und innere Überspannungen auftretenden Beanspruchungen sowie für grundsätzliche Untersuchungen von Durchschlagsvorgängen benötigt. Stoßspannungen werden meist durch die Entladung von Hochspannungskondensatoren über Schaltfunkenstrecken auf ein Netzwerk von Widerständen und Kondensatoren erzeugt, wobei oft Vervielfachungsschaltungen zur Anwendung kommen. Der Scheitelwert von Stoßspannungen kann mit Meßfunkenstrecken ermittelt oder besser durch elektronische Schaltungen in Verbindung mit Spannungsteilern gemessen werden. Die wichtigsten Meßgeräte für Stoßspannungen sind jedoch Kathodenstrahl-Oszillografen, die eine Erfassung des gesamten zeitlichen Verlaufes über Spannungsteiler gestatten.

### 1.3.1. Kenngrößen für Stoßspannungen

Als Stoßspannung bezeichnet man in der Hochspannungstechnik einen einzelnen unipolaren Spannungsimpuls; drei wichtige Beispiele sind in Bild 1.3-1 unter Angabe möglicher Bestimmungsgrößen dargestellt. Der zeitliche Verlauf und die Dauer einer Stoßspannung hängen von der Art der Erzeugung ab. Für grundsätzliche Untersuchungen werden häufig sprunghaft auf einen etwa konstanten Wert ansteigende Rechteck-Stoßspannungen verwendet sowie Keilstoßspannungen, die einen möglichst linearen Anstieg

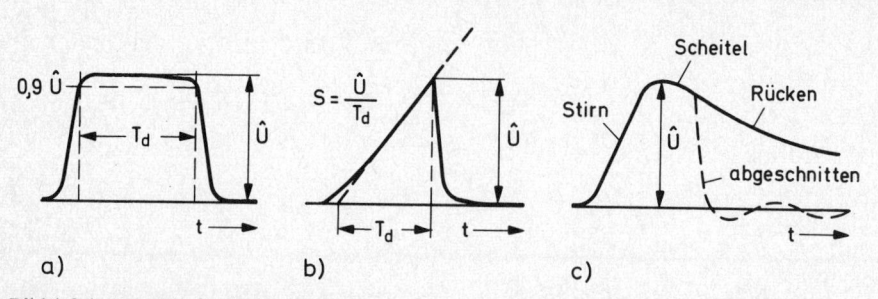

**Bild 1.3-1.** Beispiele für Stoßspannungen
a) Rechteck-Stoßspannung, b) Keil-Stoßspannung, c) Doppelexponentielle Stoßspannung

## 1.3. Erzeugung und Messung von Stoßspannungen

bis zum Durchschlag aufweisen und in einfacher Weise durch die Steilheit S gekennzeichnet werden können. Für Prüfzwecke sind doppelexponentielle Stoßspannungen genormt, die ohne wesentliche Schwingungen rasch auf einen Höchstwert, den Scheitelwert $\hat{U}$, ansteigen und anschließend weniger rasch auf 0 abfallen. Erfolgt während der Dauer der Stoßspannung ein beabsichtigter oder unbeabsichtigter Durchschlag im Hochspannungskreis, der zu einem plötzlichen Spannungszusammenbruch führt, so spricht man von einer abgeschnittenen Stoßspannung. Das Abschneiden kann in der Stirn, im Scheitel oder im Rücken der Stoßspannung erfolgen. Der hierdurch angeregte Ausgleichsvorgang bewirkt meist die in Bild 1.3-1c angedeutete Spannungsschwingung.

Bei Überspannungen als Folge von Blitzeinschlägen beträgt die Zeit bis zum Erreichen des Scheitels größenordnungsmäßig 1 $\mu$s; sie werden als atmosphärische oder äußere Überspannungen bezeichnet. Die zu ihrer Nachbildung im Laboratorium erzeugten Spannungen nennt man Blitzstoßspannungen. Bei inneren Überspannungen, wie sie als Folge von Schaltvorgängen in Hochspannungsnetzen auftreten, beträgt die Zeit bis zum Erreichen des Scheitels mindestens etwa 100 $\mu$s. Ihre Nachbildung erfolgt im Laboratorium mit Schaltstoßspannungen, die etwa die gleiche Form wie Blitzstoßspannungen haben, jedoch von wesentlich größerer Dauer sind.

Bei Stoßspannungen für Prüfzwecke ist der zeitliche Verlauf durch bestimmte Zeitparameter für Stirn und Rücken nach Bild 1.3-2 festgelegt (VDE 0433-3; IEC-Publ. 60). Da bei Blitzstoßspannungen der wirkliche Verlauf der Stirn meßtechnisch oft schwer zu erfassen ist, wird als Hilfskonstruktion die durch die Punkte A und B gehende Stirnge-

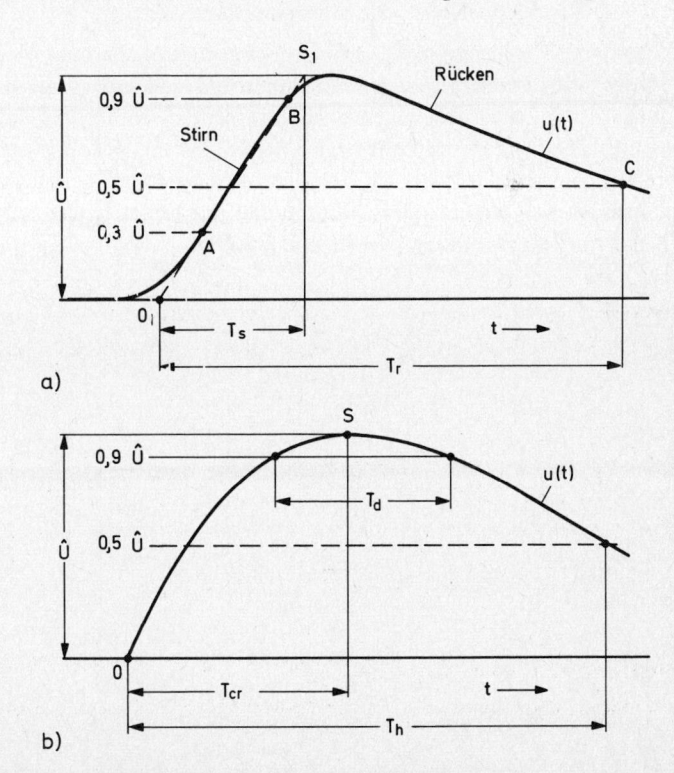

**Bild 1.3-2**
Kenngrößen genormter Prüf-Stoßspannungen
a) Blitzstoßspannung
b) Schaltstoßspannung

rade $O_1 - S_1$ zur Kennzeichnung des Verlaufs der Stirn eingeführt. Damit sind die Stirnzeit $T_s$ und die von $O_1$ bis zur Zeit von C zählende Rückenhalbwertszeit $T_r$ festgelegt. Üblicherweise werden Blitzstoßspannungen der Form 1,2/50 verwendet, womit eine Stoßspannung mit $T_s$ = 1,2 µs ± 30 % und $T_r$ = 50 µs ± 20 % bezeichnet wird. Die meßtechnische Erfassung des Verlaufs der viel langsameren Schaltstoßspannung bereitet dagegen keine Schwierigkeiten, weshalb hierfür der wirkliche Beginn 0 und der wirkliche Scheitel S für die Normung herangezogen werden können. Für Prüfungen mit Schaltstoßspannungen wird häufig die Form 250/2500 angewandt, was $T_{cr}$ = 250 µs ± 20 % und $T_h$ = 2500 µs ± 60 % bedeuten soll ($T_{cr}$ = time to crest, $T_h$ = time to half value)[1]). Zur Kennzeichnung der Dauer einer Schaltstoßspannung wird anstelle von $T_h$ auch oft die Zeit $T_d$ angegeben, während der der Augenblickswert über 0,9 $\hat{U}$ liegt.

Bei Blitzstoßspannungen sind den Verläufen oft hochfrequente Schwingungen überlagert, deren Amplitude im Bereich des Scheitels 0,05 $\hat{U}$ nicht überschreiten darf. Dabei ist vorausgesetzt, daß die Schwingungen eine Frequenz von mindestens 0,5 MHz haben, andernfalls gilt der wirklich auftretende höchste Spannungswert als Scheitelwert der Blitzstoßspannung.

## Erzeugung von Stoßspannungen

### 1.3.2. Kapazitive Kreise zur Stoßspannungserzeugung[2])

Die beiden wichtigsten als „Schaltung a" und „Schaltung b" bezeichneten Grundschaltungen zur Erzeugung von Stoßspannungen sind in Bild 1.3-3 dargestellt. Der Stoßkondensator $C_s$ wird über einen hochohmigen Ladewiderstand auf die Gleichspannung $U_0$ aufgeladen und durch Zünden der Schaltfunkenstrecken F entladen. Die gewünschte Stoßspannung u(t) tritt am Belastungskondensator $C_b$ auf. Schaltung a und b unterscheiden sich voneinander dadurch, daß der Entladewiderstand $R_e$ einmal hinter, einmal vor dem Dämpfungswiderstand $R_d$ liegt.

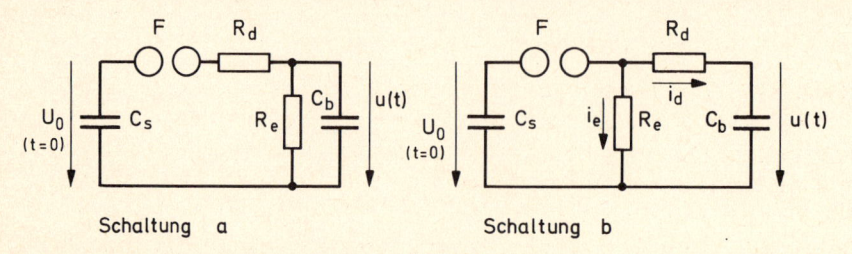

**Bild 1.3-3.** Grundschaltungen für Stoßspannungskreise

---
[1]) Entwurf Juni 1970 der IEC-Kommission TC 42: High-Voltage Test Techniques, Test Procedures
[2]) Zusammenfassende Darstellung u.a. bei *Craggs, Meek* 1954; *Strigel* 1955; *Widmann* 1962; *Helmchen* 1963

## 1.3. Erzeugung und Messung von Stoßspannungen

Die Größe der Elemente bestimmt den zeitlichen Verlauf der Stoßspannung. Die grundsätzliche Wirkungsweise beider Schaltungen kann man sich durch die folgende anschauliche Betrachtung verständlich machen. Die kurze Stirnzeit erfordert eine rasche Aufladung von $C_b$ auf den Scheitelwert $\hat{U}$ und der lange Rücken eine langsame Entladung. Dies wird dadurch erreicht, daß $R_e \gg R_d$ ist. Im ersten Augenblick nach dem Zünden von F bei t = 0 liegt bei beiden Schaltungen etwa die volle Ladespannung $U_0$ an der Reihenschaltung von $R_d$ und $C_b$. Die Spannung u(t) erreicht umso schneller ihren Scheitelwert, je kleiner der Ausdruck $R_d\, C_b$ ist. Der Scheitelwert $\hat{U}$ kann nicht größer sein als sich aus der Aufteilung der anfangs vorhandenen Ladung $U_0\, C_s$ auf $C_s + C_b$ ergibt. Für den Ausnutzungsgrad $\eta$ gilt daher

$$\eta = \frac{\hat{U}}{U_0} \leqslant \frac{C_s}{C_s + C_b} \; .$$

Da im allgemeinen $\hat{U}$ bei gegebener Ladespannung möglichst hoch sein soll, wird man $C_s \gg C_b$ wählen. Das exponentielle Abklingen der Stoßspannung im Rücken wird dann im Fall der Schaltung a mit der Zeitkonstante $C_s(R_d + R_e)$ und im Fall der Schaltung b mit der Zeitkonstante $C_s\, R_e$ erfolgen. Die bei einer Entladung umgesetzte Stoßenergie beträgt:

$$W = \frac{1}{2}\, C_s\, U_0^2$$

Setzt man in diese Beziehung für $U_0$ die höchstmögliche Ladespannung ein, erhält man als wichtige Kenngröße eines Stoßspannungsgenerators die maximale Stoßenergie.

Bei der obigen Erklärung der Wirkungsweise der Schaltungen war vorausgesetzt worden, daß bei t = 0 die Stoßkondensatoren $C_s$ auf eine Spannung $U_0$ aufgeladen waren. Die Größe $U_0$ ist die Ladespannung, bei welcher F durchschlägt oder durch eine Hilfsentladung gezündet wird. Bei selbstzündendem Betrieb kann daher eine Erhöhung des Scheitelwerts der Stoßspannung $\hat{U}$ nur durch eine Vergrößerung der Schlagweite von F erreicht werden. Eine Erhöhung der vor dem Ladewiderstand angelegten Gleichspannung würde nur zur Folge haben, daß sich $C_s$ schneller auf $U_0$ auflädt und F in kürzeren Zeitabständen von selbst durchzündet. Es würde sich also die Stoßfolge, nicht jedoch die Höhe der erzeugten Stoßspannungen vergrößeren.

Um bei gegebener Ladegleichspannung Stoßspannungen mit möglichst hohem Scheitelwert zu erzeugen, wendet man allgemein die 1923 von *E. Marx* angegebene Vervielfachungsschaltung an. Mehrere gleiche Stoßkondensatoren werden in Parallelschaltung geladen und in Reihenschaltung entladen, wodurch eine entsprechend der Stufenzahl vervielfachte Summenladespannung wirksam wird. Die Wirkungsweise der Marxschen Schaltung soll an dem in Bild 1.3-4 dargestellten Beispiel einer Stoßspannungsanlage mit n = 3 Stufen in Schaltung b erläutert werden. Die Stoßkondensatoren der Stufen $C_s'$ werden über die hochohmigen Ladewiderstände $R_L'$ in Parallelschaltung auf die Stufenladespannung $U_0'$ aufgeladen.

Bei einem Durchzünden aller Schaltfunkenstrecken F werden die $C_s'$ in Reihe geschaltet, so daß $C_b$ über die Reihenschaltung aller Dämpfungswiderstände $R_d'$ aufgeladen und

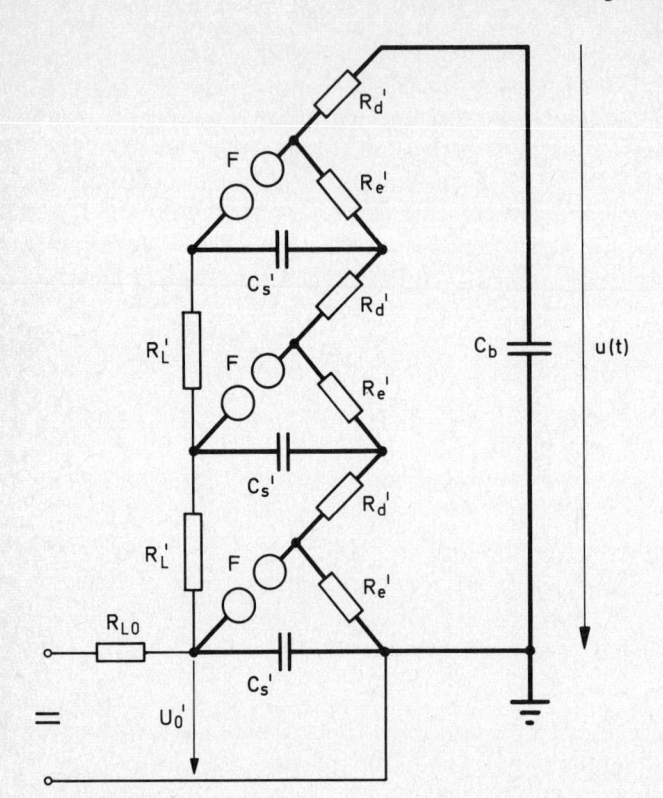

**Bild 1.3-4**
Vervielfachungsschaltung nach Marx, bestehend aus 3 Stufen nach Schaltung b

schließlich alle $C_s'$ und $C_b$ über die Widerstände $R_e'$ und $R_d'$ wieder entladen werden. Zweckmäßig wählt man $R_L' \gg R_e'$. Eine n-stufige Schaltung kann auf das einstufige Ersatzschaltbild nach Schaltung b zurückgeführt werden, wobei folgende Beziehungen gelten:

$$U_0 = n\, U_0' \qquad R_d = n\, R_d'$$

$$C_s = \frac{1}{n}\, C_s' \qquad R_e = n\, R_e'$$

Legt man in dem in Bild 1.3-4 gezeigten Schaltbild die Entladewiderstände $R_e'$ in jeder Stufe parallel zu der Reihenschaltung von $R_d'$, F und $C_s'$, so erhält man einen Stoßspannungskreis nach Schaltung a.

Für die Wirkungsweise der Marxschen Schaltung ist es wesentlich, daß alle üblicherweise als Kugelfunkenstrecken mit einstellbarer Schlagweite ausgeführten Schaltfunkenstrecken F etwa gleichzeitig durchzünden. Dies wird zumeist dadurch erreicht, daß die unterste Funkenstrecke auf eine etwas kleinere Schlagweite eingestellt oder durch eine Hilfsentladung zuerst gezündet wird. Infolge der stets vorhandenen Erdkapazität der oberen Stufen entstehen transiente Überspannungen zwischen den höher liegenden Kugeln, die dadurch ebenfalls durchzünden [*Rodewald* 1969; *Heilbronner* 1971]. Dieser Zündmechanismus verbietet eine Aufteilung von $C_b$ auf die einzelnen Stufen, da hierdurch die zum

## 1.3. Erzeugung und Messung von Stoßspannungen

Durchzünden unentbehrlichen Einschwingvorgänge unterbunden werden. Bei großen Generatoren und insbesondere dann, wenn auch Schaltstoßspannungen erzeugt werden müssen, kann es zweckmäßig sein, anstelle von Ladewiderständen mechanische Schalter zu verwenden und mehrere als nur die unterste Schaltfunkenstrecke F durch eine Hilfsentladung zeitgesteuert zu zünden.

Stoßspannungsgeneratoren sind bereits für Spannungen von einigen MV und für Stoßenergien von einigen 100 kWs ausgeführt worden, wobei üblicherweise die Stufenladespannungen 100 . . . 300 kV betragen. Der Ausnutzungsgrad $\eta$ ist von der Form der zu erzeugenden Stoßspannung abhängig und liegt meist zwischen 0,6 und 0,9. Er liegt bei Schaltung b grundsätzlich höher als bei Schaltung a, besonders für Stoßspannungen mit verhältnismäßig kurzer Rückenhalbwertszeit.

### 1.3.3. Berechnung einstufiger Stoßspannungskreise

Zur Bemessung von Stoßspannungskreisen sind Beziehungen zwischen der Größe der Schaltelemente und den Kenngrößen der Spannungsform erforderlich. Wegen des höheren Ausnutzungsgrades werden Stoßspannungsgeneratoren vorwiegend in Grundschaltung b ausgeführt. Deshalb ist in Anhang 3 für diesen Kreis unter Verwendung der Bezeichnungen von Bild 1.3-3b der zeitliche Verlauf der Stoßspannung berechnet worden.

Für den Stoßspannungsverlauf gilt die Lösung:

$$u(t) = \frac{U_0}{R_d\, C_b} \frac{T_1\, T_2}{T_1 - T_2} \left(e^{-t/T_1} - e^{-t/T_2}\right)$$

Die Stoßspannung ergibt sich demnach als Differenz zweier abklingender Exponentialfunktionen mit den Zeitkonstanten $T_1$ und $T_2$. Der Verlauf ist in Bild 1.3-5 dargestellt und erreicht zur Zeit $T_{cr}$ den Scheitelwert $\hat{U}$.

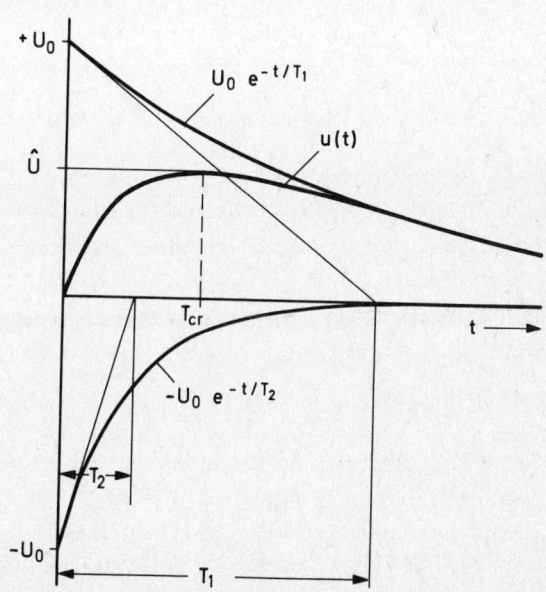

**Bild 1.3-5**
Zur Berechnung von Stoßspannungen mit doppelexponentiellem Verlauf

Mit der meist erfüllten Näherung

$$R_e\, C_s \gg R_d\, C_b$$

ergeben sich die folgenden einfachen Ausdrücke für die Schaltung b [*Elsner* 1939]:

$$T_1 \approx R_e\,(C_s + C_b); \qquad T_2 \approx R_d\,\frac{C_s\,C_b}{C_s + C_b}\,; \qquad \eta \approx \frac{C_s}{C_s + C_b}$$

Für die Schaltung a nach Bild 1.3-3a gilt die gleiche allgemeine Lösung, jedoch erhält man:

$$T_1 \approx (R_d + R_e)\,(C_s + C_b); \qquad T_2 \approx \frac{R_d\,R_e}{R_d + R_e}\,\frac{C_s\,C_b}{C_s + C_b}$$

$$\eta \approx \frac{R_e}{R_d + R_e}\,\frac{C_s}{C_s + C_b}$$

Durch $T_1$ und $T_2$ ist der Verlauf einer Stoßspannung eindeutig beschrieben. Folglich müssen auch die Kenngrößen nach Bild 1.3-2 Funktionen von $T_1$ und $T_2$ sein. Da meist $T_1 \gg T_2$, ist dann auch die genannte Voraussetzung für die vereinfachte Berechnung von $T_1$ und $T_2$ aus den Schaltelementen erfüllt. Die Zeitkonstanten $T_1$ und $T_2$ sind über Faktoren, die vom Verhältnis $T_s/T_r$ abhängen, mit den Kenngrößen von Blitzstoßspannungen verknüpft:

$$T_s = k_2\,T_2 \qquad\qquad T_r = k_1\,T_1$$

Die Proportionalitätsfaktoren betragen für die wichtigsten genormten Verläufe (VDE 0433-3):

| $T_s/T_r$ | 1,2/5 | 1,2/50 | 1,2/200 |
|---|---|---|---|
| $k_1$ | 1,44 | 0,73 | 0,70 |
| $k_2$ | 1,49 | 2,96 | 3,15 |

Bei der Spannungsform 1,2/5 ist die Voraussetzung $T_1 \gg T_2$ nur unvollkommen erfüllt, weshalb hier die Näherungsrechnung oft zu beträchtlichen Fehlern führt.
Für die Kenngrößen von Schaltstoßspannungen gilt:

$$T_{cr} = \frac{T_1\,T_2}{T_1 - T_2}\,\ln T_1/T_2$$

$$T_h \approx T_1\,\ln\frac{2}{\eta} \quad\text{für}\quad T_h \geqslant 10\,T_{cr}$$

Wenn die genannten Voraussetzungen nur unvollkommen erfüllt sind, muß die allgemeine Lösung für $u(t)$ ausgewertet werden.
Bei Blitzstoßspannungen weicht die Spannungsform vor allem in der Stirn und im Scheitel oft erheblich vom theoretischen Verlauf ab. Ursache hierfür sind die unver-

## 1.3. Erzeugung und Messung von Stoßspannungen

meidlichen Induktivitäten der Elemente und des räumlichen Aufbaus, die zu mindestens einem Wendepunkt im Verlauf der Stirn oder sogar zu überlagerten Schwingungen führen können. Für eine erste Betrachtung soll im Ersatzschaltbild eine Induktivität L in Reihe zu $R_d$ angenommen und der dämpfende Einfluß des Entladewiderstandes vernachlässigt werden ($R_e = \infty$). Zur Vermeidung von störenden Schwingungen, die eine Angabe des Wertes von $\hat{U}$ erschweren, sollte der Kreis aperiodisch gedämpft sein. Dazu darf $R_d$ den Wert

$$2 \sqrt{L \frac{C_s + C_b}{C_s C_b}}$$

$L \approx 1 \,\mu H/m \text{ Litze}.$

nicht unterschreiten. Bei Anlagen für hohe Spannungen und Energieinhalte ist es oft schwierig, diese Bedingungen zu erfüllen.

### 1.3.4. Andere Wege zur Erzeugung von Stoßspannungen

Rechteck-Stoßspannungen kurzer Dauer lassen sich gut mit leitungsförmigen Energiespeichern erzeugen. In einer oft verwendeten Schaltung wird ein Hochspannungskabel über einen hochohmigen Widerstand auf eine Gleichspannung $U_0$ aufgeladen und über eine Funkenstrecke auf ein zunächst ungeladenes Kabel entladen, an dessen Ende der Prüfling angeschlossen ist. Die Dauer des am Prüfling entstehenden Spannungsimpulses beträgt das Doppelte der Wanderwellenlaufzeit des Ladekabels, der Scheitelwert ist je nach Prüflingsimpedanz im günstigsten Fall gleich $U_0$. Bei einer anderen Schaltung werden Hochspannungskondensatoren auf eine am Ende kurzgeschlossene Wanderwellenleitung geschaltet, deren wirksame Länge zur Erzielung von Stoßspannungen unterschiedlicher Dauer leicht verändert werden kann [*Winkelnkemper* 1965].
Auch eine Spannungsvervielfachung ist mit leitungsförmigen Energiespeichern kurzzeitig zu erreichen, wobei die Anordnung im Prinzip so ausgeführt ist, daß sich am Prüfling Potentialsprünge infolge von Wanderwellen in mehreren Leitungen addieren. Bei einer 1941 von *A. D. Blumlein* angegebenen Anordnung von zwei parallelen Leitungsspeichern erhält man eine Spannungsverdopplung. Ein solcher Blumleingenerator kann beispielsweise als zweischichtiger Bandleiter ausgeführt werden, dessen mittlere Elektrode an einem Ende gegen die beiden äußeren auf $U_0$ aufgeladen wird. Wird ein Elektrodenpaar am Leitungsanfang kurzgeschlossen, so bewirkt die entstehende Entladewelle das Auftreten eines Spannungssprunges von 2 $U_0$ an einem zwischen den äußeren Elektroden am Leitungsende angeschlossenen Prüfling. Solche Generatoren haben sich vor allem bei Anwendungen in der Plasmaphysik bewährt. Eine Weiterbildung dieses Verfahrens führte schließlich zur Entwicklung von „Spiralgeneratoren", die dreiecksförmige Spannungsimpulse bis zu einigen 100 ns Dauer erzeugen können und deren Amplitude ein hohes Vielfaches der Ladespannung ist [*Fitch, Howell* 1964].
Schaltstoßspannungen, deren Dauer im Bereich von Millisekunden liegt, können auch durch die impulsförmige Erregung von Prüftransformatoren erzeugt werden. Eine bewährte Schaltung ist in Bild 1.3-6 dargestellt [*Kind, Salge* 1965]. Eine sinusförmige Wechselspannung $u_{10}$ wird zum Zeitpunkt $t_1$ durch Zündung des steuerbaren Ventils $V_1$ an einen Widerstand $R_1$ gelegt. $R_1$ muß so niederohmig gewählt werden, daß sich

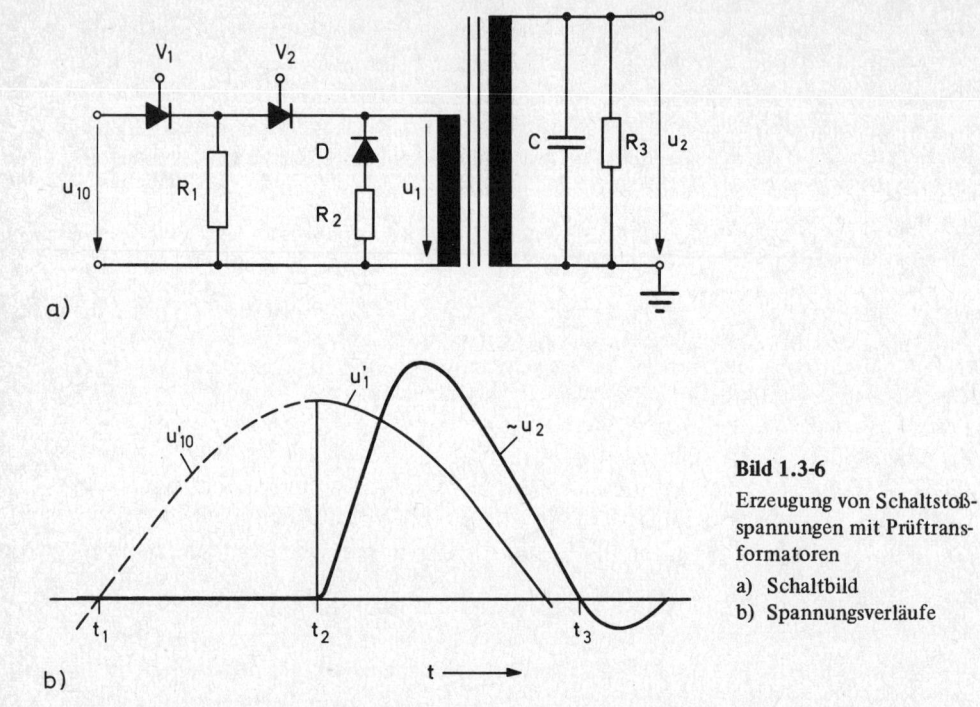

**Bild 1.3-6**
Erzeugung von Schaltstoß-
spannungen mit Prüftrans-
formatoren
a) Schaltbild
b) Spannungsverläufe

die an ihm entstehende Spannung durch das spätere Zuschalten des Prüftransformators nicht wesentlich ändert. Zum Zeitpunkt $t_2$, in den meisten Fällen etwa im Scheitel von $u_{10}$, wird das Ventil $V_2$ gezündet, und es entsteht an der Primärwicklung des Prüftransformators eine Spannung $u_1$, die einen cosinusförmigen Verlauf hat. Denkt man sich den in Bild 1.3-6a gezeigten Prüftransformator durch seine Streuinduktivität $L_s$ ersetzt und alle hochspannungsseitigen Kapazitäten in C enthalten, so erhält man einen Reihenschwingkreis. Beim Anlegen eines Spannungssprunges schwingt die Spannung $u_2(t)$ an der Kapazität mit der Eigenfrequenz des Kreises an, wodurch die Stirnzeit der entstehenden Schaltstoßspannung bestimmt ist. Das Durchschwingen ab $t_3$ wird durch den eingezeichneten Widerstand $R_2$ und die Diode D gedämpft.

Bei geringer ohmscher Belastung auf der Hochspannungsseite des Transformators ($R_3 \to \infty$) läßt sich die Stirn der erzeugten Schaltstoßspannung abschätzen zu:

$$T_{cr} \approx \pi \sqrt{L_s C}$$

Man erhält beispielsweise einen Verlauf der Sekundärspannung, wie er in Bild 1.3-6b dargestellt ist.

Diese Schaltung eignet sich besonders dann, wenn lange Stirnzeiten von einigen 100 µs erzeugt werden sollen. Anstelle einer Erregung aus dem Netz kann der primärseitige Spannungsimpuls auch durch die Entladung eines Kondensators erzeugt werden [*Älgbrant* u.a. 1966; *Mosch* 1969].

## 1.3. Erzeugung und Messung von Stoßspannungen

Schließlich sei erwähnt, daß auch durch Verwendung von induktiven Kreisen hohe Stoßspannungen kurzer Dauer erzeugt werden können. Dazu wird ein hoher Strom durch die Reihenschaltung einer Hochspannungsinduktivität und eines Schaltgerätes geleitet. Parallel zum Schaltgerät liegt der Prüfling. Steigt der Widerstand des Schaltgerätes stark an und wird der Kreisstrom durch die Wirkung der Induktivität aufrechterhalten, so entsteht an den Prüflingsklemmen ein Spannungsimpuls. Als Schaltgeräte sind u.a. explodierende Drähte geeignet [*Salge* 1971].

## Messung von Stoßspannungen

### 1.3.5. Scheitelwertmessung mit der Kugelfunkenstrecke

Im Abschnitt 1.1.6 wurden Kugelfunkenstrecken zur Messung des Scheitelwertes hoher Wechselspannungen beschrieben. Aus Untersuchungen über den Durchschlag von Gasen ist bekannt, daß die Ausbildung des vollkommenen Durchschlags einer solchen Anordnung in höchstens einigen Mikrosekunden erfolgt, wenn die angelegte Spannung den Scheitelwert der Durchbruchspannung $\hat{U}_d$ bei Wechselspannung überschreitet. Daraus folgt, daß mit Kugelfunkenstrecken auch der Scheitelwert von Stoßspannungen von nicht zu kurzer Dauer gemessen werden kann. Es sollte etwa $T_r \geqslant 50~\mu s$ sein.

Dabei ist vorausgesetzt, daß die Luft im Raum zwischen den Kugeln ausreichend Ladungsträger enthält, die den Durchschlag bei Erreichen einer bestimmten Feldstärke ohne Zeitverzug einleiten. Durch künstliche Bestrahlung mit UV-Lichtquellen oder radioaktiven Strahlern läßt sich der Durchschlagsraum ausreichend vorionisieren, so daß die statistische Streuung der Durchschlagszeit reduziert wird. In den zuständigen Vorschriften wird daher insbesondere bei der Messung von Stoßspannungen unter 50 kV empfohlen, eine künstliche Bestrahlung anzuwenden.

Bei der Scheitelwertmessung von Stoßspannungen mit Kugelfunkenstrecken ergibt sich eine Besonderheit, und zwar dadurch, daß aus dem Auftreten oder Ausbleiben eines Durchschlags nicht entnommen werden kann, wie nahe der Scheitelwert $\hat{U}$ der jeweils angelegten Stoßspannung an $\hat{U}_d$ liegt. Dies läßt sich nur durch wiederholte Stöße feststellen.

Hierzu verändert man zweckmäßig die Amplitude einer Serie von Stoßspannungen solange, bis etwa die Hälfte aller Stöße zum Durchschlag führt, die Durchschlagswahrscheinlichkeit $P(\hat{U})$ also etwa 50 % beträgt. Für diese Stoßspannung gilt dann:

$$U_{d-50} \approx \hat{U}_d \approx d\,\hat{U}_{d_0}$$

Hierin bedeuten wieder d die relative Luftdichte und $\hat{U}_{d_0}$ die den Tabellen zu entnehmende, von Kugeldurchmesser, Polarität und Schlagweite abhängige Durchschlagsspannung bei Normalbedingungen. Durch wiederholte Beanspruchung einer Anordnung läßt sich die in Bild 1.3-7 dargestellte Verteilungsfunktion $P(\hat{U})$ der Durchschlagsspannung bestimmen. Man erkennt, daß die Haltespannung $U_{d-0}$ und die gesicherte Durchschlagsspannung $U_{d-100}$ entsprechend einer Durchschlagswahrscheinlichkeit von 0 % beziehungsweise 100 % nur angenähert definiert werden können und daher als Kenngrößen nicht geeignet sind.

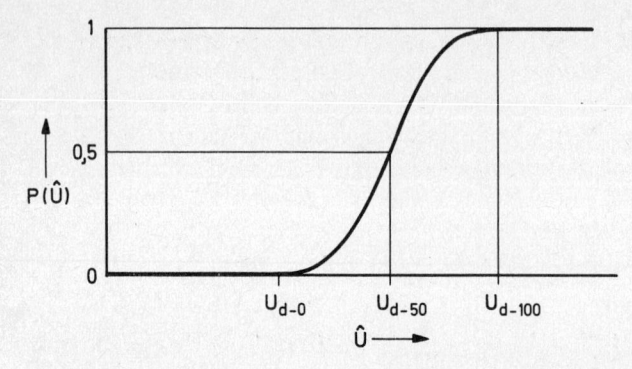

**Bild 1.3-7**
Verteilungsfunktion der Durchschlagsspannung einer Kugelfunkenstrecke bei Stoßspannung

Anstelle einer meist nur mit großer Stoßzahl genau einstellbaren Durchschlagswahrscheinlichkeit von 50 % kann je ein darüber und ein darunter liegender Wert von $P(\hat{U})$ eingestellt werden; der gesuchte Wert $U_{d-50}$ ergibt sich dann näherungsweise durch eine Interpolation, die zweckmäßig grafisch unter Verwendung einer der Normalverteilung entsprechenden Ordinatenteilung vorgenommen wird. Im Anhang A5 wird auf die Verteilungsfunktion der Durchschlagsspannung näher eingegangen sowie ein spezielles Verfahren zur genaueren Bestimmung von $U_{d-50}$ angegeben.

### 1.3.6. Schaltung und Übertragungsverhalten von Stoßspannungsteilern[1])

Der zeitliche Verlauf einer Stoßspannung wird mit dem Kathodenstrahl-Oszillografen (KO) gemessen. Dieser erhält die Meßgröße über ein koaxiales Meßkabel, das eingangsseitig mit den Sekundärklemmen eines an die Meßstelle (Prüfling) geschalteten Spannungsteilers verbunden ist. Teilerzuleitung, Teiler, Meßkabel und KO bilden gemeinsam das Meßsystem. Soll nur der Scheitelwert $\hat{U}$ gemessen werden, so kann anstelle des KO ein direkt anzeigendes elektronisches Meßgerät angeschlossen werden.

*a) Kenngrößen des Übertragungsverhaltens*

Zur Untersuchung des Übertragungsverhaltens von Meßsystemen verwendet man Testfunktionen. Kenngrößen werden zweckmäßig aus der Antwort auf eine Sprungfunktion abgeleitet. Dieses Verfahren ist sowohl für theoretische als auch für experimentelle Untersuchungen geeignet.

Hierzu denke man sich das Meßsystem allgemein als Vierpol dargestellt. Als Eingangsgröße werde ein Spannungssprung mit der Amplitude $U_{1\infty}$ angelegt:

$$u_1(t) = U_{1\infty}\, s(t)$$

Die erhaltene Ausgangsspannung ist

$$u_2(t) = U_{2\infty}\, w(t)$$

---

[1]) Ausführliche Darstellungen bei *Schwab* 1969; *Zaengl* 1970; *Hylten-Cavallius* 1970

## 1.3. Erzeugung und Messung von Stoßspannungen

mit $U_{2\infty}$ als Sollwert nach Abklingen der Ausgleichsvorgänge. In diesen Gleichungen ist w(t) die Sprungantwort auf die Sprungfunktion s(t). Der Spannungswert $U_{2\infty}$ ist bei linearen Systemen proportional zu $U_{1\infty}$. Der Ausdruck $U_{1\infty}/U_{2\infty}$ wird Übersetzungsverhältnis genannt. Eine wichtige Kenngröße für das Wiedergabeverhalten ist die Antwortzeit (response time) T, definiert durch die Fläche:

$$T = \int_0^\infty [1 - w(t)] \, dt$$

In Bild 1.3-8a ist der einfachste Fall eines Vierpols angegeben, dessen Sprungantwort aperiodisch verläuft. Ein solches Verhalten wird anschaulich als „RC-Verhalten" bezeichnet.

Bild 1.3-8b zeigt einen Vierpol, dessen Sprungantwort einen gedämpften Einschwingvorgang enthält. Bei der Bestimmung der Antwortzeit ergeben sich hier Teilflächen mit unterschiedlichem Vorzeichen. Die Zeit $T_1$ kann als Maß für die Wiedergabe der Stirn des Spannungssprunges angesehen werden, der Quotient $T/T_1$ ist ein Maß für die Dämpfung des Meßsystems. Der dargestellte Verlauf der Sprungantwort wird als „RLC-Verhalten" bezeichnet.

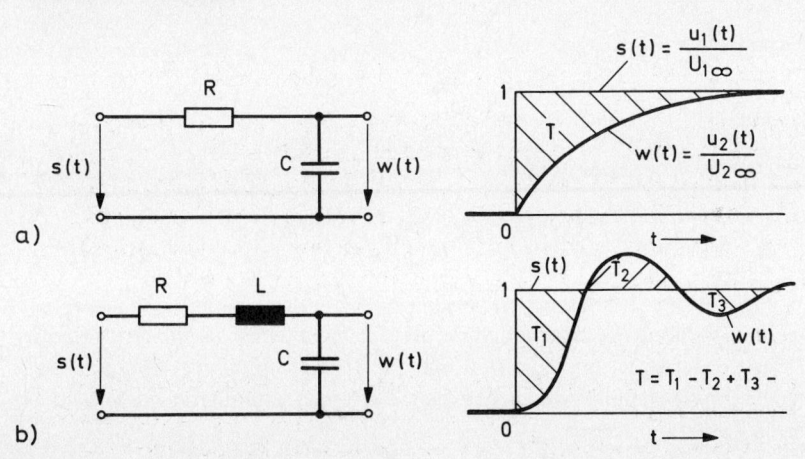

**Bild 1.3-8.** Ersatzschaltbild und Sprungantwort von Spannungsteilern
a) RC-Verhalten,   b) RLC-Verhalten

In praktisch ausgeführten Meßsystemen sind oft wesentlich kompliziertere elektrische Kreise wirksam und es ergeben sich sehr unterschiedliche Sprungantworten. Durch starkes Überschwingen kann die Antwortzeit T auch negativ werden. Für ein breitbandiges und außerdem gut gedämpftes Meßsystem soll $T_1$ klein werden und $T/T_1$ möglichst gegen den Wert 1 gehen.

Oft ist im Oszillogramm der Beginn der Sprungantwort wegen eines sehr langsamen Anschwingens oder einer überlagerten Einstreuung nur ungenau festzustellen. Die Zeit

$T_1$ hängt aber stark von der Festlegung des Nullpunktes ab. In solchen Fällen wird deshalb der Beginn der Sprungantwort definiert als Schnittpunkt einer gradlinigen Verlängerung der Stirn mit der Nullinie (Entwurf April 1971 der IEC-Kommission TC 42).

Soll der Übertragungsfehler der Spannungsamplitude 5 % nicht überschreiten, so gelten für die Antwortzeiten des Meßsystemes folgende Richtwerte:

    Bei vollen und im Rücken abgeschnittenen Blitzstoß-
    spannungen der Form 1,2/50          $T \leqslant 200$ ns

    Bei etwa linear bis $T_d$ ansteigenden Keilstoßspannungen     $T \leqslant 0{,}05\, T_d$

Für theoretische Untersuchungen wendet man zweckmäßig die Laplace-Transformation an, wobei für die eingeführten Größen die in Tabelle 1.3-1 angegebenen Ausdrücke gelten:

**Tabelle 1.3-1**

| Bezeichnung | Zeitbereich | Bildbereich |
|---|---|---|
| Eingangsspannung als Sprungfunktion | $u_1(t) = U_{1\infty}\, s(t)$ | $U_1(p) = \dfrac{U_{1\infty}}{p}$ |
| Ausgangsspannung als Sprungantwort | $u_2(t) = U_{2\infty}\, w(t)$ | $U_2(p) = \dfrac{U_{2\infty}}{p}\, G(p)$ |
| Normierte Übertragungsfunktion |  | $G(p) = \dfrac{U_{1\infty}}{U_{2\infty}} \dfrac{U_2(p)}{U_1(p)}$ |
| Antwortzeit | $T = \displaystyle\int_0^\infty [1 - w(t)]\, dt$ | $T = \displaystyle\lim_{p \to 0} \dfrac{1}{p}[1 - G(p)]$ |

In der Impulstechnik wird zur Kennzeichnung einer Sprungantwort oft die Anstiegszeit $T_a$ angegeben. Man versteht hierunter die Zeit, welche die Sprungantwort benötigt, um von 10 % auf 90 % ihres Scheitelwerts anzusteigen. Für einen exponentiellen Verlauf

$$w(t) = 1 - e^{-t/T}$$

ergibt sich die Anstiegszeit zu:

$$T_a = 2{,}2\, T$$

Unter den gleichen Bedingungen gilt für die Grenzfrequenz des Systems:

$$f_g = \frac{1}{2\pi T}$$

Bei der Messung rasch veränderlicher Hochspannungen können wegen der endlichen Ausbreitungsgeschwindigkeit elektrischer Zustandsänderungen in den meist räumlich ausgedehnten Meßsystemen Laufzeiteffekte das Übertragungsverhalten erheblich beein-

## 1.3. Erzeugung und Messung von Stoßspannungen

flussen. Spannungsteiler und Zuleitung müssen dann zusammenhängend betrachtet werden [*Zaengl* 1970]. Für die bei Blitz- und Schaltstoßspannungen vorkommenden Spannungsänderungen wird das Übertragungsverhalten des Meßsystems jedoch vor allem durch die Eigenschaften des Spannungsteilers bestimmt. Die folgende Betrachtung soll sich daher auf die beiden wichtigsten Grundtypen von Stoßspannungsteilern beschränken, wobei einfache Ersatzschaltbilder mit konzentrierten Elementen für die Ableitung des Übertragungsverhaltens zugrunde gelegt werden.

### b) Ohmsche Spannungsteiler

Bei Meßsystemen mit ohmschen Teilern nach Bild 1.3-9a wird das Meßkabel K am KO zweckmäßig mit seinem Wellenwiderstand Z abgeschlossen und belastet daher den Teiler mit einem Wirkwiderstand dieser Größe. Die wichtigste Störung des idealen Verhaltens entsteht durch die Erdkapazität des Hochspannungszweiges $R_1$, der bei hohen Spannungen aus Isolationsgründen eine große Länge haben muß. Diese Erdkapazität wird für eine erste Näherung im Ersatzschaltbild 1.3-9b durch die Kapazität C berücksichtigt, die in der Mitte von $R_1$ angeschlossen ist.

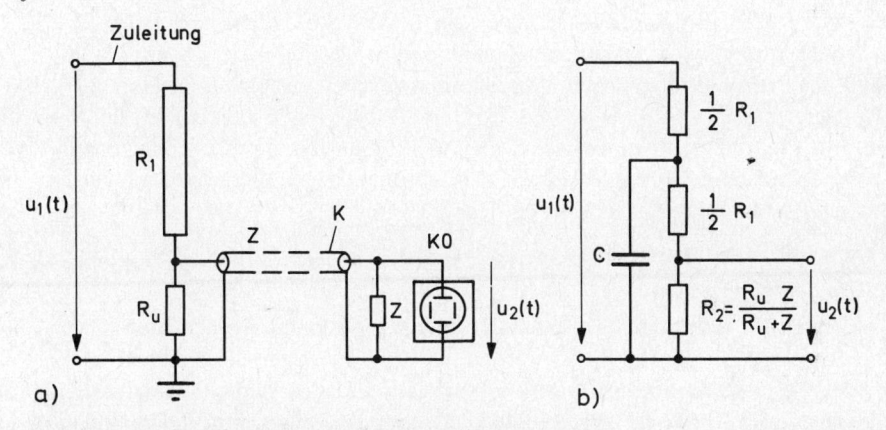

**Bild 1.3-9.** Stoßspannungs-Meßsystem mit ohmschem Teiler
a) Schaltbild,   b) Ersatzschaltbild mit Erdkapazität

Unter Verwendung der bei a) eingeführten Beziehungen läßt sich die Sprungantwort dieser Schaltung zu

$$w(t) = 1 - e^{-t/T_R}$$

ableiten. Für die Zeitkonstante gilt mit der Näherung $R = R_1 + R_2 \gg R_2$

$$T_R \approx \frac{1}{4} R C \ .$$

Die Ausgangsspannung strebt dem Grenzwert

$$U_{2\infty} = U_{1\infty} \frac{R_2}{R_1 + R_2}$$

zu. w(t) entspricht dem in Bild 1.3-8a gezeichneten Verlauf, wobei die gesuchte Antwortzeit T gleich der Zeitkonstante $T_R$ ist. Unter der Annahme homogener Verteilung der Erdkapazitäten kann gezeigt werden, daß C gleich 2/3 der gesamten an $R_1$ angreifenden Erdkapazität $C_e$ ist. Es gilt also angenähert:

$$T \approx \frac{1}{6} R C_e$$

Für $C_e$ kann bei vertikalen zylindrischen Teilern mit einem Wert von 15 ... 20 pF je m Bauhöhe gerechnet werden.

So ergibt sich z.B. für einen 1 MV-Teiler mit dem Widerstand R = 10 kΩ bei 3 m Bauhöhe eine Erdkapazität von 60 pF und damit eine Antwortzeit T = 100 ns.

Ohmsche Teiler können für die Messung steiler Stoßspannungen von nicht zu großer Dauer vorteilhaft verwendet werden. Teiler für Schaltstoßspannungen müssen der Erwärmung und der Belastung der Spannungsquelle wegen mit großem Widerstand R ausgeführt werden, was zu einem ungünstigen Übertragungsverhalten bei raschen Spannungsänderungen führt. Bei Spannungen über etwa 1 MV wird die praktische Ausführung von schnellen ohmschen Teilern zunehmend schwieriger, da man versuchen muß, den Einfluß der Erdkapazitäten durch Vergrößerung der Verkettungskapazitäten zur Hochspannungselektrode zu kompensieren. Man erhält dann einen kapaztiv gesteuerten ohmschen Teiler, der jedoch eine beträchtliche Parallelkapazität zum Teilerwiderstand besitzt. Diese Kapazität kann wiederum mit der Induktivität des Meßkreises schwingen; das System erhält hierdurch ein RLC-Verhalten.

### c) Kapazitive Spannungsteiler

Bei Meßsystemen mit kapazitiven Teilern nach Bild 1.3-10a kann das Meßkabel K am KO im allgemeinen nicht abgeschlossen werden, da sonst $C_2$ wegen der üblichen Größenordnung des Wellenwiderstandes (Z ≈ 100 Ω) zu rasch entladen würde. Die dargestellte Reihenanpassung mit Z bewirkt, daß nur die Hälfte der am Teilerabgriff auftretenden Spannung in das Kabel einläuft, jedoch am offenen Ende wieder verdoppelt wird, so daß am KO wieder die volle Spannung gemessen wird. Die reflektierte Welle findet am Kabeleingang dagegen etwa Anpassung vor, da für sehr hohe Frequenzen $C_2$ wie ein Kurzschluß wirkt. Das Übersetzungsverhältnis ändert sich also von dem Wert

$$\frac{C_1 + C_2}{C_1} \text{ für sehr hohe Frequenzen auf den Wert}$$

$$\frac{C_1 + C_2 + C_K}{C_1} \text{ für kleinere Frequenzen.}$$

Meist kann jedoch die Kapazität des Meßkabels $C_K$ gegen $C_2$ vernachlässigt werden.

Während die Erdkapazität bei kapazitiven Teilern durch eine Korrektur des Teilerverhältnisses berücksichtigt werden kann, bestimmt hier die Induktivität der Teilerzuleitung wesentlich das Übertragungsverhalten. Im Ersatzschaltbild 1.3-10b ist für eine erste

## 1.3. Erzeugung und Messung von Stoßspannungen

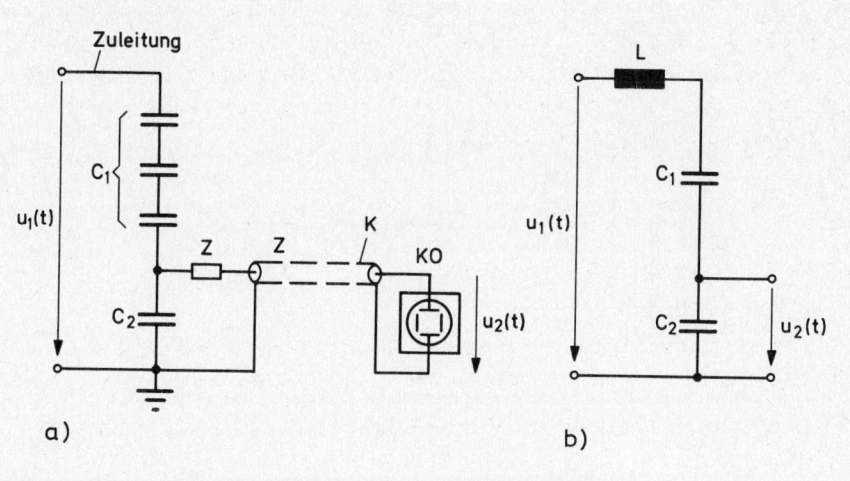

**Bild 1.3-10.** Stoßspannungs-Meßsystem mit kapazitivem Teiler
a) Schaltbild, b) Ersatzschaltbild mit Zuleitungsinduktivität

Betrachtung eine Induktivität L in Reihe zu $C_1$ angenommen worden. Für diesen Kreis läßt sich nach den Beziehungen von a) ableiten:

$$w(t) = 1 - \cos \omega t \text{ mit } \omega^2 = \frac{1}{L} \frac{C_1 + C_2}{C_1 C_2}$$

Meist wird bei kapazitiven Teilern ein zusätzlicher Dämpfungswiderstand in die hochspannungsseitige Zuleitung eingeschaltet. Die im Kreis dann vorhandene Dämpfung bewirkt, daß die Sprungantwort ein RLC-Verhalten etwa nach Bild 1.3-8b annimmt.

Ein besonders günstiges Verhalten ergibt sich, wenn Dämpfungswiderstände verteilt zu den einzelnen Elementen des kapazitiven Teilers in Reihe geschaltet werden, deren Größe etwa dem aperiodischen Grenzfall entspricht [*Zaengl* 1964]. Ein solcher gedämpfter kapazitiver Teiler wirkt für hohe Frequenzen wie ein ohmscher, für niedrige Frequenzen wie ein kapazitiver Teiler. Er kann daher in einem weiten Frequenzbereich, d.h. für Stoßspannungen von sehr unterschiedlicher Dauer, und auch für Wechselspannungen verwendet werden. Für die Berechnung dieser und ähnlicher Teilerschaltungen ist es zweckmäßig, den Teiler als homogenen Kettenleiter aufzufassen und die heraus ableitbaren Gleichungen numerisch zu lösen.

### 1.3.7. Experimentelle Bestimmung des Übertragungsverhaltens von Stoßspannungs-Meßkreisen

Für die genaue Messung rasch veränderlicher Spannungen muß der vollständige und in Bild 1.3-11 schematisch angegebene Stoßspannungs-Meßkreis berücksichtigt werden. Die zu messende Spannung $u_1(t)$ ist dabei die an den Klemmen des Prüflings liegende Spannung, während die gemessene Größe $u_2(It)$ dem auf dem KO-Schirm wiedergegebenen Verlauf entspricht. Die Antwortzeit des gesamten Meßsystems $T_{res}$ ergibt sich

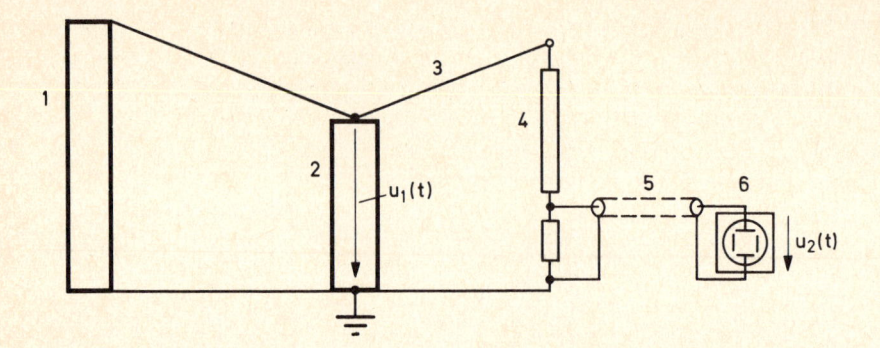

**Bild 1.3-11.** Schaltung eines vollständigen Stoßspannungskreises. 1 Stoßspannungsgenerator, 2 Prüfling, 3 Teilerzuleitung, 4 Teiler, 5 KO, 5 Meßkabel, 6

aus der Antwortzeit T des Teilers mit Zuleitung, der Antwortzeit des koaxialen Meßkabels $T_K$ und der Antwortzeit des Oszillografen $T_{KO}$. Besitzen alle drei Komponenten RC-Verhalten, was für den Teiler überprüft werden muß, so kann die resultierende Antwortzeit des Systems nach der folgenden Gleichung berechnet werden:

$$T_{res}^2 = T^2 + T_K^2 + T_{KO}^2$$

Aus dieser Beziehung läßt sich der Einfluß der einzelnen Komponenten auf die resultierende Antwortzeit abschätzen. $T_K$ ist meist viel kleiner als T und kann bei hochwertigen Kabeln von nicht zu großer Länge vernachlässigt werden. Stoßspannungsoszillografen besitzen meist eine Grenzfrequenz von über 50 MHz, woraus sich $T_{KO} \le 3$ ns errechnen läßt. In den meisten Fällen bestimmt das Übertragungsverhalten des Teilers die Antwortzeit des gesamten Systems, so daß mit $T_{res} \approx T$ gerechnet werden kann.

Untersuchungen zur Bestimmung der Sprungantwort eines Systems können sowohl mit Hoch- als auch mit Niederspannung durchgeführt werden. Im ersten Fall verwendet man den Spannungszusammenbruch einer Funkenstrecke mit möglichst homogenem Feld, die zur Versteilerung des Spannungszusammenbruchs zweckmäßig bei hoher Feldstärke (Druckluft, Öl) betrieben wird. Bei der Messung mit einem Niederspannungs-Rechteckgenerator erfordert das vom Teiler entsprechend dem Teilerverhältnis verkleinerte Signal einen empfindlichen Verstärker-Oszillografen. Es ist daher darauf zu achten, daß dessen Wiedergabeverhalten sich nicht wesentlich von dem des bei Hochspannungsmessungen verwendeten KO unterscheidet, oder der Unterschied entsprechend berücksichtigt wird.

Ein weiteres Verfahren zur Bestimmung der Antwortzeit ergibt sich aus der Aufnahme der Stoßkennlinie einer bestimmten Elektrodenanordnung mit dem zu untersuchenden Meßsystem[1]). Aus dem Vergleich der gemessenen Stoßkennlinie für linear ansteigende Stoßspannungen konstanter Anstiegssteilheit S mit der „wahren" Stoßkennlinie dieser Anordnung läßt sich die Antwortzeit ermitteln. Dieses Verfahren der Antwortzeitbe-

---

[1]) Entwurf April 1971 der IEC-Kommission TC 42: High-Voltage Test Techniques. High-Voltage Measuring Devices

## 1.3. Erzeugung und Messung von Stoßspannungen

stimmung beruht auf der Tatsache, daß die Steilheit einer Keilstoßspannung von allen in Betracht kommenden Meßsystemen nach einer bestimmten Einschwing- und Beruhigungszeit richtig wiedergegeben wird. Dieses Verhalten ist in Bild 1.3-12 dargestellt. Es kann bei bekannter Übertragungsfunktion G(p) z.B. über die Beziehung

$$U_2(p) = \frac{U_{2\infty}}{U_{1\infty}} U_1(p) G(p)$$

errechnet werden. Für einen Teiler gemäß dem Ersatzschaltbild 1.3-9b findet man mit $u_1(t) = S\,t$:

$$u_2(t) = \frac{R_2}{R_1 + R_2} S[t - T(1 - e^{-t/T})]$$

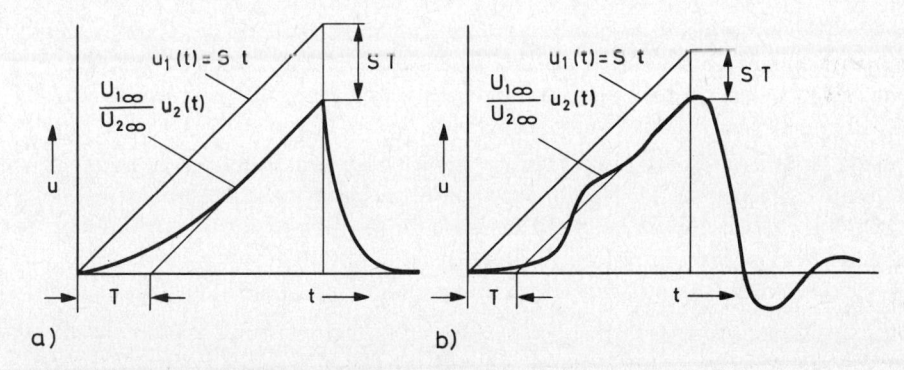

**Bild 1.3-12.** Wiedergabe einer Keil-Stoßspannung
a) System mit RC-Verhalten,   b) System mit RLC-Verhalten

Aus dem Spannungsfehler S T läßt sich bei richtig wiedergegebener Steilheit die Antwortzeit T bestimmen. Bei der praktischen Durchführung macht man mehrere Messungen bei möglichst verschiedenen Werten von S und mittelt die erhaltenen Antwortzeiten. Dieses Verfahren hat den Vorteil, daß das Meßsystem mit einer den eigentlichen Aufgaben sehr nahe kommenden Prüfmethode und bei verhältnismäßig hohen Spannungen untersucht werden kann. Grundsätzliche Untersuchungen von Elektrodenanordnungen in Luft ergaben für Kugelfunkenstrecken mit nur schwach inhomogenem Feld als Näherung für die auf Normalbedingungen bezogene wahre Stoßkennlinie:

$$U_d = \hat{U}_{d_0} + \sqrt{2F\,S}$$

Darin sind $\hat{U}_{d_0}$ die statische Durchschlagsspannung nach 1.1.6 und F die Aufbaufläche der Funkenstrecke nach 3.8.1b. Da die Aufbauflächen von geometrisch ähnlichen Anordnungen recht genau proportional der statischen Durchschlagsspannung sind, erlaubt die obige Beziehung eine einfache Umrechnung von bekannten Stoßkennlinien auf andere Anordnungen. Als Testfunkenstrecke wurde von IEC eine einseitig geerdete Kugelfunkenstrecke mit D = 250 mm und s = 60 mm vorgeschlagen, deren statische Durchschlagsspannung bei Normalbedingungen und negativer Polarität $\hat{U}_{d_0}$ = 161 kV beträgt und deren Stoßkennlinie durch internationale Vergleichsmessungen festgestellt wurde. Diese Meßwerte werden von der obigen Gleichung hinreichend genau erfüllt, wenn für F = 2 kV μs eingesetzt wird. Für eine andere Kugelfunkenstrecke mit der statischen Durchschlagsspannung von $\hat{U}_{d_0}^*$ ergibt sich die Aufbaufläche zu:

$$F^* = F \, \frac{\hat{U}_{d_0}^*}{\hat{U}_{d_0}}$$

## 1.4. Erzeugung und Messung von Stoßströmen

Rasch veränderliche transiente Ströme mit großer Amplitude treten in der Regel im Zusammenhang mit hohen Spannungen auf und zwar durch die Entladung von Energiespeichern. Sie entstehen oft als Folge von Durchschlagsvorgängen und sind häufig mit hohen Kräften und Temperaturen verbunden.

Haben solche Ströme eine bestimmte Form, so spricht man von Stoßströmen; unter anderem werden Stoßströme zur Nachbildung von Blitz- und Kurzschlußströmen bei der Prüfung von Betriebsmitteln benötigt. Beispiele für die gezielte Ausnützung der physikalischen Wirkung von Stoßströmen sind Magnetfeldspulen zum Einschluß von Plasmen, elektrodynamische Antriebe oder Funkenstrecken als Impulsstrahlungsquelle.

Die Messung von rasch veränderlichen hohen Strömen erfolgt meist mit Meßwiderständen oder mit Anordnungen, die die Induktionswirkung des zu messenden Stromes ausnutzen.

### 1.4.1. Kenngrößen für Stoßströme

Stoßströme können je nach Anwendungszweck und Vorkommen einen sehr unterschiedlichen Verlauf haben. Häufig treten Stoßströme als aperiodische oder gedämpft schwingende Ströme sowie als Wechselströme mit einer Dauer von nur wenigen Halbperioden auf. Der höchste Augenblickswert des Stromes wird als Scheitelwert $\hat{I}$ bezeichnet; Kenngrößen für den zeitlichen Verlauf werden hier nur für Stoßströme zu Prüfzwecken genannt.

Zur Nachbildung von Strömen als Folge von Blitzeinschlägen verwendet man einzelne, kurze Zeit dauernde und in einer Richtung fließende Stoßströme, die ohne wesentliche Schwingungen rasch auf einen Höchstwert $\hat{I}$ ansteigen und dann auf Null abfallen. Die Kenngrößen für solche doppelexponentiellen Stoßströme sind entsprechend den Bestimmungsgrößen für Stoßspannungen nach Bild 1.4-1a festgelegt (VDE 0433-3; IEC-Publ. 60). Übliche Werte sind $T_s$ = 5 μs, $T_r$ = 10 μs.

Bei der Entladung langer Leitungen treten rechteckförmige Stoßströme auf. Bei diesen gilt als Dauer die Zeit $T_d$, während der der Strom größer als 0,9 $\hat{I}$ bleibt (Bild 1.4-1b). Für die Prüfung von Überspannungsableitern werden häufig rechteckförmige Stoßströme mit $T_d$ = 2000 μs verwendet (VDE 0675).

## 1.4. Erzeugung und Messung von Stoßströmen

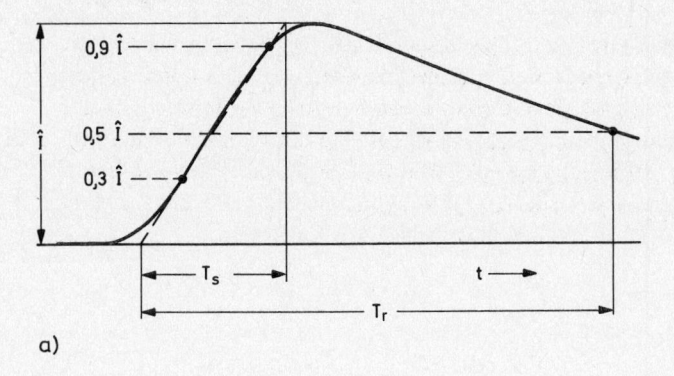

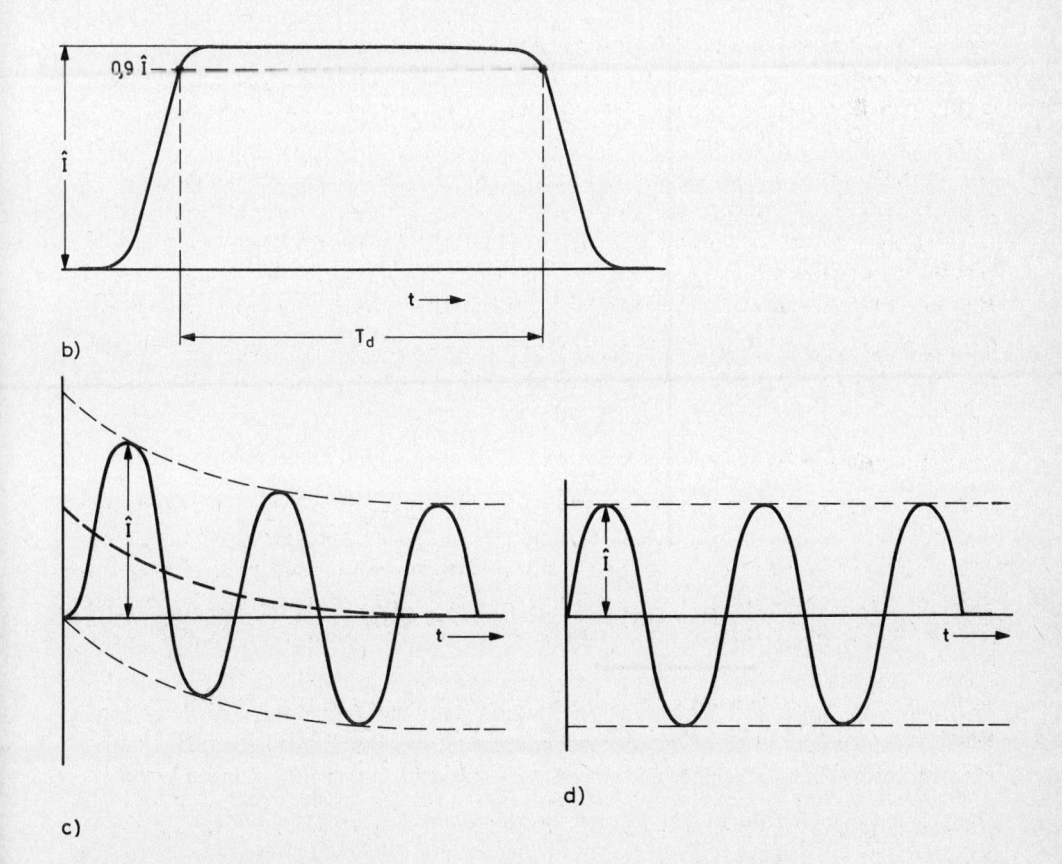

**Bild 1.4-1.** Beispiele für Stoßströme
a) Doppelexponentieller Stoßstrom
b) Rechteck-Stoßstrom
c) Sinusförmig verlaufender Stoßstrom mit exponentiell abklingendem Gleichstromglied
d) Sinusförmiger Stoßstrom ohne Gleichstromglied

Die bei Kurzschlüssen in Wechselstromnetzen entstehenden Stoßströme sind Wechselströme, die einem exponentiell abklingenden Gleichstrom überlagert sein können. Dabei bestimmt der größte Augenblickswert des Stromes die dynamische Beanspruchung der Anlagenteile, er wird als Stoßkurzschlußstrom bezeichnet. Bei der Kurzschlußprüfung von Betriebsmitteln wird ein Stromverlauf nach Bild 1.4-1c angestrebt, der eine besonders hohe Beanspruchung darstellt (VDE 0670-1). Bei entsprechendem Schaltaugenblick kann auch ein Strom ohne Gleichstromglied nach Bild 1.4-1d auftreten.

## Erzeugung von Stoßströmen[1])

### 1.4.2. Energiespeicher

Für die Erzeugung hoher Stoßströme reicht die Leistung, die dem Energieversorgungsnetz entnommen werden kann, meistens nicht aus, um einen Strom bestimmter Form und Höhe zu erhalten. In diesen Fällen ist es notwendig, mit Energiespeichern zu arbeiten, die mit einer sehr viel größeren Leistung entladen werden können, als für ihre Aufladung erforderlich ist. Als Energiespeicher stehen grundsätzlich Kondensatoren, Induktivitäten, leitungsförmige Speicher, rotierende Maschinen, Akkumulatoren-Batterien und auch Sprengstoffe zur Verfügung. Eine Verwendung von Sprengstoffen und von Akkumulatoren-Batterien ist auf Sonderfälle beschränkt. Es soll deshalb hier nicht näher darauf eingegangen werden.

*a) Kapazitive Energiespeicher*

Die in einem Kondensator der Kapazität C bei der Spannung $U_0$ gespeicherte Energie beträgt:

$$W = \frac{1}{2} C U_0^2$$

Für die Energiedichte des mit der Feldstärke E beanspruchten Dielektrikums folgt hieraus:

$$W' = \frac{1}{2} \epsilon_0 \epsilon_r E^2$$

Setzt man die mit ölimprägniertem Papier erreichbaren Werte $\epsilon_r = 4$, E = 1000 kV/cm ein, so ergibt sich etwa W' = 0,2 Ws/cm³. Kondensatoren sind Energiespeicher mit hoher Güte und für eine Leistungsverstärkung ausgezeichnet geeignet. Sie können die Energie für lange Zeit speichern. Die Zeitkonstante der Entladung über den eigenen Isolationswiderstand erreicht oft die Größenordnung von Stunden. Demzufolge kann ein kapazitiver Energiespeicher aus einer Quelle mit kleiner Leistung geladen werden.

Die größten Speicher dieser Art wurden für experimentelle Untersuchungen in der Plasmaphysik zur Erzeugung von hohen Magnetfeldern gebaut; sie besitzen einen Energieinhalt von einigen MWs und eine Ladespannung von einigen 10 kV. Bei ihrer Entladung wurden Ströme von mehreren 10 MA erreicht. Weitere Anwendungsgebiete sind

---

[1]) Zusammenfassende Darstellung u.a. bei *Craggs, Meek* 1954; *Sirotinski* 1956; *Früngel* 1965; *Knoepfel* 1970

1.4. Erzeugung und Messung von Stoßströmen

vor allem Prüfanlagen für Überspannungsableiter, Blitzstromnachbildungen und die elektrohydraulische Metallumformung. Im Schrifttum sind verschiedene Anlagen und ihre Wirkungsweise beschrieben [*Mürtz* 1964; *Prinz* 1965; *Bertele, Mitterauer* 1970]

*b) Induktive Energiespeicher*
Die in einer Spule der Induktivität L bei dem Strom $I_0$ gespeicherte Energie beträgt:

$$W = \frac{1}{2} L I_0^2$$

Für die Energiedichte in dem vom Magnetfluß erfüllten Raum der Flußdichte B gilt:

$$W' = \frac{1}{2} \frac{B^2}{\mu_0 \mu_r}$$

Induktive Energiespeicher werden als Luftspulen ausgeführt, da der maximale Wert von B in Magnetwerkstoffen durch Sättigungserscheinungen auf etwa 2 T begrenzt ist. Der Höchstwert der Energiedichte wird durch die Erwärmung der Leiter und durch die magnetischen Kräfte begrenzt. Bei normalleitenden Spulen kann B = 10 T durchaus erreicht werden; hieraus ergibt sich $W' = 50 \text{ Ws/cm}^3$. Dieser Wert liegt weit über der im elektrischen Feld eines Kondensators erzielbaren Energiedichte.

Eine wesentliche Einschränkung für den Einsatz induktiver Speicher ist seine bei Ausführung mit Normalleitern im Vergleich zu Kondensatoren kleine Zeitkonstante der Eigenentladung L/R in der Größenordnung von einigen Sekunden. Normalleitende Speicherspulen müssen daher mit hoher Leistung geladen werden und sind nur als Kurzzeitspeicher verwendbar. Induktive Langzeitspeicher dürften nur mit supraleitenden Spulen verwirklicht werden können.

*c) Mechanische Energiespeicher*
In mechanischen Energiespeichern wird die Energie in bewegten Massen gespeichert und kann bei plötzlicher Abbremsung abgegeben werden. Die in einer mit der Geschwindigkeit v bewegten Masse m gespeicherte kinetische Energie beträgt:

$$W = \frac{1}{2} m v^2$$

In umlaufenden Schwungmassen können Energiedichten verwirklicht werden, die auch jene des magnetischen Feldes noch übertreffen. Der Höchstwert der Energiedichte wird durch die Fliehkräfte begrenzt. Bei einer Schwungmasse aus Stahl und einer Umfangsgeschwindigkeit von 150 m/s ergibt sich ein Wert von $W' = 100 \text{ Ws/cm}^3$.
Als Schwungmassen für mechanische Energiespeicher wirken in der Regel die Läufer von entsprechend bemessenen Generatoren, durch deren Abbremsung eine Umformung der kinetischen Energie in elektrische Energie erfolgt. Generatoren für die Erzeugung von sinusförmigen Stoßströmen werden als Synchrongeneratoren, für die Erzeugung von unipolaren Stoßströmen meist als Unipolargeneratoren ausgeführt.

Mechanische Energiespeicher ermöglichen aufgrund ihrer hohen Energiedichte die Ausführung von Speichern bis in die Größenordnung von 100 MWs und kommen wegen der sehr großen Zeitkonstante der Eigenentladung mit Ladeeinrichtungen geringer Leistung aus.

### 1.4.3. Entladekreise zur Erzeugung von Stoßströmen

Stoßstromkreise haben die Aufgabe, in einer gegebenen Anordnung einen rasch veränderlichen transienten Strom mit bestimmter Form und Amplitude zu erzeugen. Dabei kann es sich um die Prüfung von Betriebsmitteln handeln, deren Festigkeit gegenüber einer Beanspruchung mit Stoßstrom geprüft werden soll, oder um die wiederholte Auslösung bestimmter physikalischer Wirkungen, wie bei der Erregung von Magnetfeldspulen. In Analogie zu Stoßspannungskreisen soll die Anordnung, in der ein bestimmter Stoßstrom auftreten soll, als Prüfling bezeichnet werden.

*a) Schaltungen mit kapazitivem Energiespeicher*

Bild 1.4-2a zeigt das Ersatzschaltbild eines Stoßstromkreises mit kapazitivem Energiespeicher. $L_1$ und $R_1$ stellen die Induktivität und den ohmschen Widerstand des Stoßstromkreises dar, die nicht vermieden werden können. Besteht der Prüfling P aus der Reihenschaltung eines Widerstandes $R_2$ und einer Induktivität $L_2$ und werden $L_1 + L_2 = L$ und $R_1 + R_2 = R$ zusammengefaßt, so ergeben sich nach der Zündung der meistens als Schalter verwendeten Dreielektrodenfunkenstrecke F [*Deutsch* 1964; *Bertele, Mitterauer* 1970] bei verschiedenen Widerständen R die in Bild 1.4-2b dargestellten Stromverläufe.

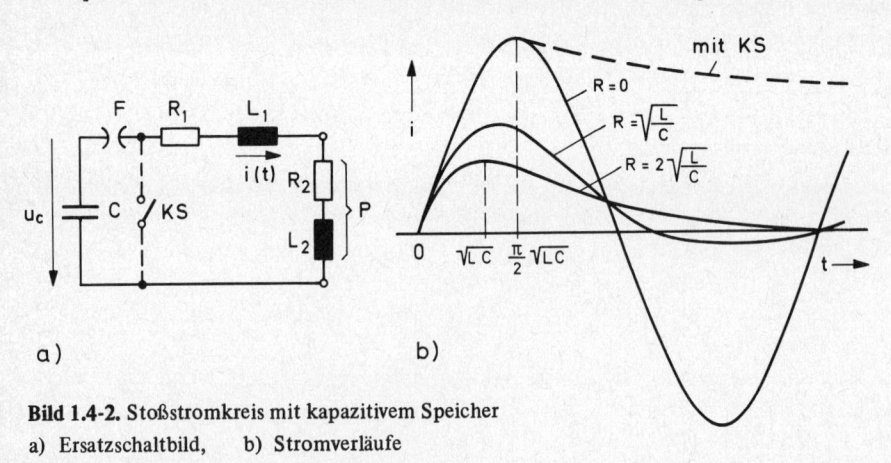

**Bild 1.4-2.** Stoßstromkreis mit kapazitivem Speicher
a) Ersatzschaltbild,   b) Stromverläufe

In einem derartigen Entladestromkreis wird der Stoßstrom entscheidend von dem Prüfling mitbestimmt. Der höchste Scheitelwert des Stromes wird im Fall schwacher Dämpfung erreicht, wenn

$$R \ll 2\sqrt{\frac{L}{C}}$$

## 1.4. Erzeugung und Messung von Stoßströmen

ist. In diesem Fall ergibt sich für den Scheitelwert des Entladestromes bei auf die Spannung $U_0$ geladenem Kondensator:

$$\hat{I} \approx U_0 \sqrt{\frac{C}{L}} = \sqrt{\frac{2W}{L}}$$

Für den maximalen Stromanstieg bei t = 0 gilt:

$$\left(\frac{di}{dt}\right)_{max} \approx \frac{U_0}{L}$$

Zur Erhöhung von $\hat{I}$ und für maximalen Stromanstieg wird man daher bemüht sein, L klein zu halten. Dies erfordert einen gedrängten Aufbau der Anlage und gegebenenfalls die Parallelschaltung vieler Kondensatoreinheiten. Soll die erste Stromschwingung eine bestimmte Dauer nicht unterschreiten, muß neben der Verkleinerung von L gleichzeitig C und damit W vergrößert werden, damit die Entladefrequenz

$$f = \frac{1}{2\pi \sqrt{LC}}$$

nicht zu hoch wird. Ein aperiodischer Stromverlauf kann bei schwacher Dämpfung des Entladekreises durch Einsatz von Kurzschließern (KS in Bild 1.4-2a) erreicht werden [Bertele, Mitterauer 1970].

*b) Schaltungen mit induktivem Energiespeicher*

Bild 1.4-3 zeigt das Ersatzschaltbild eines Stoßstromkreises mit induktivem Speicher und die wichtigsten Stromverläufe. Der Prüfling P besteht auch hier aus der Reihenschaltung einer Induktivität $L_2$ und eines Widerstandes $R_2$. Die Speicherspule $L_s$ wird bei geschlossenem Kommutierungsschalter SK über den Verlustwiderstand $R_s$ des gesamten Ladekreises aus einer nicht gezeichneten Stromquelle auf $I_0$ aufgeladen. Bei t = 0 wird SK geöffnet; die gewünschte Kommutierung des Schalterstroms in den Prüfling findet statt, wenn SK eine hinreichend hohe und auf den Prüfling abgestimmte Spannung erzeugt.

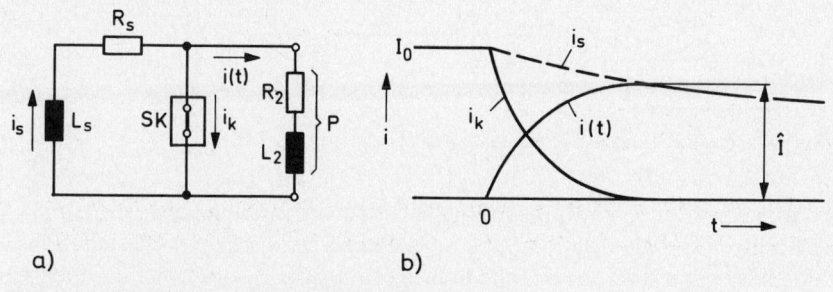

**Bild 1.4-3.** Stoßstromkreis mit induktivem Speicher
a) Ersatzschaltbild,    b) Stromverläufe

Bei Vernachlässigung der Widerstände $R_s$ und $R_2$ kann aus der Forderung, daß der gesamte magnetische Fluß vor und nach der Kommutierung gleich sein muß, die Bedingung

$$I_0 L_s = \hat{I} (L_s + L_2)$$

abgeleitet werden. Demnach ist für $L_s \gg L_2$ in der Last die volle Stromamplitude zu erwarten.

Die Verwirklichung des Schaltgerätes SK ist ein besonderes technisches Problem induktiver Speicherkreise. Neben Lichtbogenschaltern haben sich explodierende Drähte oder Folien bewährt [*Salge* u.a. 1970].

*c) Schaltungen mit mechanischem Energiespeicher und netzgespeiste Anlagen*

Stoßstromanlagen mit mechanischem Energiespeicher werden vorwiegend dann errichtet, wenn sehr hohe Leistungen während Zeiten bis zu einer Sekunde benötigt werden. Bei netzgespeisten Anlagen handelt es sich im Prinzip ebenfalls um mechanische Energiespeicherung, da die Energie zunächst aus der kinetischen Energie der umlaufenden Massen der Maschinen des Netzes entnommen wird.

Besonders hohe Leistungen und Energien werden bei der Prüfung von Hochspannungs-Leistungsschaltern benötigt. Hierfür müssen deshalb sehr aufwendige Anlagen errichtet werden, die zumeist Kurzschlußgeneratoren zur Stoßstromerzeugung enthalten [*Slamecka* 1966]. Für grundsätzliche Untersuchungen z.B. über Lichtbögen und an Kontakten sind die Anforderungen im allgemeinen wesentlich geringer. Für solche Fälle kann man durch Anschluß an ein Drehstrom-Mittelspannungsnetz Leistungen von einigen Megavoltampere in vergleichsweise wenig aufwendigen Anlagen erzeugen, wie anhand des Beispiels von Bild 1.4-4 gezeigt werden soll.

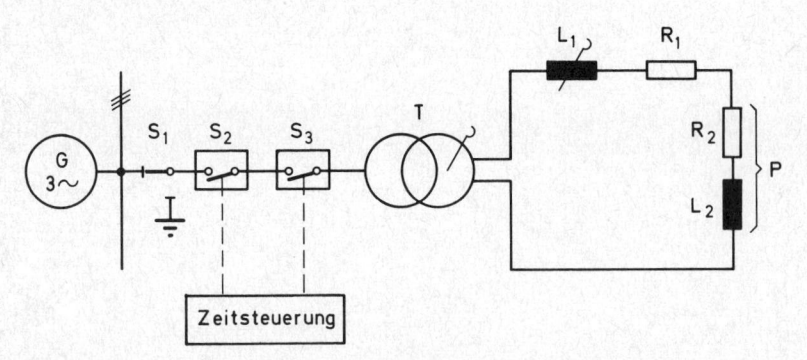

**Bild 1.4-4.** Übersichtsschaltbild einer netzgespeisten Stoßstromanlage

Ein Stoßstromtransformator T wird primärseitig über den Erdungstrennschalter $S_1$ und die Reihenschaltung eines Sicherheitsschalters $S_2$ und eines Draufschalters $S_3$ an das Netz gelegt. Sekundärseitig wird der Prüfling P über eine Spule $L_1$ mit dem Transformator verbunden. Nach Einlegen von $S_1$ wird zunächst $S_2$ geschlossen. Kurz nachdem $S_3$ seinen Einschaltbefehl bekommt, kann $S_2$ bereits wieder den Ausschaltbefehl erhalten,

## 1.4. Erzeugung und Messung von Stoßströmen

so daß beide Schalter nur während einer kurzen Zeit gleichzeitig im eingeschalteten Zustand sind. Auf diese Weise ist es möglich, mit handelsüblichen Leistungsschaltern einzelne Halbperioden der Netzspannung einzuschalten. Die kurze Einschaltdauer hat den wesentlichen Vorteil, daß das Versorgungsnetz nur kurzzeitig belastet wird und ihm daher wesentlich höhere Leistungen entnommen werden können, als dies bei längerer Einschaltdauer möglich wäre.

*d) Stoßstromkreis mit leitungsförmigem Energiespeicher*

Anstelle konzentrierter Kapazitäten und Induktivitäten kann auch eine Leitung als Energiespeicher zur Erzeugung von Stoßströmen verwendet werden. Dies ist insbesondere dann von praktischer Bedeutung, wenn möglichst rechteckförmige Stoßströme erzeugt werden sollen. Für die erreichbaren Energiedichten gelten die für kapazitive Speicher angegebenen Werte. Der bei der Entladung erzielbare Strom wird im Falle eines Kurzschlusses der Leitung durch den als Innenwiderstand wirkenden Wellenwiderstand bestimmt. In praktischen Anwendungen wird oft anstelle einer homogenen Leitung ein mehrgliederiger Kettenleiter aufgebaut, mit dem sich große Impulsdauern einfacher verwirklichen lassen [*Jakszt* 1970].

## Messung von rasch veränderlichen transienten Strömen

### 1.4.4. Strommessung mit Meßwiderständen

Ein Strommeßsystem mit Meßwiderstand ist in Bild 1.4-5 dargestellt. Die als Folge des zu messenden Stroms i(t) am Widerstand R auftretende Spannung wird dem Oszillografen KO über ein Meßkabel K zugeführt. Der Abschluß des Meßkabels mit dem Wellenwiderstand Z beeinflußt die Meßspannung praktisch nicht, wenn die Bedingung $R \ll Z$ erfüllt ist. Vom zu messenden Strom i hervorgerufene und fremde Magnetfelder können jedoch im Meßkreis Spannungen induzieren, die sich dem gewünschten Meßsignal i R überlagern. Es gilt die Beziehung:

$$u(t) = i R + L \frac{di}{dt} + \frac{d \Phi}{dt}$$

Induzierte Spannungen durch Fremdmagnetfelder $\Phi$ können meist durch sorgfältige Abschirmung klein gehalten werden. Eine Ausführung des Meßkreises mit kleiner

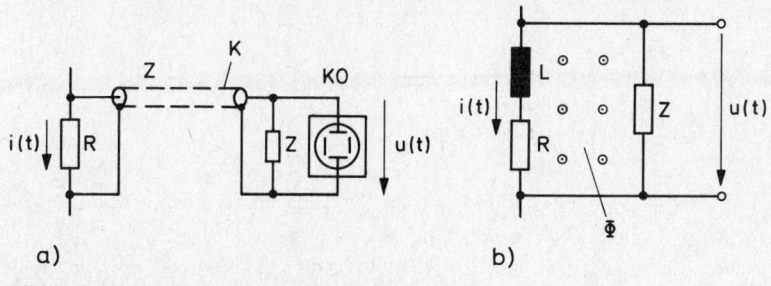

**Bild 1.4-5.** Strom-Meßsystem mit Meßwiderstand
a) Schaltbild, b) Ersatzschaltbild

Eigeninduktivität L erfordert eine solche Stromführung innerhalb der Abschirmung, daß in der vom Meßabgriff gebildeten Schleife nur ein möglichst geringer Magnetfluß umschlossen wird. Dies ist vor allem bei Widerständen für hohe Stoßströme von großer Dauer aus Gründen der Erwärmung nur mit beträchtlichem Aufwand zu erreichen.

Meßwiderstände können für Stoßströme kurzer Dauer mit Anstiegszeiten gebaut werden, die in der Größenordnung weniger ns liegen. Ein Ausführungsbeispiel ist in Bild 3.12-5 dargestellt. Das eigentliche Widerstandselement kann dabei je nach der Größe von R durch parallele Schicht- und induktivitätsarme Drahtwiderstände, parallele Widerstandsdrähte oder durch Widerstandsfolien ausgeführt werden. Andere Ausführungsformen sind im Schrifttum beschrieben [*Sirotinski* 1956; *Schwab* 1969; *Gontscharenko* u.a. 1966].

Die bei Verwendung von Meßwiderständen erforderliche Potentialverbindung zwischen KO und Stoßstromkreis ist bei Hochspannungsmessungen oft störend. Sie führt häufig zur Bildung von Erdschleifen und damit zur Störung von Messungen bei sehr schnellen Vorgängen.

### 1.4.5. Strommessung unter Anwendung von Induktionswirkungen

Denkt man sich nach Bild 1.4-6a zwei magnetisch gekoppelte Stromkreise, so gilt die Beziehung

$$u_2 = - i_2 R_2 - L_2 \frac{di_2}{dt} + M \frac{di_1}{dt} \ .$$

Dabei sind $R_2$ und $L_2$ die an den Klemmen des Kreises 2 meßbaren Werte des Wirkwiderstandes und der Eigeninduktivität; mit M wird die Gegeninduktivität zum Kreis 1 bezeichnet.

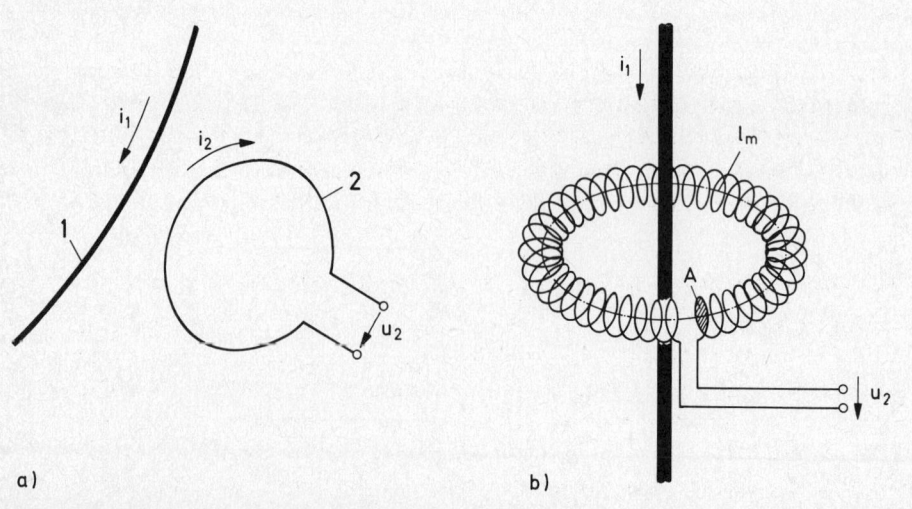

**Bild 1.4-6.** Anordnung zweier magnetisch gekoppelter Stromkreise
a) als Leiterschleife,   b) als Rogowski-Spule

## 1.4. Erzeugung und Messung von Stoßströmen

Die erste Möglichkeit, um mit dieser Anordnung $i_1$ zu messen, führt die Strommessung auf die Messung von $u_2$ zurück. An den Klemmen von Kreis 2 wird ein Meßsystem mit hohem Innenwiderstand angeschlossen. Mit $i_2 = 0$ gilt:

$$u_2 = M \frac{di_1}{dt}$$

Bei der oft als Rogowski-Spule ausgeführten Meßschleife wird die Spule 2 in der in Bild 1.4-6b dargestellten Weise um den vom zu messenden Strom durchflossenen Leiter herumgeführt. Aus dem Durchflutungsgesetz folgt unmittelbar für eine gleichmäßig gewickelte Spule mit der Windungszahl N, der Windungsfläche A und der Länge $l_m$:

$$M = \frac{\mu_0 \, N \, A}{l_m}$$

Um eine dem zu messenden Strom proportionale Größe zu erhalten, muß die Meßspannung $u_2$ integriert werden. Dies kann am einfachsten durch eine RC-Schaltung verwirklicht werden, eleganter jedoch unter Verwendung eines entsprechend beschalteten Operationsverstärkers. Zur Vermeidung von Meßfehlern infolge magnetischer Fremdfehler wird die Wicklung meist bifilar oder als Kreuzwicklung ausgeführt.

Die für Bild 1.4-6a gültige Differentialgleichung ergibt eine weitere Möglichkeit zur Strommessung, wenn der mit möglichst geringem Wirkwiderstand ausgeführte Kreis 2 kurzgeschlossen wird. Mit $u_2 = 0$ und $R_2 = 0$ gilt:

$$L_2 \frac{di_2}{dt} = M \frac{di_1}{dt}$$

Werden beide Kreise magnetisch eng miteinander gekoppelt, wird $L_2 \approx M$ und

$$i_2 \approx i_1 \, .$$

In diesem Fall liegt ein Stromwandler vor, der meist mit unterschiedlicher Windungszahl, d.h. mit von 1 abweichendem Übersetzungsverhältnis und mit einem Eisenkern zur engen magnetischen Kopplung ausgeführt wird. Stromwandler mit Eisenkern eignen sich nicht für die Messung schnell veränderlicher Ströme kurzer Dauer, können aber für Vorgänge im ms-Bereich mit großer Genauigkeit und für hohe Ströme gebaut werden.

### 1.4.6. Andere Arten der Messung von rasch veränderlichen transienten Strömen

Als weitere Möglichkeiten zur Messung von Stoßströmen sind Verfahren zu nennen, bei denen magnetfeldabhängige Werkstoffeigenschaften ausgenützt werden. Hierzu gehören der Hallgenerator und magnetooptische Elemente [*Schwab* 1969]. Beim Hallgenerator, der von einem konstanten Steuerstrom durchflossen und von dem Magnetfeld des zu messenden Stromes durchsetzt wird, ist die Hallspannung dem Meßstrom direkt proportional. Das Meßverfahren ist erst durch die Entwicklung von Halbleitern mit ausreichend großer Hallkonstante interessant geworden. Magnetooptische Verfahren nützen die Drehung der Polarisationsebene in Stoffen durch das dem Strom proportionale Magnetfeld zur Strommessung aus (Faraday-Effekt). Der Stoff wird dabei von linear polarisiertem Licht durchstrahlt. Beide Verfahren sind gegenüber Überlastungen unempfindlich. Auch Fotolumineszenzdioden, deren momentane Lichtleistung proportional dem sie durchfließenden Strom ist, können zur Stoßstrommessung benutzt werden [*Wiesinger* 1969]. Es ist ein Vorzug dieser Meßverfahren, daß sie eine galvanische Trennung der Meßanordnung von dem Hauptstromkreis ermöglichen.

## 1.5. Zerstörungsfreie Hochspannungsprüfungen

Bei der Untersuchung einer Isolierung bestimmt die Durchschlagsspannung die obere Grenze des Spannungsbereichs. Aus der Kenntnis der Durchschlagsspannung und aus den Durchschlagsspuren läßt sich jedoch meist keine Aussage über die Durchschlagsursache ableiten, da die Isolierung vor allem bei festen Isolierstoffen und bei Anwendung leistungsstarker Hochspannungsquellen im Bereich des Durchschlags zerstört wird. Dielektrische Untersuchungen, die einen Durchschlag vermeiden, sind daher ein wichtiges Hilfsmittel zur Beurteilung von Isolierstoffen und Isolieranordnungen.

### 1.5.1. Verluste im Dielektrikum

Ein ideales Dielektrikum ist völlig verlustfrei und wird in seinem Verhalten im elektrischen Feld vollständig durch eine reelle Dielektrizitätskonstante

$$\epsilon = \epsilon_0\, \epsilon_r$$

beschrieben. Im Gegensatz hierzu treten im wirklichen Dielektrikum stets Verluste auf. Als physikalische Ursache der dielektrischen Verluste kommen in Frage:

Leitungsverluste $P_l$      durch Ionen- oder Elektronenleitung. Das Dielektrikum besitzt eine endliche Leitfähigkeit $\kappa$.
Polarisationsverluste $P_p$      durch Orientierungs-, Grenzflächen- oder Deformationspolarisation.
Ionisationsverluste $P_i$      durch Teilentladungen (TE) in oder an einer Isolieranordnung.

Diese Verluste rufen bestimmte elektrische Wirkungen hervor, die für zerstörungsfreie Hochspannungsprüfungen ausgewertet werden können. Als wichtigste Meßgrößen sind zu nennen:

Leitungsstrom bei Gleichspannung
Verlustfaktor bei Wechselspannung
Teilentladungs-Kenngrößen bei Wechselspannung.

Die Meßgrößen ändern sich bei einem gegebenen Prüfling mit der Höhe der Prüfspannung. Sie sind im allgemeinen aber auch von den Prüfbedingungen wie Temperatur und Zeit sowie von den Eigenschaften des Dielektrikums abhängig. Wichtige Stoffparameter sind Art, Zusammensetzung, Struktur, Reinheit und Vorgeschichte. Diese Abhängigkeiten stellen eine wichtige Aussage über ein Dielektrikum dar und können in besonderen Fällen auch Hinweise auf eine etwa erfolgte Alterung geben.

## 1.5. Zerstörungsfreie Hochspannungsprüfungen

Bei der Aufstellung elektrischer Ersatzschaltbilder für eine Isolierung verfolgt man das Ziel, komplizierte physikalische Zusammenhänge durch Schaltungen nachzubilden, die ein ähnliches elektrisches Verhalten zeigen. Viele der dielektrischen Eigenschaften sind jedoch nichtlinear, während man bemüht ist, im Ersatzschaltbild mit linearen Schaltelementen auszukommen. Aus diesem Grunde sollten Ersatzschaltbilder nur mit Vorsicht und unter Beachtung ihres Gültigkeitsbereichs verwendet werden. Für viele Überlegungen stellen sie jedoch ein nützliches Hilfsmittel dar.

In Bild 1.5-1 ist der Versuch unternommen worden, ein allgemeines Ersatzschaltbild für ein verlustbehaftetes Dielektrikum anzugeben. Während das ideale Dielektrikum durch eine reine Kapazität $C_3$ dargestellt werden kann, läßt sich das Auftreten von Leitungsverlusten durch die Parallelschaltung eines Widerstandes $R_0(\kappa)$ berücksichtigen. Polarisationsverluste ergeben eine Wirkkomponente des Verschiebungsstroms, die durch den Widerstand $R_3$ nachgebildet wird. Impulsförmige Teilentladungen (TE) können durch den rechts gezeichneten Zweig beschrieben werden. Die durch eine Gasentladung überbrückte Teilstrecke wird durch die Kapazität $C_1$ mit einer parallelgeschalteten Funkenstrecke F berücksichtigt, wobei die erneute Wiederaufladung von $C_1$ entweder durch einen Widerstand $R_2$ oder durch eine Kapazität $C_2$ erfolgen kann. Näheres über dieses TE-Ersatzschaltbild wird im Abschnitt 1.5.4 ausgeführt.

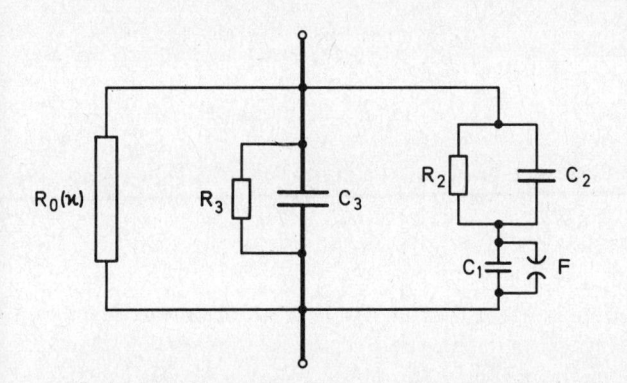

**Bild 1.5-1** Ersatzschaltbild für ein Dielektrikum mit Verlusten durch Leitung ($\kappa$), Polarisation und Teilentladungen

### 1.5.2. Messung des Leitungsstromes bei Gleichspannung

Im Gleichfeld der Stärke $\vec{E}$ stellt sich bei endlicher spezifischer Leitfähigkeit $\kappa = 1/\rho$ nach dem Ohmschen Gesetz die Stromdichte

$$\vec{S} = \kappa \vec{E}$$

ein. Für die spezifischen dielektrischen Verluste gilt dann:

$$P'_{diel} = \vec{E}\vec{S} = \kappa E^2$$

Die Leitfähigkeit von Isolierungen mit flüssigen und festen Stoffen ist meist durch Ionenleitung hervorgerufen und daher stark von der Temperatur und von Verunreinigungen, insbesondere vom Feuchtigkeitsgehalt abhängig. Der Leitungswiderstand $R_0(\kappa)$ einer

Isolieranordnung wird durch Strommessung beim Anlegen einer konstanten Gleichspannung ermittelt. Wegen der gleichzeitigen Gültigkeit unterschiedlicher Leitungsmechanismen ist das Meßergebnis auch zeitabhängig, weshalb zur Erzielung vergleichbarer Werte die Messung zu einem bestimmten Zeitpunkt nach Anlegen der Meßspannung erfolgen soll, z.B. nach einer Minute. Bei einfacher Elektrodengeometrie kann man aus dem Widerstand die spezifischen Größen $\kappa$ oder $\rho$ errechnen.

Eine einfache Anordnung zur Untersuchung von Isolierstoffplatten ist schematisch in Bild 1.5-2 dargestellt. Die meist 100 V oder 1000 V betragende Meßspannung wird zwischen Elektrode 1 und Erde angelegt. Die Meßelektrode 2 wird über einen empfindlichen Strommesser geerdet, die zur Ausschaltung von Randfeldeinflüssen und Oberflächenströmen unbedingt erforderliche Schutzringelektrode 3 wird direkt geerdet. Bei den meisten Isolierstoffen liegt $\kappa$ im Bereich von $10^{-16} \ldots 10^{-10}$ S/cm, woraus sich die zu messenden Ströme in der Größenordnung Picoampere bis Nanoampere ergeben. Die Meßleitungen müssen entsprechend sorgfältig abgeschirmt sein.

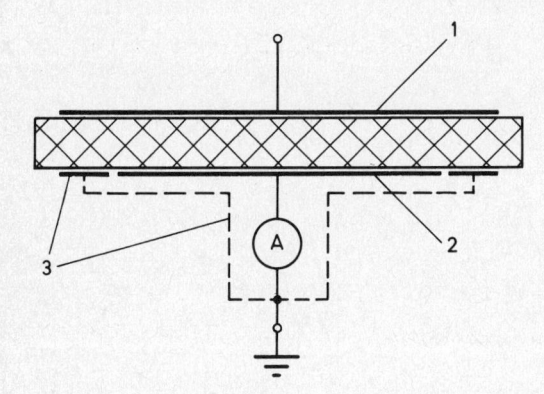

**Bild 1.5-2**
Anordnung zur Messung der Leitfähigkeit einer Isolierstoffplatte bei Gleichspannung
1 Oberspannungselektrode
2 Meßelektrode
3 Schutzringelektrode und Schirmung

Gleichspannungsmessungen zur Bestimmung des Leitungsstromes sind nicht nur zur Ermittlung der spezifischen Werkstoffeigenschaften von Bedeutung, sondern vor allem auch zur Überprüfung des Zustandes von Isolierungen mit hoher Kapazität. Dieses Verfahren hat sich unter anderem bei der Überwachung von großen elektrischen Maschinen im Laufe ihrer Betriebszeit bewährt.

### 1.5.3. Messung des Verlustfaktors bei Wechselspannung

*a) Dielektrische Verluste und Ersatzschaltbilder*[1])
Im Wechselfeld der Stärke $\vec{E}$ beträgt im allgemeinen Fall die Stromdichte

$$\vec{S} = (\kappa + j\omega\tilde{\epsilon})\,\vec{E}.$$

In der Regel treten neben den Leitungsverlusten im Dielektrikum auch Polarisations- und Ionisationsverluste auf. Die Dielektrizitätskonstante $\tilde{\epsilon} = \epsilon_0\,\tilde{\epsilon}_r$ ist hier keine reelle

---
[1]) Ausführliche Darstellung u.a. bei *v. Hippel* 1958; *Lesch* 1959; *Anderson* 1964

## 1.5. Zerstörungsfreie Hochspannungsprüfungen

Größe mehr. Der dielektrische Verlustfaktor tan δ einer Isolierung ist definiert als Quotient aus der Wirkkomponente $I_w$ und der Blindkomponente $I_b$ des Stromes:

$$\tan\delta = \frac{I_w}{I_b} = \frac{P_{diel}}{P_b} \qquad \delta + \varphi = 90°$$

Die dielektrischen Verluste setzen sich entsprechend den Verlustmechanismen aus drei Anteilen

$$P_{diel} = P_l + P_p + P_i$$

zusammen, für die jeweils ein eigener Verlustfaktor angegeben werden kann:

$$\tan\delta = \tan\delta_l + \tan\delta_p + \tan\delta_i$$

Im Zeigerdiagramm der Grundschwingungskomponenten stellt sich δ als der Winkel zwischen dem durch das Dielektrikum fließenden Strom und seiner Blindkomponente dar; für kleine Winkel ist tan δ gleich dem Leistungsfaktor $\cos\varphi$.
Treten nur Leitungsverluste auf, so ergibt sich aus der Definitionsgleichung die einfache Beziehung:

$$\tan\delta_l = \frac{\kappa}{\omega\,\epsilon_0\epsilon_r}$$

Dieser Anteil ändert sich umgekehrt proportional mit der Frequenz und kann daher bei hohen Frequenzen vernachlässigt werden. Bei Netzfrequenz dagegen kann jeder Verlustanteil eine entscheidende Größe besitzen.
Anstelle des Verlustfaktors wird oft der Ausdruck

$$\tan\delta = \frac{\epsilon''}{\epsilon'}$$

eingeführt. $\epsilon'$ ist dabei der reelle Anteil der relativen Dielektrizitätskonstante, $\epsilon''$ entspricht den dielektrischen Verlusten. Für diese gilt dann nach Definition:

$$P_{diel} = P_b \tan\delta = \omega C \tan\delta \; U^2$$

Wendet man diese Gleichung auf ein Volumenelement an, dargestellt durch einen infinitesimalen Würfel, so ergibt sich für die spezifischen dielektrischen Verluste:

$$P'_{diel} = \omega\,\epsilon_0\,\epsilon'\,\tan\delta\;E^2$$

Bei einer Anwendung dieser Gleichung darf in der Regel von der Näherung $\epsilon' \approx \epsilon_r$ Gebrauch gemacht werden.
Bild 1.5-3 zeigt zwei Ersatzschaltbilder für ein verlustbehaftetes Dielektrikum bei Wechselspannung. Die Verluste werden dabei durch Wirkwiderstände nachgebildet. Für den Verlustfaktor ergibt sich
bei Parallelschaltung nach Bild 1.5-3a:

$$\tan\delta = \frac{1}{R_p\,\omega\,C_p} = \frac{I_b}{C_p\,\omega}$$

bei Reihenschaltung nach Bild 1.5-3b:

$$\tan \delta = R_s \, \omega \, C_s$$

Für eine feste Frequenz sind beide Ersatzschaltbilder gleichwertig, und die Elemente können entsprechend umgerechnet werden. Die Frequenzabhängigkeit ist jedoch in beiden Fällen gerade entgegengesetzt, wodurch die begrenzte Gültigkeit solcher Ersatzschaltbilder deutlich wird.

Durch Ergänzung mit weiteren Schaltelementen läßt sich im gewissen Rahmen auch der Frequenzgang eines Dielektrikums nachbilden.

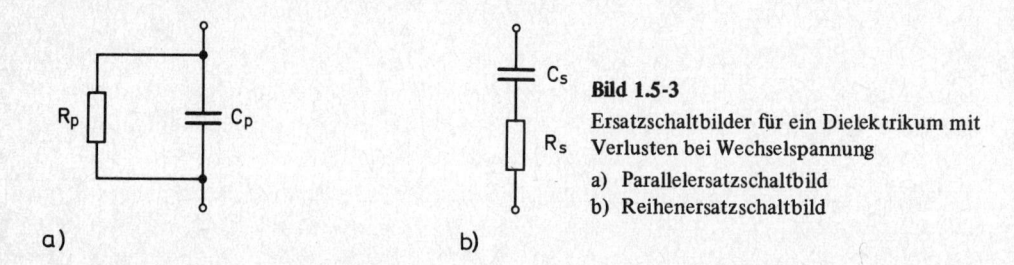

**Bild 1.5-3**
Ersatzschaltbilder für ein Dielektrikum mit Verlusten bei Wechselspannung
a) Parallelersatzschaltbild
b) Reihenersatzschaltbild

### b) Messung mit der Scheringbrücke

Die Messung der dielektrischen Verluste bei Wechselspannung erfolgt in der Hochspannungstechnik meist mit der in Bild 1.5-4 dargestellten 1919 von *H. Schering* angegebenen Brückenschaltung. Die Scheringbrücke ist eine aus Kapazitäten und Wider-

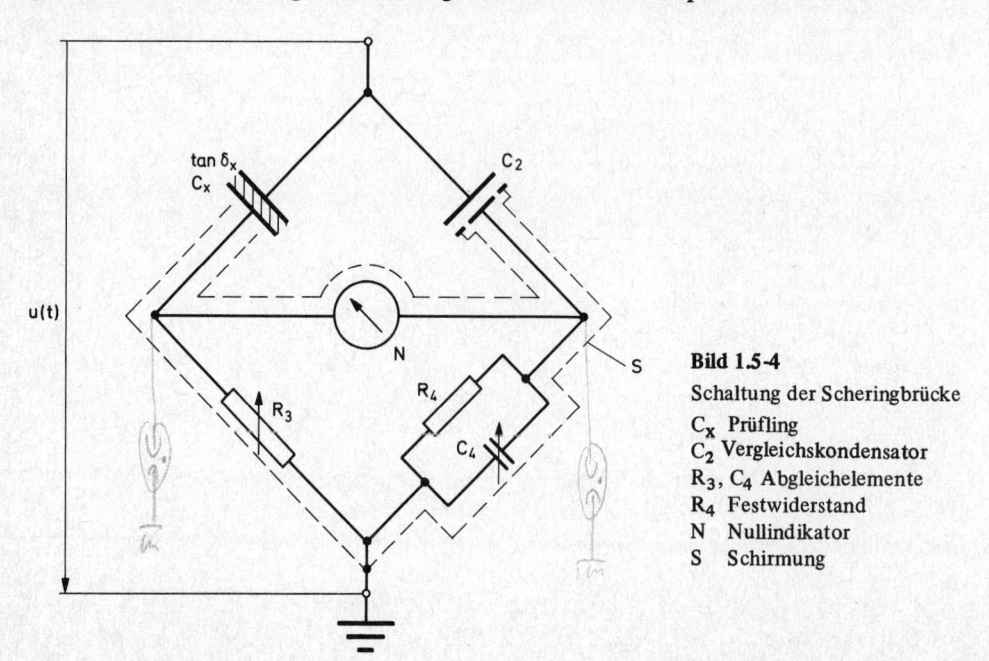

**Bild 1.5-4**
Schaltung der Scheringbrücke
$C_X$ Prüfling
$C_2$ Vergleichskondensator
$R_3, C_4$ Abgleichelemente
$R_4$ Festwiderstand
N Nullindikator
S Schirmung

## 1.5. Zerstörungsfreie Hochspannungsprüfungen

ständen gebildete Wechselstrombrücke. Die zu bedienenden Abgleichelemente sind in einem geerdeten Gehäuse untergebracht, während der Prüfling $C_x$ und ein möglichst verlustfreier Vergleichskondensator $C_2$ an Hochspannung liegen. Das Nullinstrument N darf nur für die Grundschwingung der im allgemeinen von der Sinusform abweichenden Prüfspannung empfindlich sein. Die Brückeneckpunkte müssen durch Überspannungsschutzvorrichtungen gesichert werden, um bei einem Durchschlag des Prüflings Überspannungen im Niederspannungskreis zu verhindern.

Die Kapazität und der Verlustfaktor des Prüfkörpers bestimmen sich aus der Einstellung des Widerstandes $R_3$ und des Kondensators $C_4$. Bei abgeglichener Brücke gilt für die Admittanzen der Brückenzweige:

$$\tilde{Y}_4 \tilde{Y}_x = \tilde{Y}_2 \tilde{Y}_3$$

Eingesetzt erhält man unter Verwendung des Parallelersatzschaltbildes nach Bild 1.5-3a für den Prüfling:

$$\left(\frac{1}{R_4} + j\omega C_4\right)\left(\frac{1}{R_x} + j\omega C_x\right) = \frac{j\omega C_2}{R_3}$$

Diese Gleichung muß sowohl für die reellen als auch für die imaginären Anteile erfüllt sein, was einem Abgleich der Scheringbrücke nach Betrag und Phase entspricht. Es ergeben sich die Beziehungen:

$$\frac{1}{\omega C_x R_x} = \omega C_4 R_4$$

$$\frac{C_4}{R_x} + \frac{C_x}{R_4} = \frac{C_2}{R_3}$$

Für die gesuchten Größen erhält man:

$$\tan \delta_x = \omega C_4 R_4 = \frac{1}{\omega C_x R_x}$$

$$C_x = C_2 \frac{R_4/R_3}{1 + \tan^2 \delta_x} \approx C_2 \frac{R_4}{R_3}$$

Entsprechend der Bedeutung von Verlustfaktormessungen bei Hochspannung sind die Schaltungen und Einrichtungen zur Durchführung solcher Messungen gegenüber der beschriebenen Grundschaltung wesentlich weiter entwickelt worden. Zu erwähnen sind Zusatzkreise zur Kompensation der Erdkapazitäten der Brückeneckpunkte und transformatorische Stromvergleichsschaltungen [*Potthoff, Widmann* 1965; *Schwab* 1969].

Das Nullinstrument darf nur Ströme der Grundschwingung der Prüfwechselspannung erfassen, da sonst der richtige Abgleich unmöglich ist; anstelle mechanischer Vibrationsgalvanometer werden bevorzugt empfindlichere elektronische Nullinstrumente mit oszillografischer Anzeige verwendet.

Eine hochspannungstechnische Besonderheit stellt die Verwirklichung des Vergleichskondensators $C_2$ dar. Bei der Ableitung der Abgleichbedingung war vorausgesetzt worden, daß der Verlustfaktor des Vergleichskondensators gegenüber dem des Prüflings vernachlässigbar klein sein muß. Man verwendet daher Ausführungen mit Gas als besonders verlustarmem Dielektrikum. Besonders bewährt hat sich bei hohen Spannungen die 1928 von *H. Schering* und *R. Vieweg* angegebene Anordnung mit koaxialen Zylinderelektroden und Druckgasisolierung. Für Messungen der Kapazität $C_x$ ist eine genaue Kenntnis der Kapazität $C_2$ des Vergleichskondensators erforderlich. $C_2$ muß daher von Fremdeinflüssen möglichst unabhängig sein.

### 1.5.4. Messung von Teilentladungen bei Wechselspannungen[1])

Bei örtlicher Überschreitung der Durchschlagsfestigkeit in einer Isolieranordnung erfolgt ein vollkommener oder unvollkommener Durchschlag, je nachdem, ob sich ein Durchschlagskanal mit niedrigem Widerstand zwischen den Elektroden bildet oder nicht. Im Fall des unvollkommenen Durchschlags sind oft die Bedingungen für eine stationäre Entladung infolge ungenügender Energiezufuhr nicht erfüllt, und es kommt nur zu einem kurzen Entladungsimpuls. Hat das Dielektrikum an der überbeanspruchten Stelle selbstheilende Eigenschaften, und baut sich das elektrische Feld erneut auf, entstehen impulsförmige Teilentladungen. Teilentladungen können jedoch auch impulslos sein, wenn sie in Verbindung mit einer stationären Gasentladung auftreten.

Impulsförmige und impulslose Teilentladungen können bei jeder Spannungsform auftreten. Mit Rücksicht auf die praktische Bedeutung sollen jedoch im folgenden ausschließlich Teilentladungen bei Wechselspannung betrachtet werden, obwohl insbesondere die Ausführungen über äußere Teilentladungen auch für Gleichspannungen Gültigkeit haben.

*a) Äußere Teilentladungen*

An Elektroden mit starker Krümmung setzt in Gasen bei Überschreitung der Einsetzspannung Stoßionisation ein. Elektronenlawinen und Fotoionisation führen im stark inhomogenen Feld zu unvollkommenen Durchschlagskanälen, die bei Wechselspannung nach dem Verlöschen der Teilentladungen im Spannungsnulldurchgang neu zünden müssen. Diese als äußere Teilentladung oder Koronaentladung bezeichnete Erscheinung hat vor allem für Hochspannungsfreileitungen große praktische Bedeutung, da die Aufrechterhaltung der Entladung Energie verbraucht (Koronaverluste) und die auftretenden Stromimpulse elektromagnetische Wellen erzeugen (Funkstörungen). Äußere Teilentladungen treten auch in Prüfkreisen für zerstörungsfreie Hochspannungsprüfungen auf, wo sie vor allem eine Erfassung von für das Dielektrikum möglicherweise gefährlichen inneren Teilentladungen erschweren. Äußere Teilentladungen können auch in flüssigen oder an Grenzschichten zu festen Isolierstoffen auftreten und dort langfristig zu einer Schwächung der Isolation führen, die möglicherweise einen späteren vollkommenen Durchschlag zur Folge haben kann.

Eine Spitze-Platte-Anordnung in Luft als typisches Beispiel einer Anordnung mit äußeren Teilentladungen zeigt Bild 1.5-5 mit einem grob vereinfachten Ersatzschaltbild für impulsförmige Teilentladungen. $C_1$ stellt darin eine der jeweils durchschlagen-

---

[1]) Zusammenfassende Darstellung bei *Kreuger* 1964; *Schwab* 1969; *Stamm, Porzel* 1969

## 1.5. Zerstörungsfreie Hochspannungsprüfungen

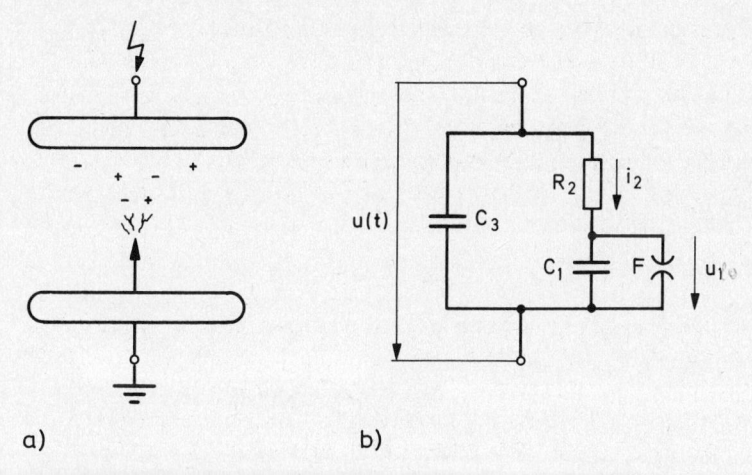

**Bild 1.5-5.** Anordnung mit äußeren Teilentladungen und Ersatzschaltbild
a) Anordnung Spitze-Platte,  b) Ersatzschaltbild

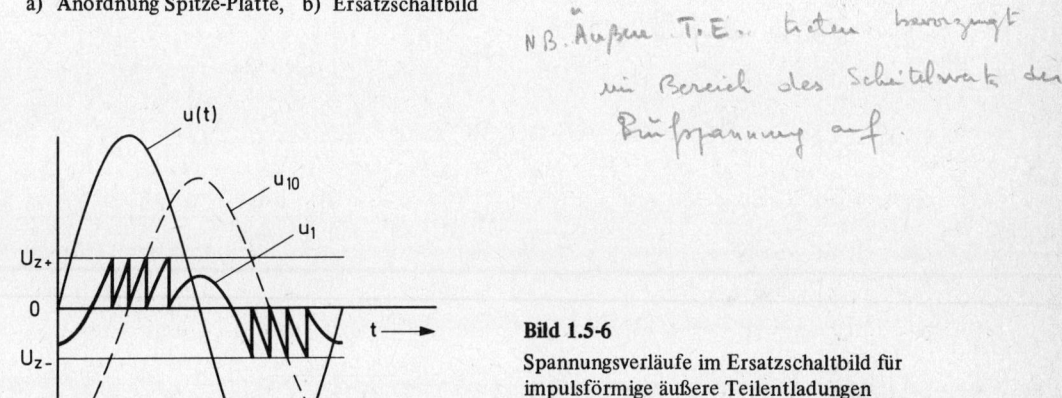

**Bild 1.5-6**
Spannungsverläufe im Ersatzschaltbild für impulsförmige äußere Teilentladungen

den Gasstrecke zugeordnete Kapazität dar, die beim Erreichen der Zündspannung $U_z$ der Funkenstrecke F vollständig entladen wird. Die vor der Spitze gebildeten Ladungsträger wandern in den Feldraum und führen dort zu einer gewissen Leitfähigkeit, die im Ersatzschaltbild durch $R_2$ dargestellt wird. $C_3$ schließlich ist eine durch die Anordnung gegebene Parallelkapazität.

Nimmt man an, daß $R_2 \gg 1/\omega C_1$ ist, so beträgt der Strom durch $R_2$:

$$i_2 = \frac{u(t)}{R_2}$$

Setzt man nun für die Prüfspannung, wie in Bild 1.5-6 gezeichnet,

$$u(t) = \hat{U} \sin \omega t,$$

so beträgt die Leerlaufspannung an $C_1$ im eingeschwungenen Zustand

$$u_{10} = \frac{\hat{U}}{\omega C_1 R_2} \sin(\omega t - \pi/2).$$

Wenn der Scheitelwert der Prüfspannung gerade die Einsetzspannung

$$\hat{U}_e = \omega C_1 R_2 U_z$$

erreicht, liegt an F die Zündspannung $U_z$ und $C_1$ wird schlagartig entladen. Bei steigender Prüfspannung u(t) wird $C_1$ anschließend mit einem Spannungsverlauf parallel zu $u_{10}$ wieder aufgeladen, bis erneut $U_z$ erreicht wird und so fort. Aus den gezeichneten Verläufen der Spannung $u_1$ erkennt man, daß die Teilentladungsimpulse vorwiegend im Scheitel der Prüfspannung auftreten. Die Abhängigkeit der Stoßhäufigkeit n von $\hat{U}$ ist in Bild 1.5-7 angegeben. Die gestrichelte Gerade stellt eine gute Näherung für hohe Stoßhäufigkeiten dar:

$$n \approx 4f \frac{\hat{U} - \hat{U}_e}{\hat{U}_e}$$

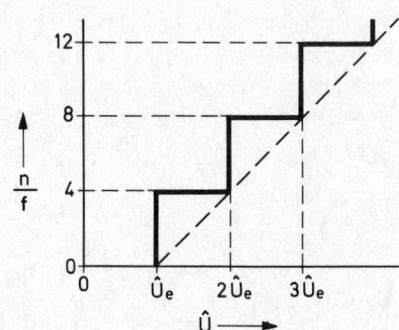

**Bild 1.5-7**
Teilentladungs-Stoßhäufigkeit

Bei jeder einzelnen Entladung wird in F die Ladungsmenge

$$Q_1 = C_1 U_z = \hat{U}_e/\omega R_2$$

ausgeglichen. Diese Ladung wird $C_1$ über $R_2$ von der Spannungsquelle erneut zugeführt und ist meßtechnisch erfaßbar:

$$\Delta Q = Q_1$$

Das vorgesetzte Symbol $\Delta$ soll darauf hinweisen, daß es sich um eine Größe handelt, die einem vollständigen, jedoch gegenüber der Periodendauer der Prüfspannung sehr kurzen Impuls zugeordnet ist.

Das angegebene Ersatzschaltbild kann dem physikalischen Verhalten einer wirklichen Anordnung mit äußeren Teilentladungen durch zusätzliche Schaltelemente besser angepaßt werden. Beispielsweise ist zu beachten, daß die Höhe der Zündspannung in vielen Fällen von der Polarität abhängt. Der zusätzliche Einbau eines Gleichrichters parallel zu $C_1$ erlaubt es, periodisch auftretende Entladungen nur einer Polarität zu berücksichtigen. Während der Halbperioden, in denen wegen zu hoher Zündspannung keine Teilentladungen auftreten, sorgt der Gleichrichter für eine Entladung des Kondensators $C_1$.

## 1.5. Zerstörungsfreie Hochspannungsprüfungen

### b) Innere Teilentladungen

Bestehen im festen oder flüssigen Dielektrikum von Isolieranordnungen Hohlräume, so tritt in diesen eine gegenüber der Umgebung erhöhte Feldstärke auf. Überschreitet die am Hohlraum liegende Spannung die Zündspannung, so kommt es zu einem unvollkommenen Durchschlag. Insbesondere bei Wechselspannungen ergibt sich im Hohlraum bei ausreichender Spannungshöhe eine meist impulsförmig verlaufende Entladung. Durch solche inneren Teilentladungen kann das umgebende Dielektrikum bei langfristiger Einwirkung angegriffen und unter Umständen durch einen Erosionsmechanismus bis zum vollkommenen Durchschlag zerstört werden.

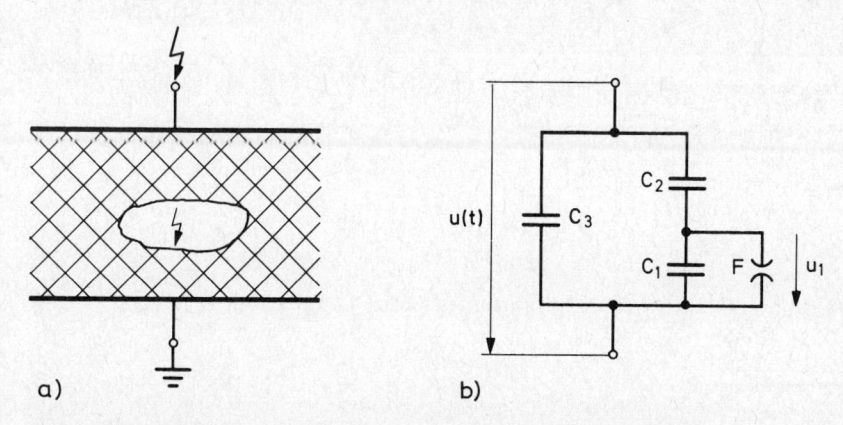

**Bild 1.5-8.** Anordnung mit inneren Teilentladungen und Ersatzschaltbild
a) Prüfling mit Hohlraum,   b) Ersatzschaltbild

Bild 1.5-8 zeigt als typisches Beispiel einer Anordnung mit inneren Teilentladungen eine Isolierung mit festem Dielektrikum, die einen gasförmigen Hohlraum enthält. Außerdem ist in dem Bild das 1932 von *A. Gemant* und *W. v. Philippoff* angegebene Ersatzschaltbild für impulsförmige innere Teilentladungen dargestellt. $C_1$ entspricht der Hohlraumkapazität, die beim Erreichen der Zündspannung $U_z$ über F vollständig entladen wird. $C_2$ entspricht der in Reihe zum Hohlraum liegenden, $C_3$ der parallelen Kapazität der Anordnung.

Für sinusförmige Prüfspannung ergibt sich hier als Leerlaufspannung an $C_1$

$$u_{10} = \frac{C_2}{C_1 + C_2} u(t) = \frac{C_2}{C_1 + C_2} \hat{U} \sin \omega t.$$

Der Scheitelwert der Prüfspannung erreicht die Einsetzspannung $\hat{U}_e$, wenn der Scheitelwert der Leerlaufspannung gerade gleich $U_z$ wird. Daraus folgt die Beziehung

$$\hat{U}_e = \frac{C_1 + C_2}{C_2} U_z.$$

Liegt die Prüfspannung oberhalb der Einsetzspannung, so erfolgt nach Bild 1.5-9 ein wiederholtes Aufladen von $C_1$. Man erkennt, daß die TE-Impulse bevorzugt im Bereich des Nulldurchgangs der Prüfspannung auftreten. Für die Stoßhäufigkeit gilt auch hier die bereits bei a) angegebene und in Bild 1.5-7 grafisch dargestellte Beziehung. Die unterschiedliche Phasenlage von äußeren und inneren Teilentladungen ist ein wichtiges Unterscheidungsmerkmal beider Erscheinungen.

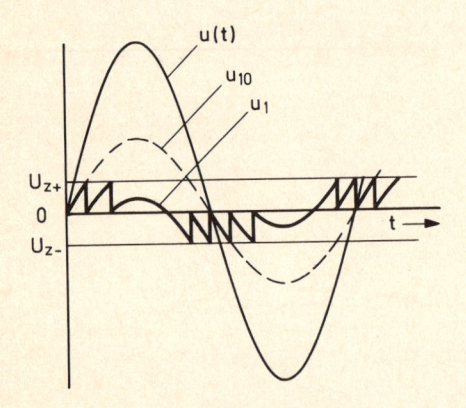

**Bild 1.5-9**
Spannungsverläufe im Ersatzschaltbild für impulsförmige innere Teilentladungen

Die bei jedem Impuls in der Entladungsstelle ausgeglichene Ladung beträgt

$$Q_1 = (C_1 + C_2) U_z,$$

während $C_2$ nur die „scheinbare Ladung" $Q_{1s}$ zugeführt wird:

$$Q_{1s} = C_2 U_z \neq Q_1$$

Es ist daher hier im Gegensatz zu einer Anordnung mit äußeren Teilentladungen grundsätzlich unmöglich, bei unbekannten Teilkapazitäten die wirkliche Ladung $Q_1$ zu messen. Die meßtechnisch erfaßbare Ladung $Q_{1s}$ wird analog zu 1.5.4a mit $\Delta Q$ bezeichnet:

$$\Delta Q = Q_{1s}$$

*c) Meßtechnische Erfassung von Teilentladungen*

Ein für äußere und innere Teilentladungen gültiges Ersatzschaltbild ist in der in Bild 1.5-10 wiedergegebenen Schaltung eines TE-Prüfkreises eingetragen. Ein Generator liefert in der kurzen Zeit $\Delta t \to 0$ einen Stromimpuls mit der eingeprägten Ladung $\Delta Q$, der wegen der Impedanzen in den Verbindungsleitungen zunächst nur auf die Prüflingskapazität C wirkt. Mit dem Quellenstrom $i_Q$ gilt:

$$\Delta Q = \int_{\Delta t \to 0} i_Q \, dt = \text{const}$$

Hierdurch verändert sich die Spannung am Prüfling plötzlich um den Betrag:

$$\Delta U = \frac{\Delta Q}{C}$$

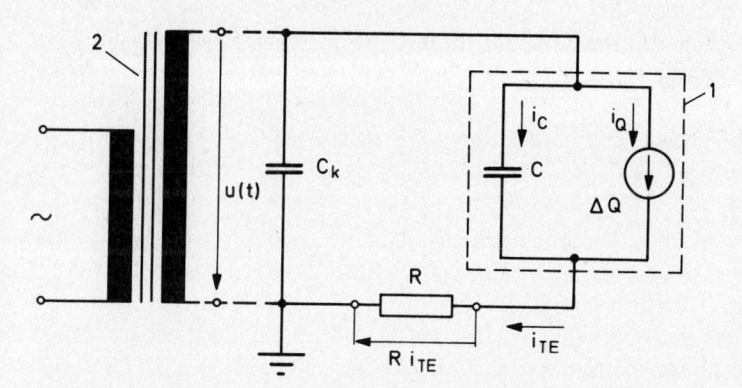

## 1.5. Zerstörungsfreie Hochspannungsprüfungen

**Bild 1.5-10**
Prüfkreis zur Messung von Teilentladungen
1 Prüfling mit äußeren oder inneren TE
2 Prüftransformator
R Meßwiderstand
$C_k$ Koppelkondensator

Hierbei handelt es sich um einen sehr raschen Vorgang innerhalb des Prüflings, da das angegebene Modell keine die Umladung verzögernden Elemente enthält.

Für die anschließenden Ausgleichsvorgänge im Prüfkreis sind nur die Kapazität $C_k$ des Hochspannungskreises und der Meßwiderstand R von Bedeutung. In Anlehnung an Bild 1.5-10 soll nun diskutiert werden, welche TE-Meßgrößen an R gemessen werden können. Für die Ausgleichsvorgänge gelten die Knotenpunktsgleichung

$$i_{TE} = i_C + i_Q$$

und die Maschengleichung

$$i_{TE} R + \frac{1}{C_k} \int_0^t i_{TE} \, dt + \frac{1}{C} \int_0^t i_C \, dt = 0 \ .$$

Durch Elimination von $i_C$ folgt hieraus für den vom Generator gelieferten Stromimpuls mit eingeprägter Ladung:

$$\Delta Q = \left(1 + \frac{C}{C_k}\right) \int_0^t i_{TE} \, dt + i_{TE} RC$$

Die Bedingung $\Delta Q$ = const soll zu jedem Zeitpunkt t erfüllt sein; diese Forderung wird durch den angenommenen Dirac-Impuls für $i_Q$ erfüllt. Für t → 0 folgt aus obiger Gleichung, daß $i_{TE}$ im Augenblick des Impulses auf einen endlichen Wert springt. Da das Integral hier keinen Beitrag liefert, errechnet sich der Anfangswert von $i_{TE}$ aus:

$$\Delta Q = i_{TE} RC = \Delta U_{TE} C$$

Es entsteht also ein Spannungssprung $\Delta U_{TE}$ am Meßwiderstand R.
Für t → ∞, also für Zeiten nach dem Abklingen des Ausgleichsvorganges, verschwindet das Produkt $i_{TE} RC$, und es ergibt sich:

$$\Delta Q = \left(1 + \frac{C}{C_k}\right) \int_0^{t \to \infty} i_{TE} \, dt = \left(1 + \frac{C}{C_k}\right) \Delta Q_{TE}$$

Mit $\Delta Q_{TE}$ ist hierbei die impulsförmig durch R fließende Ladung bezeichnet. Die meisten Meßverfahren bewerten die am Meßwiderstand R beim Auftreten von impulsförmigen Teilentladungen erfaßbaren Größen. Bei Kenntnis von C läßt sich $\Delta Q$ aus $\Delta U_{TE}$ bestimmen, bei zusätzlicher Kenntnis von $C_k$ erhält man $\Delta Q$ auch aus $\Delta Q_{TE}$. Der Ausdruck $(1 + C/C_k)$ entspricht einem für die Meßempfindlichkeit wichtigen Übertragungsfaktor.

Bei der Durchführung von Teilentladungsmessungen kann als $C_k$ ein besonderer Koppelkondensator vorgesehen werden; der Meßwiderstand R kann dann auch in der Erdverbindung von $C_k$ liegen. Oft haben jedoch die hochspannungsseitigen Kapazitäten der Anordnung, insbesondere die Wicklungskapazität des Transformators eine ausreichende Größe, so daß auf einen besonderen Kopplungskondensator verzichtet werden kann.

Bei ausreichender Bemessung des Koppelkondensators ($C_k \gg C$) wird die gemessene Ladung $\Delta Q_{TE}$ gleich derjenigen Ladung $\Delta Q$, die dem Teil der Isolierung zugeführt wird, der die Teilentladungsstelle enthält. Experimentell läßt sich der Übertragungsfaktor in der Meßanordnung mit Hilfe eines Impulsgenerators bestimmen, der eingeprägte Ladungsimpulse abgibt [*Mole* 1970].

Da es sich bei $\Delta U_{TE}$ und $\Delta Q_{TE}$ in Wirklichkeit um statistisch schwankende Vorgänge handelt, erfolgt bei der Messung meist eine Mittelwertbildung der Meßgrößen (VDE 0434; IEC Publ. 270). Aus dem Verlauf bestimmter TE-Kenngrößen, wie Ladung, Häufigkeit, Energie und zeitlicher Verlauf der TE-Impulse während der Beanspruchung kann unter günstigen Bedingungen der Einfluß von inneren Ionisationsvorgängen auf die Qualität einer Isolieranordnung beurteilt werden. Dagegen darf nicht erwartet werden, daß aus einer einmaligen Messung eine zuverlässige Aussage über die Lebensdauer einer Isolierung gemacht werden kann [*Leu* 1966; *Kind, König* 1967].

Die Messung des dielektrischen Verlustfaktors liefert eine Aussage über die im gesamten elektrisch beanspruchten Volumen auftretenden Verluste; dabei werden außer den Grundverlusten $P_l + P_p$ auch die Teilentladungsverluste $P_i$ erfaßt. Die oben angegebenen Überlegungen anhand des Ersatzschaltbildes beziehen sich auf rein impulsförmige Teilentladungen. Mit der Verlustfaktormessung erhält man im Unterschied zu vielen anderen Meßverfahren auch den durch nichtimpulsförmige Teilentladungen verursachten Leistungsanteil. Zur Erfassung von einzelnen TE-Fehlstellen in einer Isolierung ist die Verlustfaktormessung jedoch meist nicht genügend empfindlich.

# 2. Ausführung und Betrieb von Hochspannungs-Versuchsanlagen

## 2.1. Abmessungen und technische Einrichtungen von Versuchsanlagen

Abmessungen und Einrichtungen einer Hochspannungs-Versuchsanlage[1]) werden vor allem durch die Höhe der zu erzeugenden Spannung bestimmt. Ein zweites wichtiges Merkmal ist die geplante Verwendung z.B. zu Lehrzwecken, als Prüffeld oder als Forschungsstätte.

### 2.1.1. Anlagen für ein Hochspannungspraktikum

Praktika sind Laboratoriumsübungen, die Studierenden Gelegenheit zur Durchführung von bestimmten Versuchen unter Anleitung geben. Zumeist werden Praktikumsversuche in kleinen Gruppen von drei bis höchstens sechs Teilnehmern ausgeführt. Die im folgenden beschriebenen Versuchsanlagen sind für diese Form des Praktikums ausgelegt.

Damit eine große Zahl von Studierenden betreut werden kann, müssen mehrere Anlagen zur Verfügung stehen, in welchen gleichzeitig Versuche durchgeführt werden können. Eine brauchbare Richtzahl für den praktischen Studienbetrieb dürfte etwa 1 Versuchsanlage je 20 Studierende sein. Die sich daraus ergebende Anzahl von Anlagen erfordert aus wirtschaftlichen Gründen eine gewisse Beschränkung in der Spannungshöhe, die auch mit Rücksicht auf die größere Übersichtlichkeit und damit Sicherheit von kleineren Anlagen zweckmäßig ist.

Beschränkt man sich auf eine höchste Wechselspannung von 100 kV und auf Anschlußleistungen von 5 kVA bis 10 kVA, so können die Versuchsanlagen in Räumen mit der normalen Höhe von etwa 2,5 m untergebracht werden. Ferner bleibt das Gewicht der erforderlichen Bauteile mit Ausnahme des Prüftransformators so niedrig, daß sie ohne Hebezeuge transportiert werden können. Eine wesentliche Einschränkung bei der Auswahl der durchzuführenden Versuche entsteht durch die Beschränkung auf 100 kV Wechselspannung nicht, da die meisten der grundsätzlichen physikalischen Erscheinungen bereits in diesem Spannungsbereich beobachtet werden können. Falls erforderlich kann das Praktikum durch einige Demonstrationsversuche mit sehr hoher Spannung ergänzt werden.

Im folgenden wird als bewährtes Beispiel einer der fünf gleich ausgeführten Versuchsstände des Hochspannungspraktikums am Hochspannungsinstitut der Technischen Universität Braunschweig anhand von Bild 2.1-1 beschrieben. Ein Schutzgitter 1 aus in Metallrahmen gefaßtem Maschendraht enthält eine verschließbare Tür 2, neben der ein Arbeitstisch 3 und das Schaltpult 4 angeordnet sind. Innerhalb des Schutzgitters befindet sich eine Arbeitsbühne aus zwei geschweißten Stahlgestellen 5 mit einer Abdeckung aus je vier Hartholzplatten. Die Stahlgestelle dienen als Erdanschlußpunkte.

---

[1]) Zusammenfassende Darstellungen u.a. bei *Marx* 1952; *Prinz* 1965

**Bild 2.1-1**

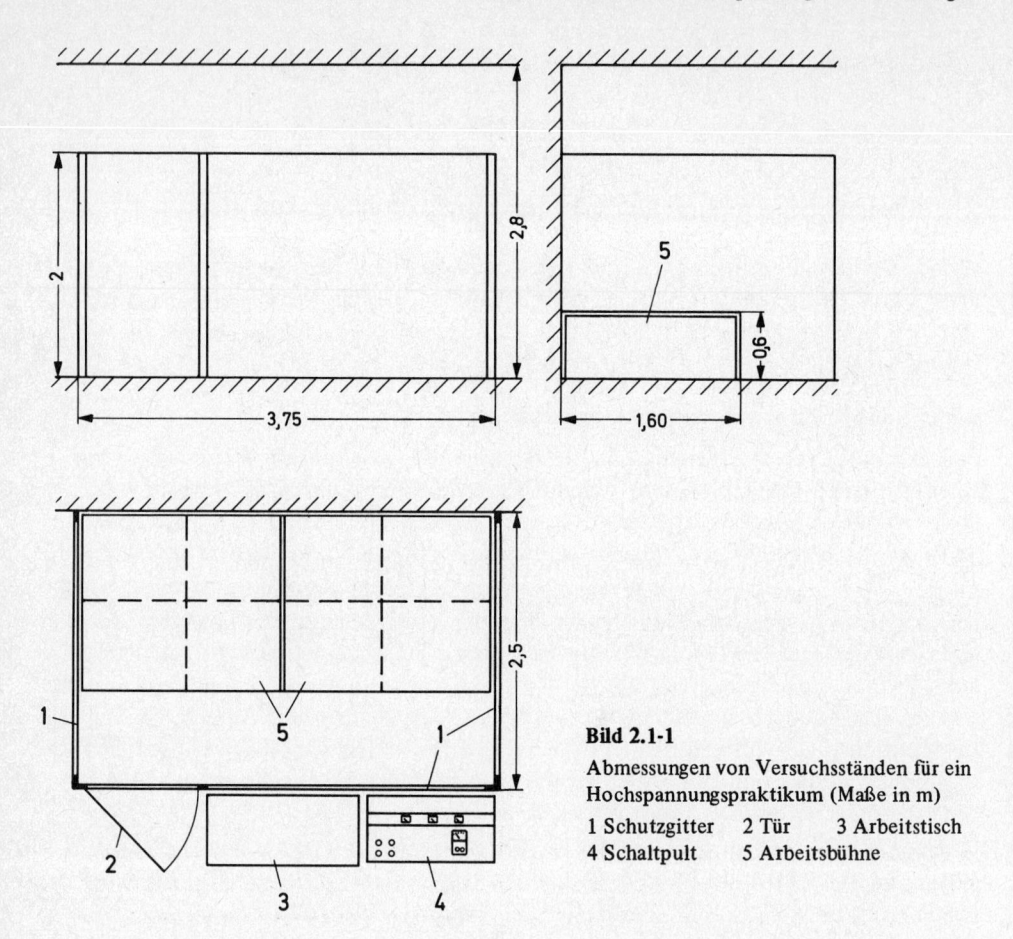

Abmessungen von Versuchsständen für ein Hochspannungspraktikum (Maße in m)

1 Schutzgitter  2 Tür  3 Arbeitstisch
4 Schaltpult  5 Arbeitsbühne

Auf der Arbeitsbühne werden die Hochspannungsschaltungen aufgebaut, darunter können in einfahrbaren Kästen nicht benötigte Bauteile und Zubehör aufbewahrt werden. Weitere Einzelheiten sind aus Bild 2.1-2 zu entnehmen. So sind z.B. flexible Steuer- und Meßkabel zwischen Schaltpult und Arbeitsbühne bereits verlegt und müssen nur noch an die Bauelemente angeschlossen werden.

## 2.1.2. Hochspannungs-Prüffelder

Bei ihrer Planung ist zu berücksichtigen, daß sie oft einen beträchtlichen Anteil der gesamten Investitions- und Personalkosten verursachen. Durch den Einsatz teilautomatisierter Meß- und Protokolliereinrichtungen sind erhebliche Einsparungen möglich.

Prüffelder, in denen die Stück- und Typenprüfungen einer Fertigung von Hochspannungs-Geräten durchgeführt werden sollen, sind meist auf eine bestimmte Prüfungsart zugeschnitten. Sie sollten räumlich in den Produktionsablauf eingegliedert sein.

## 2.1. Abmessungen und technische Einrichtungen von Versuchsanlagen

**Bild 2.1-2.** Versuchsstand für ein Hochspannungspraktikum (Abmessungen nach Bild 2.1-1, Foto E. Sitte, Braunschweig)

Die Betriebsspannung der zu prüfenden Geräte beeinflußt die räumliche Anordnung des Prüffeldes im Betrieb, da wegen der bei der Prüfaufstellung einzuhaltenden Mindestabstände (siehe Tabelle 2.1-1) die lichte Höhe des Prüfraumes bei hohen Spannungen oft beträchtlich größer sein muß als die Höhe der Fabrikationsräume. Dies führt dazu, daß bei Prüflingen mit einer Betriebsspannung über 220 kV meist schon aus baulichen Gründen eine eigene Prüfhalle errichtet werden muß. Dabei lassen sich dann auch elektromagnetische Abschirmungen und Einrichtungen zur Verdunklung des Raumes leichter verwirklichen. Bild 2.1-3 zeigt als Beispiel die mögliche Ausführung der Prüfhalle eines Werkes, in dem Transformatoren bis 400 kV hergestellt werden.

**Tabelle 2.1-1.** Prüfspannungen für Betriebsmittel von Drehstromnetzen und Mindestschlagweiten für den Prüfaufbau (Richtwerte)

| Betriebs-spannung kV | Wechsel-spannung kV | Blitzstoß-spannung kV | Schaltstoß-spannung kV | Mindestschlag-weite m |
|---|---|---|---|---|
| 30 | 85 | 170 | – | – |
| 110 | 260 | 550 | – | – |
| 220 | 505 | 1050 | – | – |
| 400 | 640 | 1425 | 900 | 4 |
| 765 | 960 | 2300 | 1300 | 12 |
| 1100 | 1400 | 2800 | 1800 | 20 |
| 1500 | 1900 | 3500 | 2200 | 30 |

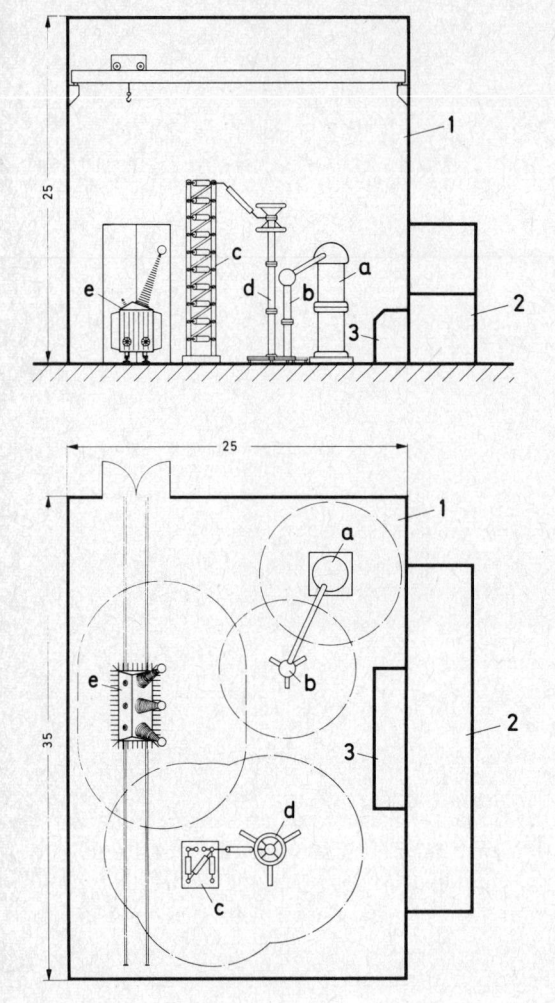

**Bild 2.1-3**
Prüffeld für 400 kV-Leistungstransformatoren (Maße in m)
1 geschirmte Hochspannungshalle
  a Prüftransformator   800 kV
  b Kondensator         800 kV
  c Stoßgenerator       3 MV
  d Stoßspannungsteiler 3 MV
  e Prüfling
2 Prüf-Nebenräume
3 Bedienungsstand

Bei Hochspannungsprüfungen im Freien ergeben sich zahlreiche technische Nachteile. Hinzu kommt eine durch die Witterung bedingte Unsicherheit der Terminplanung, die gerade für Fabrikationsprüffelder meist untragbar ist. In der Regel wird man daher eine Innenraumlösung wählen.

Die hochspannungstechnischen Einrichtungen von Prüffeldern richten sich nach der erforderlichen höchsten Prüfspannung sowie nach der durch die Prüflinge gegebenen Belastung. In Tabelle 2.1-1 sind einige Richtwerte zusammengestellt, die eine Vorstellung von der Höhe der Prüfspannungen für Drehstrom-Hochspannungsgeräte einer bestimmten Betriebsspannung geben sollen. Im konkreten Fall müssen die genauen Werte den jeweils gültigen Prüfvorschriften entnommen werden.

## 2.1. Abmessungen und technische Einrichtungen von Versuchsanlagen

Bei der Auswahl der Spannungserzeuger anhand der Tabelle 2.1-1 ist zu beachten, daß die Nennspannung des Erzeugers höher gewählt werden muß als die in der Tabelle angegebene Prüfspannung. Bei Wechselspannungs-Prüftransformatoren genügt ein Zuschlag von etwa 10 % zu der geforderten Prüfspannung. Für Stoßspannungserzeuger ist die Angabe der Summenladespannung üblich, die mit dem Ausnutzungsgrad multipliziert werden muß, um den Scheitelwert der Stoßspannung zu errechnen. Der Ausnutzungsgrad wird jedoch durch den Prüfling mitbestimmt und kann vor allem bei der Erzeugung von Schaltstoßspannungen sogar Werte unter 0,5 annehmen. Für den Faktor, mit dem die höchste nachzuweisende Haltespannung zu multiplizieren ist, um die erforderliche Nennspannung des Prüfspannungserzeugers zu ermitteln, können folgende Richtwerte genannt werden [*Fischer* 1969]:

Wechselspannung 1,1
Blitzstoßspannung 2,0
Schaltstoßspannung 2,6
Gleichspannung 1,7

Die in der letzten Spalte von Tabelle 2.1-1 eingetragenen Mindestschlagweiten sind Richtwerte für die mindestens erforderlichen Luftabstände zwischen den Hochspannungspotential führenden Teilen eines Prüfaufbaus und den auf Erdpotential liegenden Punkten der Umgebung. Bei sehr hohen Betriebsspannungen werden die Mindestschlagweiten durch die Höhe der zu erzeugenden positiven Schaltstoßspannung bestimmt, da eine gegebene Anordnung bei dieser Spannungsart eine besonders niedrige Durchschlagsspannung aufweisen kann.

Die meisten Hochspannungsprüflinge stellen eine kapazitive Belastung der Prüfspannungsquelle dar. Für die Kapazitäten können folgende Richtwerte genannt werden [*Siemens* 1960]:

| | | | |
|---|---|---|---|
| Stützer, Isolatoren | | | 20 pF |
| Durchführungen, Meßwandler | | | 200–400 pF |
| Leistungstransformatoren (Oberspannungswicklung gegen alle anderen Teile) | bis | 1 MVA | 3000 pF |
| | bis | 100 MVA | 25000 pF |
| Kabelmuster bis 10 m Länge | | | 3000 pF |
| Versuchsaufbau, Meßkondensator, Zuleitungen bei Prüfwechselspannungen | bis | 100 kV | 100 pF |
| | bis | 1000 kV | 1000 pF |

Häufige Auslegungen für Prüftransformatoren sind in der Tabelle 2.1-2 zusammengestellt (siehe auch VDE 0433-1). Prüftransformatoren werden in den meisten Fällen für Kurzzeitbetrieb von 15 min bis 1 h ausgelegt, ein Dauerbetrieb ist nur für Erwärmungsprüfungen oder für eine Untersuchung der dielektrischen Stabilität (Kabel, Durchführungen) erforderlich.

Entsprechende Angaben für Stoßspannungsgeneratoren sind in Tabelle 2.1-3 enthalten. Übliche Werte für die Stoßkapazität liegen bei einigen 10 nF. Die Tabelle wurde unter

**Tabelle 2.1-2.** Beispiele für die Auslegung von Prüftransformatoren

| Nennspannung kV | Nennstrom A | Nennleistung kVA | Kurzschlußspannung % |
|---|---|---|---|
| 100 | 0,1 | 10 | 10 |
| 300 | 0,3 | 100 | 10 |
| 800 | 0,5 | 400 | 15 |
| 1200 | 1 | 1200 | 25 |
| 2000 | 2 | 4000 | 25 |

**Tabelle 2.1-3.** Beispiele für die Auslegung von Stoßspannungsgeneratoren

| Summenladespannung $U_0$ kV | Stoßkapazität $C_s$ nF | Stoßenergie W kWs | $\frac{W}{U_0}$ kWs/MV |
|---|---|---|---|
| 200 | 25 | 0,5 | 2,5 |
| 400 | 25 | 2,0 | 5 |
| 1000 | 25 | 12,5 | 12,5 |
| 2000 | 25 | 50 | 25 |
| 4000 | 25 | 200 | 50 |

Zugrundelegung eines mittleren Wertes von $C_s$ = 25 nF errechnet. Bei Prüflingen, die eine besonders hohe Belastung darstellen (Kabel, Leistungstransformatoren), kann es notwendig werden, eine noch größere Stoßkapazität zu wählen [*Widmann* 1962].

Bei Prüffeldern muß die Einhaltung der Sicherheitsvorschriften besonders sorgfältig überwacht werden, da die Routinearbeit oft ein Nachlassen der Aufmerksamkeit auch des sachkundigen Personals zur Folge hat. Darüber hinaus muß auch nicht sachkundiges Personal den Gefahrenbereich betreten, vor allem beim An- und Abtransport der Prüflinge. Organisatorisch gut durchdachte und technisch zuverlässige Sicherheitsmaßnahmen müssen hier eine Gefährdung durch Hochspannung ausschließen.

Nähere Angaben über ausgeführte Hochspannungs-Prüffelder sind im Schrifttum zu finden [*Elsner* 1952; *Gsodam, Stockreiter* 1965; *Läpple* 1966; *Heyne* 1969; *Raupach* 1969].

### 2.1.3. Hochspannung-Laboratorien

Für die Wahl der Grundausrüstung von Hochspannungs-Laboratorien für Forschung und Entwicklung geben die für Prüffelder in den Tabellen 2.1-1 bis -3 gemachten Angaben einige Anhaltswerte. Es liegt in der Natur der Aufgabenstellung, daß nähere Angaben über die Daten der erforderlichen technischen Einrichtungen zur Durchführung bestimmter Forschungsarbeiten nicht gemacht werden können. Die folgenden Ausführungen beschränken sich auf die Erörterung übergeordneter Gesichtspunkte und auf Hinweise auf Beschreibungen ausgeführter Anlagen im Schrifttum.

Die Planung von Forschungslaboratorien hat neben einer Erfüllung technischer Forderungen auf größtmögliche Flexibilität zu achten. Bei der Anordnung von Versuchsräumen mit unterschiedlichen Abmessungen und Einrichtungen sollte jede nicht zwingend notwendige Festlegung auf einen bestimmten Anwendungszweck vermieden werden. Darüber hinaus ist es erwünscht, daß auch die größten Räume, welche für die höchsten Spannungen ausgelegt sind, eine vorübergehende Aufteilung für mehrere gleichzeitige Nutzungen zulassen. Erfahrungsgemäß wird die höchste Spannung nur recht selten benötigt.

Daneben kann es gerade für Hochspannungs-Laboratorien zweckmäßig sein, eine Vielzweckversuchshalle mit mittlerer Höhe von etwa 6 ... 12 m und einigen 100 m$^2$ Grundfläche vorzusehen, die durch bewegliche metallische Absperrgitter entsprechend den jeweiligen Aufgaben in eine größere Anzahl von Versuchsständen unterteilt werden kann. Bei Anwendung entsprechender Maßnahmen überwiegen die Vorteile einer flexiblen Nutzung gegenüber den Nachteilen gegenseitiger Störungen.

Günstig ist es, wenn der Versuchsraum mit der höchsten Spannung an ein Freigelände angrenzt, auf dem insbesondere sperrige Prüflinge unter Verwendung der Spannungserzeuger des Versuchsraumes untersucht werden können. Wanddurchführungen für Prüfspannungen über etwa 500 kV Wechselspannung sind nur mit großem Aufwand herzustellen. Daneben entstehen bei einer optischen Trennung zwischen Spannungserzeuger und Prüfling sowie durch die Eigenkapazität einer Durchführung Schwierigkeiten in bezug auf Sicherheit und Meßtechnik. Meist wird es daher günstiger sein, wenn der Versuchsraum ein großes Tor besitzt, durch das die Spannungserzeuger entweder vorübergehend in das Freigelände gefahren werden können oder durch das die Prüfspannung über eine einfache Drahtverbindung hinausgeführt werden kann.

Bei der Planung von Hochspannungs-Laboratorien für Forschung und Entwicklung muß unbedingt auf ausreichende Nebenräume geachtet werden. Neben den selbstverständlichen Räumen für Büros, Werkstätten, Energieversorgung usw. ist vor allem an Lager-, Abstell- und Packräume zu denken. Diese sollten bei einer Raumhöhe von 3 bis 6 m insgesamt mindestens ein Drittel der Grundfläche der eigentlichen Laborräume besitzen. Wenn an dieser Stelle gespart wird, so ist nach kurzer Betriebszeit ein beträchtlicher Teil der hochwertigen Versuchsräume durch zeitweilig unbenutzte Versuchsgeräte und Hilfsmittel verstellt. Natürlich ist darauf zu achten, daß gute Transportmöglichkeiten von den Versuchsräumen zu den Abstellflächen bestehen. Abdeckbare Ladeluken in den Versuchsräumen, die im Bereich der Hebezeuge liegen und eine Zugänglichkeit von im Kellergeschoß untergebrachten Abstellräumen gewährleisten, haben sich bewährt.

Nähere Angaben über ausgeführte Hochspannungs-Laboratorien sind im Schrifttum zu finden [AEG 1953; *Micafil* 1963; *Prinz* 1965; *Leschanz, Oberdorfer* 1968; *Nasser, Heiszler* 1969; *Leroy* u.a. 1971].

## 2.1.4. Hilfseinrichtungen für größere Versuchsanlagen

Unter Hilfseinrichtungen sollen hier Hebezeuge, Transportmittel, Heizung, Beleuchtung usw. verstanden werden. Bei Prüffeldern, die in Fabrikhallen im Zuge des Produktionsablaufes liegen, ist die Wahl der meisten Hilfseinrichtungen bereits durch die Lösung für die Fertigung festgelegt.

Wichtig ist die Wahl der Hebezeuge, die als Brückenkräne, Laufkatzen oder ortsfeste Züge ausgeführt sein können. Bei Traglasten über 50 t dürften mit Rücksicht auf die Gebäudeausführung nur Brückenkräne in Frage kommen. Diese können zwar jede Stelle der Halle erreichen, bringen jedoch den Nachteil mit sich, daß eine Aufhängung von Elementen des Versuchsaufbaues an der Decke die Bewegung der Kranbrücke behindert. Diese Aufhängung ist besonders für potentialführende Teile günstig, da man anderenfalls Stützisolatoren, Isoliergestelle oder isolierende Wandausleger zum Aufbau der Versuchsschaltungen heranziehen muß. Dieser Nachteil entsteht nicht bei der bewährten Anordnung von mehreren Laufkatzen mittlerer Traglasten (2 . . . 10 t). Sie erlauben eine Deckenbefestigung von Teilen der Versuchsanordnung an Haken oder ortsfesten Zügen und können selbst für die Aufhängung von Versuchsteilen verwendet werden. Eine isolierte Aufhängung von leichten Teilen wie Hochspannungsverbindungen kann mit Kunststoffseilen erfolgen, bei größeren Lasten kommen glasfaserverstärkte Kunststoffstäbe oder Hängeisolatoren in Frage.

Eine wichtige Entscheidung, die im Hinblick auf die vorgesehenen Prüfobjekte getroffen werden muß, betrifft die erforderliche Bodenbelastbarkeit der Versuchsräume, die etwa im Bereich von 0,5 . . . 2 t/m² liegt. Sie wird wesentlich davon beeinflußt, ob die aufgestellten Großgeräte ortveränderlich ausgeführt werden können oder nicht. Mit Rücksicht auf die optimale Ausnutzung der Räume ist die Fahrbarkeit unbedingt anzustreben. Lasten über etwa 10 t können auf im Boden eingelassenen Schienen aufgestellt oder bewegt werden. Da durch die feste Verlegung von Schienen die Freizügigkeit der Aufstellung eingeengt wird, ist meist einer etwas aufwendigeren Lösung ohne feste feste Gleise der Vorzug zu geben. Hierfür kommen bei großen Lasten lenkbare Fahrgestelle oder auch Luftkissenfundamente in Frage. Lasten bis zu einigen 10 t können auch mit geringem Aufwand durch auf dem Boden frei verlegte Schienen und umsteckbare Flachrollen am Gerätefundament beweglich gemacht werden.

Zur Heizung der Versuchsräume ist zu fordern, daß sie staubfrei und geräuscharm arbeiten soll. Die Beleuchtung des möglichst vollkommen verdunkelbaren Versuchsraumes muß fein einstellbar sein, da visuelle Beobachtungen und optische Messungen ein unentbehrliches Hilfsmittel bei Hochspannungsversuchen darstellen.

Nähere Angaben über Hilfseinrichtungen für Hochspannungs-Versuchsanlagen sind im Schrifttum zu finden [*Marx* 1952; *Prinz* 1965].

## 2.2. Abgrenzung, Erdung und Abschirmung von Versuchsanlagen

Die Einrichtungen zur Abgrenzung, Erdung und Abschirmung von Versuchsanlagen für hohe Spannungen sollen eine Gefährdung von Personen, Anlagen und Geräten ausschließen. Daneben sollen sie eine störungsfreie Messung von rasch veränderlichen Vorgängen ermöglichen und eine gegenseitige unerwünschte Beeinflussung zwischen Versuchsanlagen und Umgebung vermeiden.

## 2.2. Abgrenzung, Erdung und Abschirmung von Versuchsanlagen

### 2.2.1. Abgrenzung

Der eigentliche Gefahrenbereich des Hochspannungskreises muß durch Wände oder metallische Absperrgitter gegen unbeabsichtigtes Betreten gesichert sein. Einfache Absperrketten oder das Kennzeichnen des Gefahrenbereichs nur durch Warnschilder wird nur dort als ausreichend zu betrachten sein, wo die Beachtung ständig überwacht werden kann. Die Zugänge zum Gefahrenbereich sollten durch Verriegelungen, die eine Abschaltung bewirken, gesichert sein.

Vor dem Berühren von Hochspannungsteilen muß eine sichtbare metallische Verbindung mit Erde vorgenommen werden. Bei kleineren Versuchsanlagen wie für ein Praktikum wird dies vor dem Betreten mit Hilfe von Isolierstangen erfolgen können, die durch die Maschen des Absperrgitters hindurchgeführt sind und innerhalb der Anlage die Erdverbindung herstellen. Bei größeren Anlagen muß das Anlegen der Erdungsstange die erste Tätigkeit nach Betreten des Gefahrenbereichs sein, oder es sollten automatische Erdungsschalter angebracht werden. Eine vollständige Erdung ist vor allem wichtig, wenn die Schaltung auf Gleichspannung aufgeladene Kondensatoren enthält.

Nähere Angaben hierzu sind in Anhang 1 in den Sicherheitsvorschriften zu finden.

### 2.2.2. Erdungsanlagen

Neben den selbstverständlichen Maßnahmen zur Gewährleistung zuverlässiger Erdverbindungen für den stationären Betrieb muß bei Hochspannungsversuchen berücksichtigt werden, daß bei Durchschlagsvorgängen rasche Spannungs- und Stromänderungen auftreten können. Hierdurch entstehen in den Erdverbindungen Ausgleichsströme, die Potentialunterschiede in der Größenordnung der verwendeten Prüfspannungen hervorrufen können.

Im stationären Betrieb auf Erdpotential liegende Teile können kurzzeitig hohes Potential annehmen, doch ist eine Personengefährdung hierdurch im allgemeinen nicht gegeben. Dagegen tritt häufig eine Beschädigung von Geräten sowie eine Störung von Messungen auf. Auf die Ursache dieser Erscheinungen und auf Maßnahmen zu ihrer Unterdrückung soll im folgenden kurz eingegangen werden [*Stephanides* 1959; *Möller* 1965; *Sirait* 1967; *Hylten-Cavallius, Giao* 1969].

Der bei einem Durchschlag auftretende plötzliche Spannungszusammenbruch erfolgt in so kurzen Zeiten, daß selbst Blitzstoßspannungen dagegen langsam erscheinen. Die an der Durchschlagsstelle sich entwickelnde Entladung wird in erster Näherung zunächst durch die Entladung einer Kapazität gespeist, die bei einem Stoßspannungsgenerator im wesentlichen aus der Belastungskapazität, bei einem Prüftransformator aus den Kapazitäten der Hochspannungswicklung und des Prüfaufbaus besteht.

Wesentliche Eigenschaften dieses Sachverhalts können dem einfachen Schema von Bild 2.2-1 entnommen werden. Ein Kondensator $C_a$ wird über eine in kurzer Zeit schließende Funkenstrecke bei $t = 0$ beginnend entladen. Das elektrische Verhalten des Kreises kann anhand des dargestellten Ersatzschaltbildes beschrieben werden, wobei mit $L_a$ die Induktivität des gesamten Abschneidekreises bezeichnet ist. Es ergibt

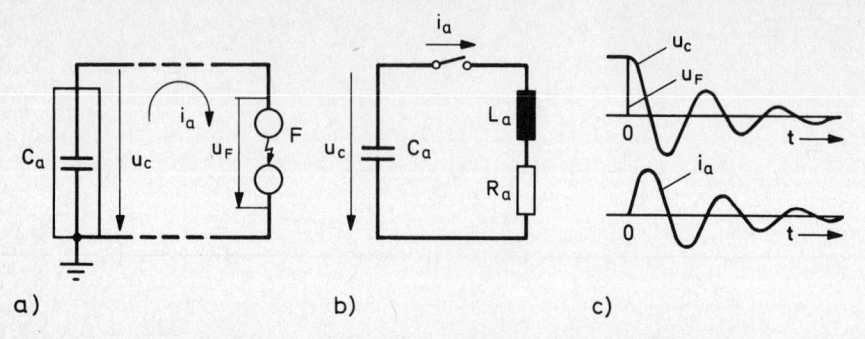

**Bild 2.2-1.** Einfaches Schema eines Hochspannungskreises mit Durchschlagsvorgang
a) Schaltungs-Aufbau, b) Ersatzschaltbild, c) Spannungs- und Stromverlauf

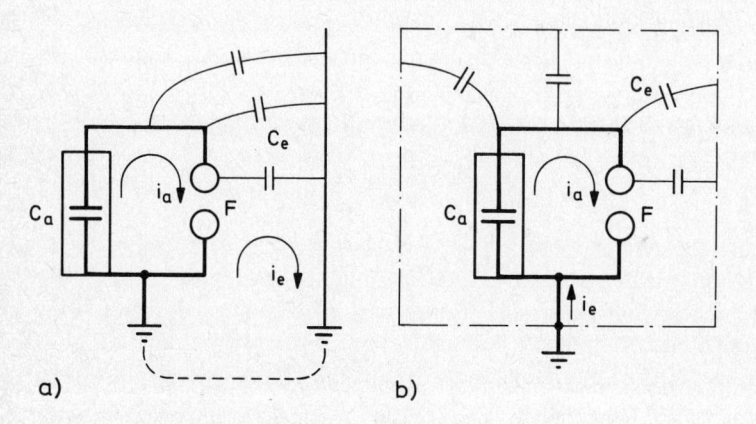

**Bild 2.2-2.** Erdströme in Hochspannungsanlagen
a) ohne Schirmung, b) mit Faraday-Käfig

sich der angedeutete periodisch gedämpfte Verlauf von Kondensatorspannung $u_c$ und Strom $i_a$. Die erste sofort erkennbare Forderung ist, daß sich $i_a$ in einem dafür geeigneten Kreis schließen muß.

Zwischen den Hochspannungspotential führenden und benachbarten, auf Erdpotential liegenden Teilen entsteht ein elektrisches Feld. Dieses Erdstreufeld kann nach Bild 2.2-2a durch eine verteilte Erdkapazität $C_e$ nachgebildet werden [*Sirait* 1967]. Wird $C_a$ rasch entladen, so entsteht ein von der Potentialänderung des Abschneidekreises angeregter transienter Erdstrom $i_e$, der zumindest teilweise außerhalb der Versuchsanlage verläuft und dort zu unerwünschten Überspannungen führen kann. Wird dagegen der gesamte Hochspannungskreis nach Bild 2.2-2b von einem geschlossenen metallischen Schirm, einem Faraday-Käfig, umgeben, verlaufen auch die Erdströme auf festgelegten Wegen, und die außerhalb des Käfigs liegenden Erdverbindungen bleiben stromlos. Diese Erdungen können daher ausschließlich entsprechend den Forderungen nach einer ausreichenden stationären Betriebserdung ausgelegt werden.

## 2.2. Abgrenzung, Erdung und Abschirmung von Versuchsanlagen

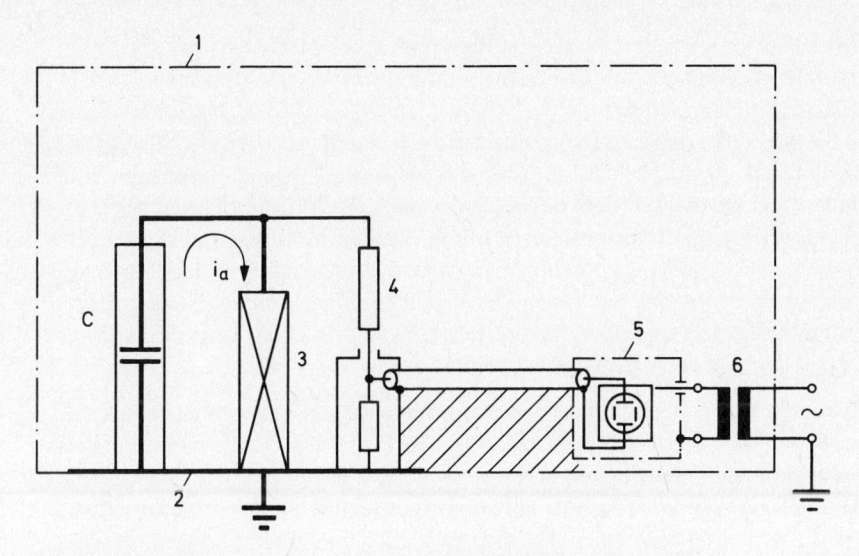

**Bild 2.2-3.** Erdung und Abschirmung einer Hochspannungs-Versuchsanlage
1  Faraday-Käfig
2  Verstärkter Erdflächenleiter am Boden
3  Prüfling
4  Spannungsteiler
5  KO-Gehäuse oder Meßkabine
6  Stromversorgung des KO über Isoliertransformator, u.U. mit Tiefpaß

In der Regel wird man den Boden des Laboratoriums, wie in Bild 2.2-3 gezeigt, wenigstens im Bereich der Hochspannungsgeräte mit einem möglichst gut leitenden Erdflächenleiter (Folie oder engmaschiges Gitter aus Kupfer) auslegen und die Erdungsanschlüsse der Geräte induktivitätsarm mittels breiter Kupferbänder damit verbinden, um die bei hohen Strömen auftretenden Spannungsabfälle gering zu halten. Alle Meß- und Steuerleitungen sowie Erdverbindungen sollten unter Vermeidung großflächiger Maschen und möglichst sogar unterhalb des Erdflächenleiters, z.B. in einem metallischen Kabelkanal, verlegt werden [*Kaden* 1959; *Schwab* 1969].

Besondere Aufmerksamkeit ist dem Anschluß des Oszillografen zu widmen, wenn Störungen bei der Messung von rasch veränderlichen Vorgängen vermieden werden sollen. Das Meßsignal wird grundsätzlich über geschirmte, in der Regel koaxiale Meßkabel zum Meßgerät übertragen. Dabei muß jedoch verhindert werden, daß im geerdeten Mantel des Meßkabels Ströme fließen, die nicht im Innenleiter zurückkehren, da deren Spannungsabfall sich dem Netzsignal als Störspannung überlagert.

Störende Mantelströme können auf verschiedene Weise vermieden werden. Wenn möglich wird man den gut leitenden Erdflächenleiter auf dem Boden des Laboratoriums so groß machen, daß der eng anliegende und mit ihm elektrisch mehrfach verbundene Kabelmantel von Störströmen entlastet wird. Noch günstiger ist die Verlegung des Meßkabels außerhalb des Faraday-Käfigs, z.B. in einem metallischen Kabelkanal oder in einem geerdeten Metallschlauch.

Oft läßt es sich jedoch nicht vermeiden, daß der Mantel des Meßkabels mit dem Erdungssystem eine geschlossene Schleife bildet, in der als Folge rasch veränderlicher Magnetfelder störende Kreisströme fließen können. In Bild 2.2-3 ist eine solche Erdschleife am Beispiel einer Spannungsmessung durch Schraffur angedeutet. Das Gehäuse des Oszillografen darf in diesem Fall nur über das Meßkabel mit dem erdseitigen Teilerende verbunden und geerdet werden; deshalb muß auch die Netzeinspeisung des Oszillografen über einen Isoliertransformator erfolgen. Ein solcher Isoliertransformator ist in jedem Fall zweckmäßig, da Potentialdifferenzen zwischen dem Erdungsleiter der Netzeinspeisung und den geerdeten Teilen des Versuchsaufbaus stets auftreten. Eine weitere Verminderung von störenden Mantelströmen kann durch Aufschieben von Ferritkernen auf die Meßkabel erreicht werden.

In Hochspannungsanlagen treten bei sehr raschen Spannungsänderungen auch elektromagnetische Wellen auf, deren Störsignal das Meßkabel und den Oszillografen unmittelbar beeinflussen können. Deshalb sollten die verwendeten Kabel und Oszillografen eine besonders gute Schirmung besitzen. Vor allem bei Oszillografen mit Verstärker ist zu empfehlen, den Oszillografen in einer geschirmten Meßkabine unterzubringen, deren Netzeinspeisung über einen Isoliertransformator und ein Tiefpaßfilter geführt wird.

Die gleichen Gesichtspunkte, wie sie bei dem Anschluß von Oszillografen gelten, sind zu beachten, wenn direkt anzeigende elektronische Scheitelspannungsmeßgeräte eingesetzt werden. Besonders kritisch ist die Messung von in der Stirn abgeschnittenen Stoßspannungen.

Die unter ungünstigen Bedingungen zu erwartenden Scheitelwerte des Erdstroms $\hat{I}_e$ steigen etwa proportional dem Augenblickswert $u_d$ der abgeschnittenen Spannung an. Messungen haben folgende Richtwerte ergeben [*Sirait* 1967]:

Bei unvollständig geschirmten Anlagen $\quad \hat{I}_e/u_d \leq 2{,}5$ kA/MV
bei vollgeschirmten Anlagen $\quad \hat{I}_e/u_d \leq 6{,}5$ kA/MV

Die Scheitelwerte von $i_a$ können sehr unterschiedlich sein und dürften meist wesentlich über $\hat{I}_e$ liegen. Abschneide- und Erdstromkreis können näherungsweise als gekoppelte Reihenschwingkreise aufgefaßt werden. Ihre Eigenfrequenzen liegen etwa im Bereich von 0,5 ... 4 MHz.

Bei gegebenem Erdstrom ist die Impedanz der Erdflächenleiter maßgebend für die entstehenden Spannungsabfälle. Nähere Angaben über die Berechnung dieser Impedanzen sind in Anhang 4 zu finden. Damit ist es möglich, die auftretenden Potentialanhebungen abzuschätzen. Als Richtwert wird empfohlen, ihre Größen auf einige 100 V zu begrenzen.

## 2.2.3. Abschirmung

Bei Hochspannungsversuchen werden oft sehr empfindliche Messungen vorgenommen. Insbesondere Teilentladungsmessungen können dadurch gestört werden, daß der ausgedehnte Aufbau des Hochspannungskreises als Antenne wirkt und von außen kommende elektromagnetische Wellen empfängt. Daneben treten bei Durchschlagsvorgängen im Hochspannungskreis ebenfalls elektromagnetische Wellen auf, die ihrerseits eine Störung der Umgebung bewirken können. Die Erfahrung hat gezeigt, daß die Störung von empfindlichen Hochspannungsmessungen durch die Umgebung im allgemeinen stärker ist als die von den Hochspannungsuntersuchungen auf die Umgebung ausgeübte Störung. Dies hängt nicht zuletzt damit zusammen, daß in Hochspannungsschaltungen nur gelegentliche und ganz kurzzeitige Störimpulse auftreten, während die äußeren Störungen, wie z.B. schlecht entstörte Kraftfahrzeug- oder Elektromotoren Dauerstörungen erzeugen.

Eine weitgehende Beseitigung der von außen kommenden Störungen und zugleich von etwaigen Beeinflussungen der Umgebung ist durch eine geschlossene metallische Abschirmung in Form eines Faraday-Käfigs möglich. Die Anforderungen an die hierfür verwendeten Flächenleiter unterscheiden sich wesentlich von den Anforderungen, wie sie an Flächenleiter im Boden von Hochspannungslaboratorien gestellt werden. Während für Flächenleiter als Rückschluß des Ausgleichsstromes die Forderung nach geringem Spannungsabfall im Vordergrund steht, wird bei Flächenleitern für Abschirmzwecke eine hohe Dämpfung der elektromagnetischen Felder angestrebt. Es wird daher zumeist genügen, ein engmaschiges Metallnetz an oder in den Wänden des Laboratoriums zu verlegen und die unvermeidlichen Öffnungen zur Hereinführung der Energie- und Nachrichtenverbindungen durch Tiefpaßfilter für Hochfrequenzströme zu sperren. Bei der praktischen Ausführung ist besonders auf eine sorgfältige Abschirmung von Türen und Fenstern zu achten [*Kaden* 1959; *Prinz* 1965].

Die Ausführung eines vollständigen Faraday-Käfigs ist zwar in allen Fällen wünschenswert, jedoch nur dann dringend erforderlich, wenn empfindliche Teilentladungsmessungen vorgenommen werden sollen. Versuche im Rahmen eines Hochspannungspraktikums wird man im allgemeinen ohne Einschränkung in teilgeschirmten Anlagen ausführen können, die nur einen geerdeten Flächenleiter im oder am Boden des Laboratoriums besitzen.

## 2.3. Schaltungen für Hochspannungsversuche

Das elektrische Schaltbild von Hochspannungs-Versuchsanlagen wird zweckmäßigerweise aus den 3 in Bild 2.3-1 dargestellten Kreisen aufgebaut: Energieversorgungskreis 1, Sicherheitskreis 2, Hochspannungskreis 3.

Der Energieversorgungskreis enthält neben Schaltgeräten in den meisten Fällen ein Element zur Einstellung der gewünschten Spannung. Der Sicherheitskreis verhindert das Einschalten oder bewirkt das Abschalten des Hochspannungskreises in dem Fall, daß einer der Sicherheitskreisschalter nicht geschlossen ist. Der Hochspannungskreis schließlich enthält den Hochspannungserzeuger, Meßeinrichtungen sowie den Prüfling.

### 2.3.1. Energieversorgungs- und Sicherheitskreis

Neben den Schaltgeräten ist die Einrichtung zur Erzielung einer veränderlichen Erregerspannung für den Hochspannungserzeuger ein wichtiges Element des Energieversorgungskreises. Bei Leistungen bis 50 kVA, höchstens 100 kVA wählt man hierfür

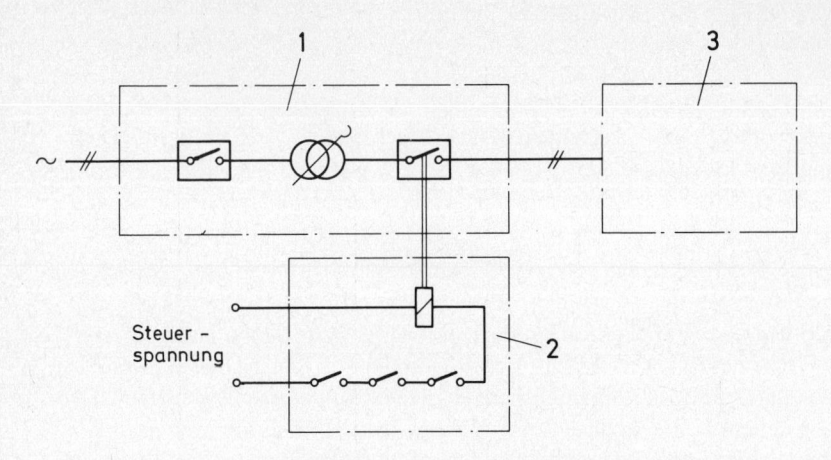

**Bild 2.3-1.** Schematische Darstellung der Grundschaltung einer Hochspannungsversuchsanlage
1  Energieversorgungskreis mit Stellglied und Schaltgeräten
2  Sicherheits- und Steuerkreis
3  Hochspannungskreis mit Hochspannungserzeugern, Meßeinrichtungen und Prüfling

einen Stelltransformator mit Kohlerollen. Dieser ist preiswert und kann durch verschiedene Schaltungen bis zu den genannten hohen Leistungen betriebssicher ausgeführt werden. Bis etwa 5 kVA ist eine Unterbringung im Schaltpult möglich, und die Bedienung erfolgt dann am einfachsten durch Handbetrieb. Bei größeren Leistungen sind eine getrennte Aufstellung und ein ferngesteuerter Motorantrieb erforderlich. Über etwa 100 kVA muß man einen Stelltransformator mit metallischer Kontaktgabe und Lastschalter oder eine Erregung mittels einer Synchronmaschine wählen. Andere Möglichkeiten sind Stelltransformatoren mit drehbarer Wicklung. Während bei Erregung über einen Synchrongenerator das Netz von Laststößen bei Durchschlägen im Hochspannungskreis entlastet wird, werden bei Stelltransformatoren Laststöße ungedämpft an das Netz weitergegeben.

Im folgenden werden die Schaltungen des Energieversorgungs- und Sicherheitskreises beschrieben, wie sie für die Praktikums-Versuchsstände nach Bild 2.1-1 verwendet werden. Die Versuche werden von Schaltpulten aus gesteuert, in denen ein Stelltransformator zur Erregung des Prüftransformators sowie die wichtigsten Meß- und Steuereinrichtungen untergebracht sind. Zum Schutz gegen elektrische Unfälle dient der Sicherheitskreis, der eine allpolige Abschaltung des Prüftransformators bei Unterbrechung eines der in Reihe geschalteten Sicherheitskreisschalter bewirkt. Die Tür zum Versuchsstand ist nur mit einem Schlüssel zu öffnen, der gleichzeitig zu einem im Steuerkreis liegenden Schloßschalter des Schaltpultes paßt. Die Anlage kann erst eingeschaltet werden, wenn die Tür zum Versuchsstand verschlossen ist.

Übersichtsschaltbild und Stromlaufplan der Anlage sind in den Bildern 2.3-2 und -3 wiedergegeben. Die für die Speisung des Sicherheits- und Steuerkreises erforderliche Steuerspannung wird über einen Isoliertransformator von der Versorgungsspannung abgenommen. Warnlampen, die deutlich sichtbar neben der Zugangstür zum Versuchs-

## 2.3. Schaltungen für Hochspannungsversuche

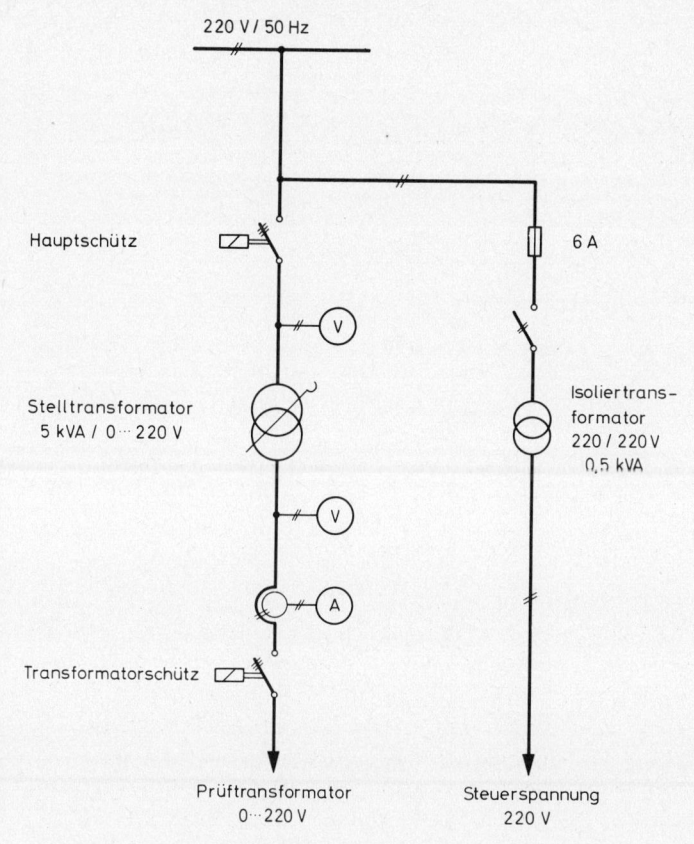

**Bild 2.3-2.** Übersichtsschaltbild für den Energieversorgungskreis einer Hochspannungsversuchsanlage

stand angebracht sind, zeigen den Schaltzustand des Transformatorschützes an. Die Anlage darf nur betreten werden, wenn die grüne Warnlampe eingeschaltet ist. Die gesamte Beleuchtung der Instrumente und auch der Warnlampen kann durch einen Tastknopf „Licht aus" kurzzeitig unterbrochen werden, um Beobachtungen in völliger Dunkelheit möglich zu machen. An besonders bevorzugter Stelle des Schaltpultes ist ein Drucktaster „Gefahr" angebracht, bei dessen Betätigung sofort das Hauptschütz ausgelöst wird. Gleiches gilt, wenn das Überstromrelais eine Überlastung des Energieversorgungskreises anzeigt.

### 2.3.2. Aufbau von Hochspannungsschaltungen

Das elektrische Schaltbild von Hochspannungskreisen ist im allgemeinen recht einfach, da abgesehen von den Meßeinrichtungen nur vergleichsweise wenige Elemente enthalten sind. Eine besondere Schwierigkeit entsteht jedoch dadurch, daß die erforderlichen Schlagweiten innerhalb des Aufbaus und zur Umgebung berücksichtigt werden müssen.

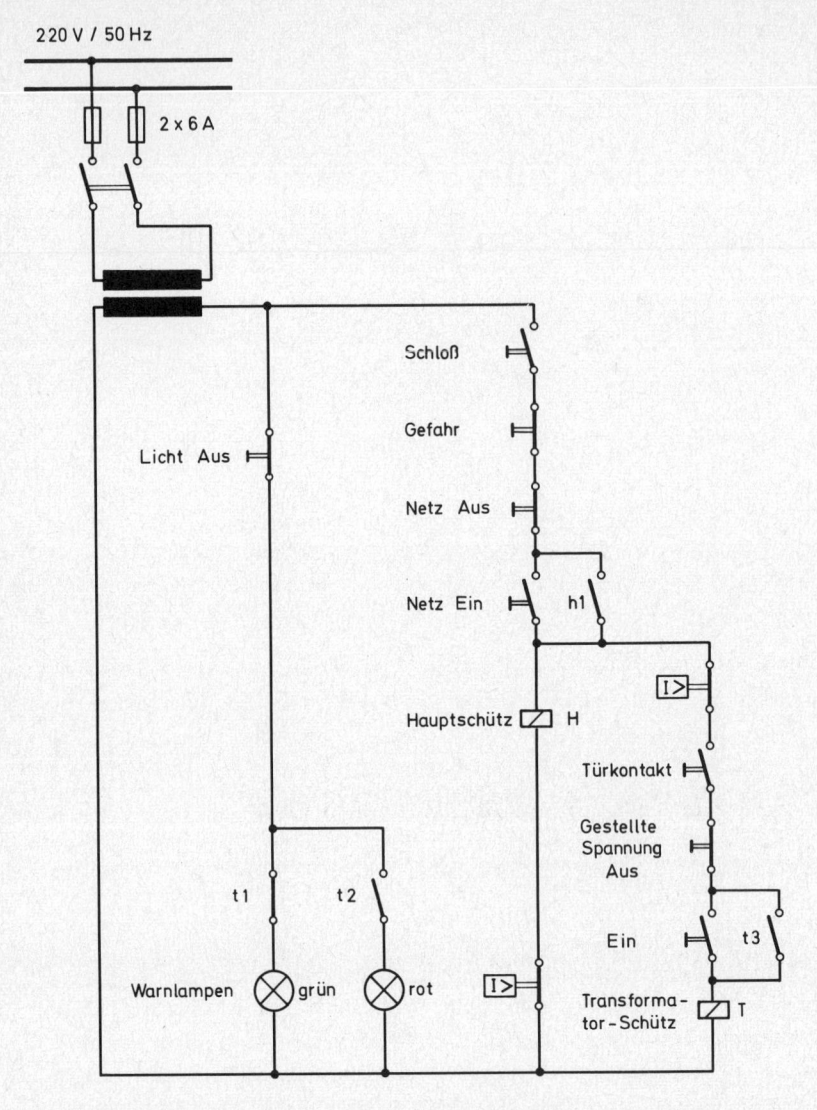

**Bild 2.3-3.** Stromlaufplan des Sicherheits- und des Steuerkreises einer Hochspannungsversuchsanlage

Für den Hochspannungskreis ist daher das elektrische Schaltbild allein nicht ausreichend, sondern es muß meist durch ein Raumschaltbild, das die räumliche Anordnung erkennen läßt, ergänzt werden.

Die im Anhang 1 angegebenen Sicherheitsabstände können auch für eine erste Abschätzung der innerhalb von Hochspannungskreisen erforderlichen Schlagweiten ver-

## 2.3. Schaltungen für Hochspannungsversuche

wendet werden. Umgerechnet auf für höhere Spannungen bequeme Einheiten ergibt sich

bei Wechselspannungen       5 m je MV
bei Gleichspannungen        3,5 m je MV
bei Blitzstoßspannungen      2 m je MV

Bei Schaltstoßspannungen über 1 MV kann man eine derartige Angabe der erforderlichen Schlagweite bzw. der notwendigen Mindestabstände nicht machen. An stark inhomogenen Elektrodenanordnungen und insbesondere bei positiver Polarität der stärker gekrümmten Elektrode können anomale Überschläge auftreten, die nicht auf dem kürzesten Wege zur Gegenelektrode verlaufen, sondern zwischen nicht vorhersehbaren Stellen der Anordnung mehr als die doppelte Strecke überbrücken. Bei Versuchen mit hohen Schaltstoßspannungen müssen Personen vollständig durch metallische Absperrgitter geschützt werden, da ein genügend großer Abstand allein nicht die nötige Sicherheit gewährleistet. Bild 2.3-4 zeigt einen Überschlag bei einer positiven Schaltstoßspannung von 3,3 MV in einer Höchstspannungs-Versuchshalle. Die Schlagweite zur Decke betrug 22 m, woraus man eine Zahlenangabe von etwa 7 m je MV errechnen könnte. Doch können im gleichen Aufbau ebenso Überschläge zu den beiden Wänden und auch zum Boden auftreten, wobei Schlagweiten zwischen 20 m und 30 m überbrückt werden.

In der Regel wird gefordert, daß im Hochspannungskreis bis zu einer bestimmten Spannungshöhe keine Vorentladungen auftreten. Diese Bedingung kann durch aus-

**Bild 2.3-4.** Überschlag bei einer positiven Schaltstoßspannung von 3,3 MV im Höchstspannungslaboratorium der Electricité de France; Schlagweite zur Decke 22 m (Foto H. Baranger, Paris)

reichende Sicherheitsabstände allein nicht erfüllt werden, sondern man muß durch entsprechende Abrundungsradien der Metallteile die Feldstärke an allen Punkten ausreichend niedrig halten. Während es bei Spannungen von höchstens einigen 100 kV oft noch möglich ist, die Armaturen entsprechend zu gestalten, braucht man für sehr hohe Spannungen eigene Steuerelektroden mit großen Krümmungsradien. Diese können auch aus kleineren Teilelektroden zusammengesetzt werden, wodurch die Herstellung erheblich vereinfacht werden kann.

Bei dem Aufbau von Hochspannungsschaltungen ist darauf zu achten, daß vor Betreten des Gefahrenbereichs alle Leiter, die Hochspannung annehmen können, geerdet werden müssen. Hierzu sind sichere und leicht erreichbare Anschlußpunkte für die Erdleiter vorzusehen, damit die Erdung mit Hilfe von Isolierstangen gefahrlos erfolgen kann.

## 2.4. Bauelemente für Hochspannungsschaltungen

Anlagen für Versuche mit Hochspannung werden im allgemeinen in atmosphärischer Luft errichtet. Die erforderlichen Abmessungen der dabei verwendeten Bauelemente hängen wesentlich von der Höhe der an ihnen auftretenden Spannungen ab. Daneben ist die Abführung der im Betrieb entstehenden Verluste zur Vermeidung einer unzulässig hohen Erwärmung zu berücksichtigen.

Im folgenden sollen kurz einige Ausführungsformen wichtiger Hochspannungs-Bauelemente für Innenraumaufstellung beschrieben werden. Bei der Auswahl der Beispiele wurde auf die Verwendung bei den Versuchen des Hochspannungspraktikums und auf die Möglichkeit einer Eigenherstellung besonders Rücksicht genommen.

### 2.4.1. Hochspannungswiderstände[1])

Hochspannungswiderstände werden häufig als Lade-, Entlade- oder Dämpfungswiderstände sowie auch als Meßwiderstände benötigt. Dabei können die Anforderungen an die Genauigkeit, die thermische Belastbarkeit und die Spannungsfestigkeit sehr verschieden sein.

Wasserwiderstände eignen sich besonders für Anwendungen mit hoher thermischer Belastbarkeit. Nichtrostende Elektroden (Graphit, nichtrostender Stahl) werden dabei in Wasser eingetaucht, das meist in einem Rohr oder Schlauch aus Isolierstoff enthalten ist. Der Widerstandswert ergibt sich aus Länge und Querschnitt des rohrförmigen Wasserbehälters und kann durch Zusätze zu destilliertem Wasser oder zu Leitungswasser in weitem Bereich verändert werden. Bei destilliertem Wasser ist für längere Zeit ein spezifischer Widerstand von etwa $10^5$ $\Omega$ cm erreichbar, Leitungswasser besitzt Werte von $10^2 \ldots 10^3$ $\Omega$ cm. Mit Wasserwiderständen kann jedoch kaum eine bessere Konstanz als $\pm 10\%$ erwartet werden. Sie sind daher nur für bescheidene Ansprüche an die Genauigkeit, z.B. als Lade- oder Strombegrenzungswiderstände anwendbar.

---
[1]) Zusammenfassende Darstellung bei *Marx* 1952; *Craggs, Meek* 1954; *Schwab* 1969; *Kuffel, Abdullah* 1970

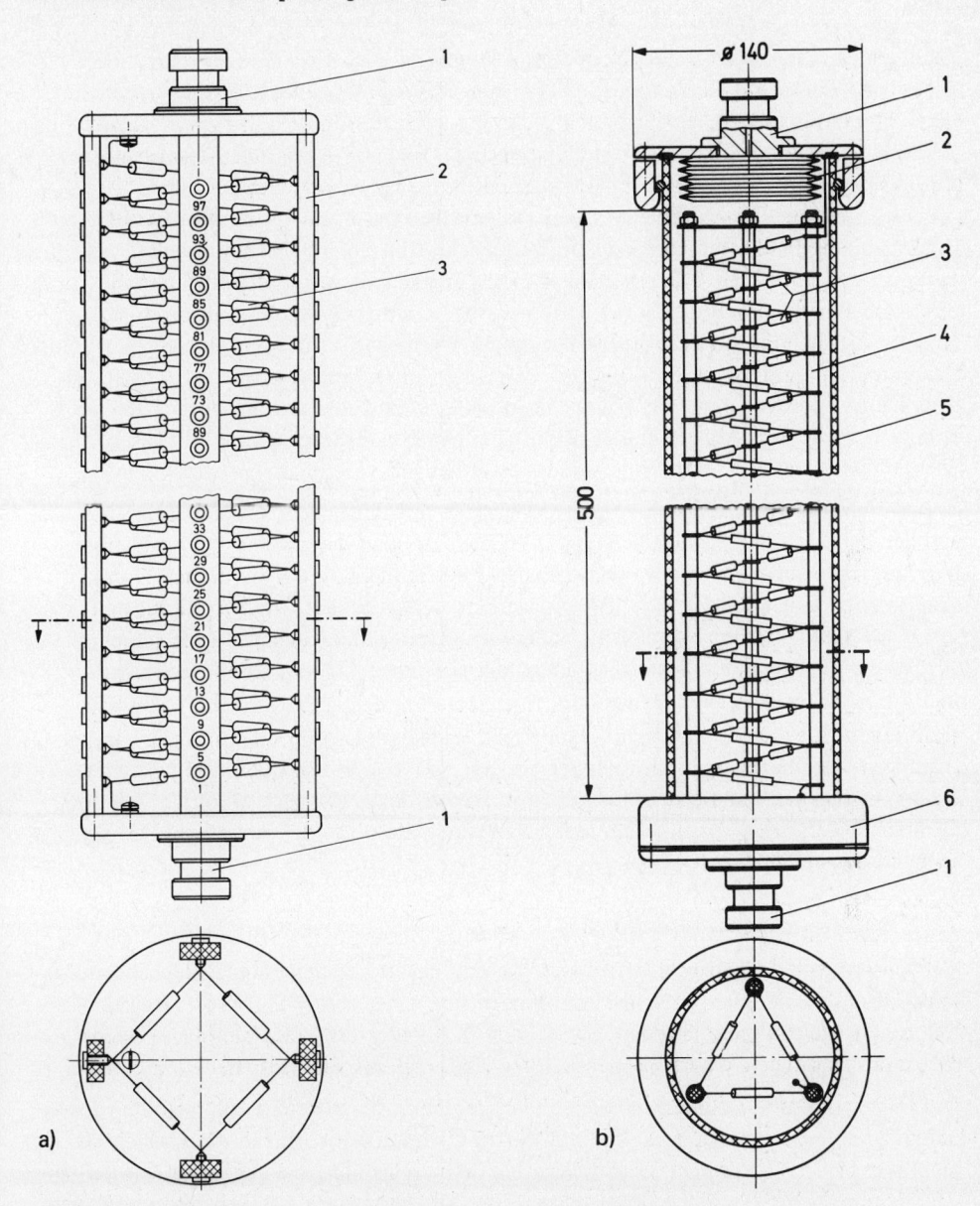

## 2.4. Bauelemente für Hochspannungsschaltungen

**Bild 2.4-1.** 2 Ausführungen von Hochspannungswiderständen mit Kohleschichtwiderständen
a) Meßwiderstand mit Spannungsabgriffen in Luft 25 MΩ, 140 kV, DB
    1 Anschluß- und Befestigungsbolzen     3 Widerstandselement
    2 Isolierstoffhalterung mit Steckbuchsen
b) Belastungswiderstand in ölgefülltem Isolierrohr 10 MΩ, 140 kV, KB 1 min
    1 Anschluß- und Befestigungsbolzen     5 Hartpapierrohr
    2 Faltenbalg     6 Metallflansch
    3 Widerstandselemente
    4 Isolierstoffhalterung

Bei einer für viele Zwecke gut geeigneten Ausführung wird eine Vielzahl von Niederspannungs-Widerstandselementen (Schicht- oder Massewiderstände) in Reihe geschaltet. Dabei empfiehlt es sich, die einzelnen Elemente so anzuordnen, daß eine möglichst gleichmäßige äußere Spannungsverteilung vorliegt. Bild 2.4-1 zeigt als Beispiele zwei Ausführungen, die für das Hochspannungspraktikum entwickelt wurden und in ihren Abmessungen und Anschlußteilen den Bauelementen des bei 2.4.4 beschriebenen Hochspannungsbaukasten entsprechen. Bei dem in Bild 2.4-1a gezeigten Bauteil sind zwischen'den einzelnen Widerständen Buchsen angebracht, wodurch ein feinstufig veränderlicher Spannungsteiler geschaffen wurde. Zur Erhöhung der zulässigen Spannungsbeanspruchung und zur Verbesserung der Wärmeabfuhr der einzelnen Widerstandselemente können diese, wie in Bild 2.4-1b gezeigt, in Isolieröl eingebettet werden. Im Hinblick auf die Konstanz des Widerstandswertes ist besonders zu beachten, daß hochohmige Schicht- und Massewiderstände oft bei häufiger Beanspruchung mit raschen Spannungsänderungen ihren Widerstandswert erheblich vergrößern [*Minkner* 1969].

Zur Ausführung von Hochspannungswiderständen mit einem von der Belastung und von der Zeit unabhängigen Widerstandswert benutzt man metallische Leiter. Hierbei liegt das Hauptproblem in der mechanischen Empfindlichkeit der bei hohen Widerstandswerten von z.B. $10^6$ $\Omega$ je kV erforderlichen sehr dünnen Drähte. Niederinduktive Widerstandsgewebe [1]) können als Widerstandsbänder unmittelbar in Luft gespannt oder besser in besonderen Konstruktionen, z.B. auf einem Tragkörper aus Isolierstoff und unter Isolieröl, verwendet werden. Ihre Spannungsfestigkeit erreicht Werte von 3 kV/cm, und es lassen sich je $m^2$ Bandfläche Widerstandswerte bis 6 M$\Omega$ und Dauerleistungen bei Oberflächenselbstkühlung in Luft von 10 kW erreichen. Bei besonders hohen Ansprüchen hat sich ein Eingießen in Expoxidharz bewährt, wodurch sich auch für hohe Widerstandswerte mechanisch unempfindliche und hoch belastbare Widerstandselemente herstellen lassen.

### 2.4.2. Hochspannungskondensatoren [2])

Kondensatoren sind neben Widerständen die häufigsten Bauelemente in Hochspannungsschaltungen, da sie auch für hohe Spannungen mit meist vernachlässigbar geringen Verlusten hergestellt werden können. Sie werden in Kreisen zur Erzeugung von Gleich- und Stoßspannungen, als Meßkondensatoren und auch als Energiespeicher eingesetzt.

Das Dielektrikum der zumeist verwendeten Kondensatorart besteht aus mehreren Lagen ölimprägnierten Isolierpapieres. Die Stärke des Dielektrikums liegt in der Größenordnung von 50 . . . 100 $\mu$m. Die als Beläge bezeichneten Elektroden bestehen aus dünnen Aluminiumfolien. Maschinell hergestellte Wickelkondensatoren mit Teilspannungen von einigen Kilovolt werden in großer Zahl in Reihe geschaltet. Der auf diese Weise entstehende Kondensatorstapel wird bei hohen Spannungen meist in einem ölgefüllten zylindrischen Isoliergehäuse untergebracht; die bei 2.4.4 erwähnten Kondensatoren CM, CS und CB des Hochspannungsbaukastens sind in dieser Weise ausgeführt. Als

---

[1]) Hersteller z.B. Schniedwindt KG, Neuenrade (Westf.)

[2]) Zusammenfassende Darstellung z.B. bei *Liebscher, Held* 1968

## 2.4. Bauelemente für Hochspannungsschaltungen

Imprägniermittel kommen neben Isolieröl auch synthetische Flüssigkeiten oder Isoliergas in Frage. Anstelle des Papierdielektrikums werden auch besonders verlustarme Kunststoffolien verwendet.

Keramisches Dielektrikum besitzt im allgemeinen einen bei wachsender Frequenz abnehmenden Verlustfaktor. Es eignet sich daher für die Herstellung von Hochfrequenzkondensatoren für hohe Spannungen [*Hecht* 1959]. Aus technologischen Gründen bleibt jedoch die je Element mögliche Spannung auf Werte von etwa 10 kV beschränkt. Will man zu höheren Spannungen kommen, muß man auch hier eine Reihenschaltung mehrerer Elemente anwenden, die sowohl in Luft als auch unter Öl angeordnet werden kann. Bild 2.4-2 zeigt als Beispiel für die Anwendung von Keramikkondensatoren den Aufbau eines gedämpften kapazitiven Stoßspannungsteilers nach 1.3.6, dessen Abmessungen und Anschlußteile ebenfalls dem bei 2.4.4 beschriebenen Hochspannungs-Baukasten angepaßt wurden. Dieser Teiler besitzt eine sehr kleine Antwortzeit von T = 6 ns und ist für Stoßspannungen bis 200 kV verwendbar; die resultierende Kapazität beträgt 60 pF, der resultierende Dämpfungswiderstand 660 Ω. Um die Induktivität des Nie-

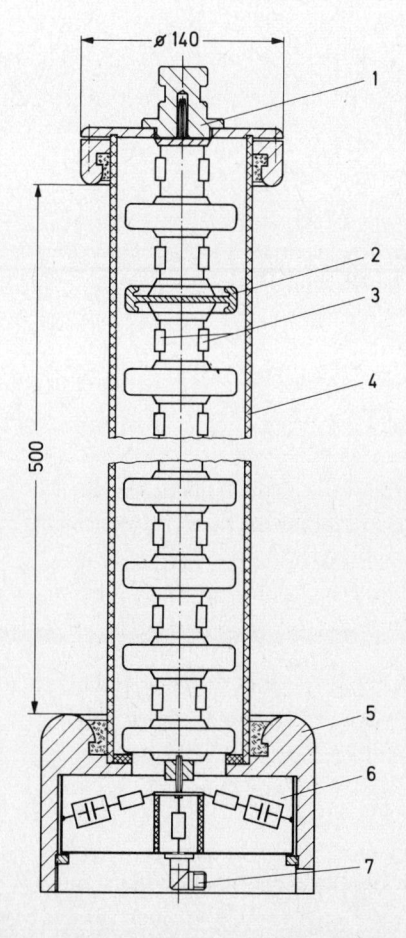

**Bild 2.4-2**
Gedämpft kapazitiver Teiler für Stoßspannungen bis 200 kV aus Keramikkondensatoren und Schichtwiderständen in Luft

1 Hochspannungsanschluß
2 Keramikkondensator
3 Dämpfungswiderstände
4 Isolierstoffrohr
5 geerdeter Metallfuß
6 Niederspannungsteil
7 Meßkabelanschluß

derspannungsteils möglichst gering zu halten, wird hier eine große Zahl von R-C-Gliedern parallelgeschaltet. Aus dem gleichen Grund werden auch die ohmschen Anteile des Hochspannungsteils aus mehreren parallelen Widerständen aufgebaut.

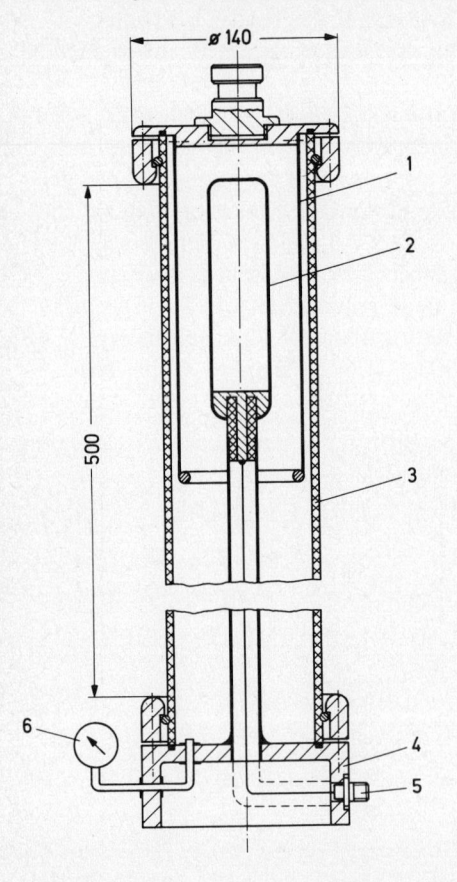

**Bild 2.4-3**
Vergleichskondensator für 100 kV, 26 pF mit Druckgasisolierung

1 Hochspannungselektrode
2 Meßelektrode
3 Isolierrohr
4 geerdeter Metallfuß
5 Meßkabelanschluß
6 Manometer

Druckgas als Dielektrikum eignet sich für die Herstellung besonders verlustarmer Kondensatoren, wie sie als Vergleichskondensator $C_2$ der Scheringbrücke nach 1.5 benötigt werden. Als praktische Ausführung hat sich besonders die Anordnung mit koaxialen Zylinderelektroden nach *Schering* und *Vieweg* bewährt. Bild 2.4-3 zeigt als Beispiel einen für das Hochspannungspraktikum entwickelten 100 kV-Preßgaskondensator, der mit $SF_6$ von 3,5 bar isoliert ist; sein Verlustfaktor liegt unter $10^{-5}$. Auch dieses Bauteil wurde den Abmessungen und Anschlußteilen des bei 2.4.4 beschriebenen Hochspannungs-Baukastens angepaßt. Für andere Anwendungen wird man vor allem eine entsprechende Abschirmhaube mit Hochspannungsanschluß vorsehen müssen.

## 2.4.3. Funkenstrecken

Funkenstrecken sind typische Hochspannungs-Bauelemente, die als spannungs- oder auch zeitabhängige Schalter verwendet werden. Der verhältnismäßig hohe Widerstand

## 2.4. Bauelemente für Hochspannungsschaltungen

des die leitende Verbindung zwischen den Elektroden herstellenden Lichtbogens macht sich in Hochspannungskreisen nur selten nachteilig bemerkbar. Die Elektroden von Funkenstrecken sind im nichtleitenden Zustand meist durch ein gasförmiges Medium getrennt, vorzugsweise durch atmosphärische Luft, wodurch eine Wiederholbarkeit des Schaltvorganges gewährleistet ist. Nur in seltenen Fällen werden Flüssigkeits- oder Feststoff-Funkenstrecken verwendet.

Funkenstrecken mit 2 Elektroden sind ein spannungsabhängig wirkendes Einschaltgerät. Sie können daher als Schutzfunkenstrecken zur Vermeidung von unzulässigen Überspannungen, als Schaltfunkenstrecken in Stoßspannungsschaltungen oder als Meßfunkenstrecken zur Spannungsmessung eingesetzt werden. In Bild 2.4-4 sind einige der besonders häufig verwendeten Elektrodenformen für Zweielektroden-Funkenstrecken angegeben:

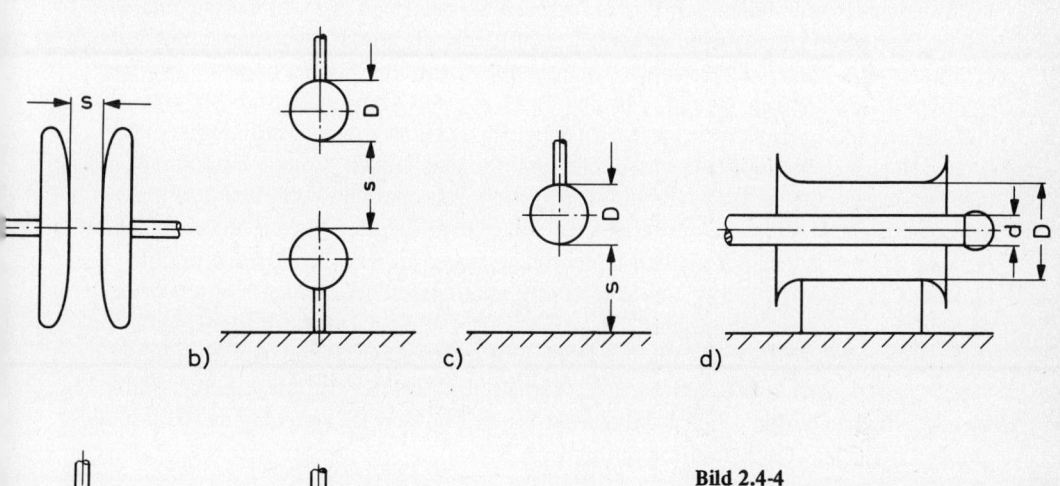

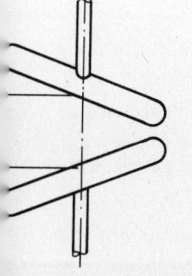

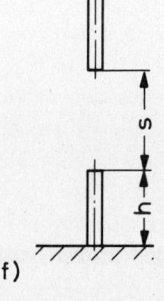

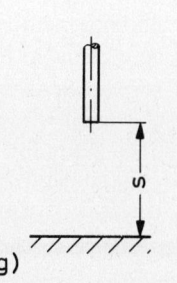

**Bild 2.4-4**

Ausführungen von Zweielektroden Funkenstrecken

a) Platte-Platte (Rogowskiprofil)
b) Kugel-Kugel
c) Kugel-Ebene
d) koaxiale Zylinder
e) gekreuzte Zylinder
f) Stab-Stab
g) Stab-Ebene

Die Platte-Platte-Funkenstrecke nach a) mit Rogowski-Profil ermöglicht eine Bestimmung der Durchschlagsspannung im homogenen Feld und eignet sich daher vor allem für grundsätzliche physikalische Untersuchungen über den Durchschlagsmechanismus.

Bei den Anordnungen Kugel-Kugel nach b) und Kugel-Ebene nach c) kann der Übergang vom homogenen zum inhomogenen Feld durch Veränderung nur eines Parameters, der Schlagweite s, erreicht werden. Dadurch sind diese Anordnungen auch für grundsätzliche Untersuchungen geeignet. Kugelfunkenstrecken zur Messung hoher Spannungen sind bereits bei 1.1.6 ausführlich beschrieben worden.

Das Feld der koaxialen Zylinderfunkenstrecke nach d) kann sehr genau berechnet werden, und der Einfluß der Randfelder läßt sich durch eine Ausführung mit Schutzring-Elektroden ausschalten. Koaxiale Zylinderfunkenstrecken werden insbesondere für die Untersuchung von unvollkommenen Durchschlägen an Drahtelektroden benötigt, die im Hinblick auf die Koronaentladungen bei Freileitungen große praktische Bedeutung besitzen.

Als Meßfunkenstrecken eignen sich auch gekreuzte Zylinder nach e) gut; denn hier ist bis zu wesentlich größeren Werten von s/d als bei Kugeln ein etwa linearer Zusammenhang zwischen Durchschlagsspannung und Schlagweite vorhanden.

Stabfunkenstrecken stellen den Prototyp einer inhomogenen Anordnung dar und werden in Drehstrom-Hochspannungsnetzen auch häufig als grober Überspannungsschutz verwendet. Die Elektroden sind scharfkantig abgeschnittene Stäbe von etwa 100 mm$^2$ Querschnitt. Es hat sich gezeigt, daß das Verhalten der Anordnung Stab-Stab nach f) und Stab-Ebene nach g) recht gut den vergleichbaren Elektrodenanordnungen praktischer Hochspannungsanlagen entspricht. Stabfunkenstrecken können auch für Wechsel- und Gleichspannungen sowie für Blitzstoßspannungen oberhalb von etwa 300 mm Schlagweite für Meßzwecke verwendet werden, wobei sich der Vorteil eines annähernd linearen Zusammenhangs zwischen Durchschlagsspannung und Schlagweite ergibt [*Wellauer* 1954; *Roth* 1959]. Bei Schaltstoßspannungen führt dagegen vor allem die Anordnung positiver Stab gegen Platte zu anomal niedrigen Durchschlagsspannungen. Durch allmähliche Verminderung der Höhe h des erdseitigen Stabes der Anordnung Stab-Stab verändert sich das elektrische Verhalten in das der Anordnung Stab-Platte, was für Untersuchungen über den Polaritätseffekt und den Durchschlagsmechanismus großer Luftschlagweiten von Bedeutung ist.

Funkenstrecken mit nur schwach inhomogenem Feld können durch Anordnung einer Hilfselektrode zu einem zeitabhängig wirkenden Einschaltgerät erweitert werden, das in gewissen Bereichen unabhängig von der Spannung zwischen den beiden Hauptelektroden arbeitet [z.B. *Deutsch* 1964]. Hierzu wird zwischen die Hilfselektrode und eine der Hauptelektroden zum gewünschten Zeitpunkt ein Spannungsimpuls gegeben, der die Entladung zwischen den beiden Hauptelektroden auslöst. Diese Eigenschaft wird zur zeitgesteuerten Auslösung von Stoßspannungskreisen, zum Abschneiden von Stoßspannungen oder zur gleichzeitigen Auslösung von parallelen Stoßstromkreisen angewendet.

Bild 2.4-5 zeigt als Beispiel die Ausführung einer Dreielektrodenstrecke für das Hochspannungspraktikum für eine höchste Arbeitsspannung von 140 kV. Der Einbau der Hilfselektrode kann auf einfache Weise durch Verwendung einer handelsüblichen Zündkerze von Kraftfahrzeugen erfolgen. Der meist über einen Koppelkondensator von etwa 100 pF zugeführte Auslöseimpuls sollte mindestens einen Scheitelwert von 5 kV haben.

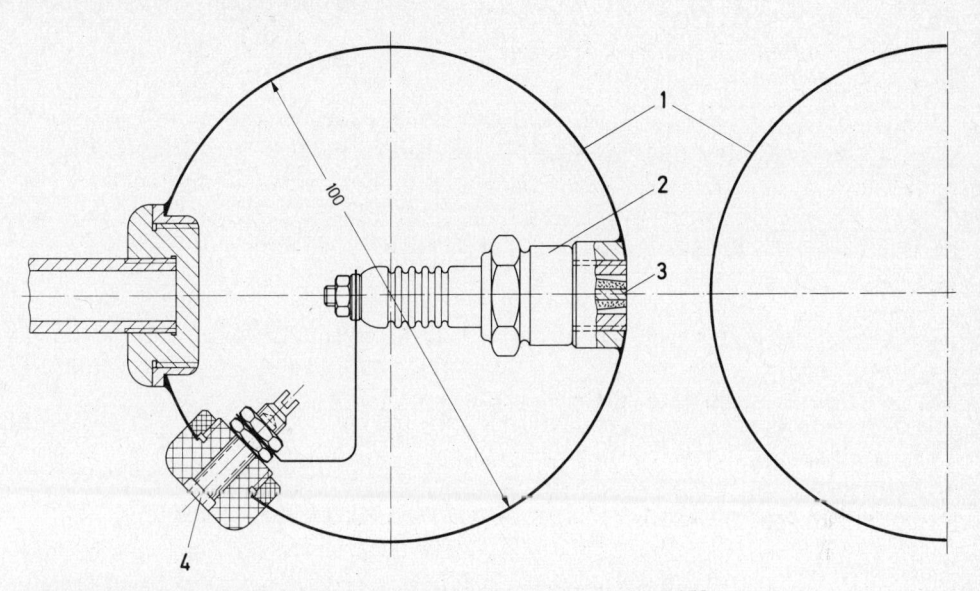

## 2.4. Bauelemente für Hochspannungsschaltungen

**Bild 2.4-5.** Dreielektrodenfunkenstrecke für Arbeitsspannungen bis 140 kV
1 Hauptelektroden     3 Zündkerze
2 Zündelektrode     4 Anschlußbuchse für Auslöseimpuls

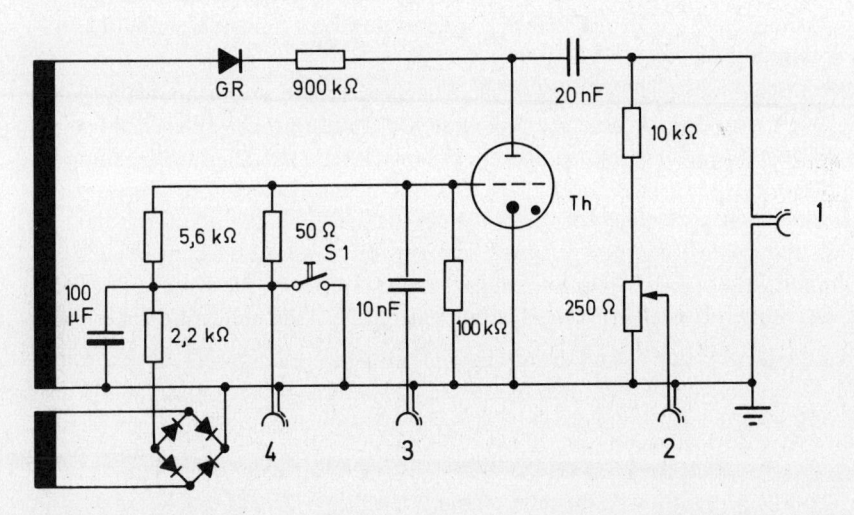

**Bild 2.4-6.** Schaltbild für ein Zündgerät zur gesteuerten Auslösung von Stoßspannungskreisen

Eine einfache Schaltung für ein Zündgerät zur gesteuerten Auslösung von Stoßspannungskreisen ist in Bild 2.4-6 angegeben. Nach dem Durchzünden des Thyratrons Th entsteht am Ausgang 1 ein negativer Spannungsimpuls, der einer Dreielektrodenfunkenstrecke direkt oder über ein Verzögerungskabel zugeführt wird. Für die Triggerung eines Oszillo-

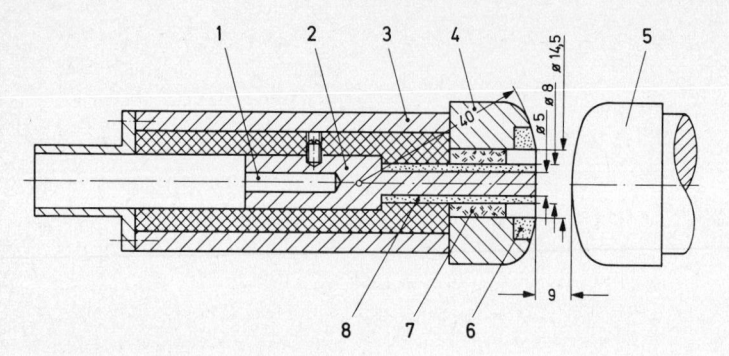

**Bild 2.4-7.** Dreielektrodenfunkenstrecke für hohe Strombelastbarkeit und kleine Zündverzugszeiten im Spannungsbereich von 15 bis 20 kV

1 Zündkabelanschluß
2 Zündelektrode
3 Anschluß des Arbeitsstromkreises
4 Elektrodenkopf
5 Gegenelektrode
6 Hartmetalleinsatz (Krümmungsradius des Bohrungsrandes r = 0,6 mm)
7 Zentrierung für Zündelektrode (PTFE)
8 Keramik

grafen kann vom Ausgang 2 ein Impuls abgenommen werden. Das Durchzünden des Thyratrons kann durch externes Kurzschließen der Buchse 4, durch Drücken des internen Schließkontaktes S1 oder durch Anlegen eines positiven Spannungsimpulses an die Buchse 3 eingeleitet werden.

Für die gleichzeitige Auslösung von kapazitiven Energiespeichern im Spannungsbereich von 15 ... 20 kV wurde die in Bild 2.4-7 dargestellte Dreielektroden-Funkenstrecke mit einer statischen Ansprechspannung von 25 kV entwickelt. Bei Zündstoßspannungen mit einer Steilheit von etwa 1 kV/ns liegt die Zündverzugszeit unter 50 ns [*Petersen* 1965]. Diese kleinen Zündverzugszeiten sind bei den dargestellten Abmessungen der Zündelektrode und deren Isolierung gemessen worden. Um diese Abmessungen auch nach einer großen Zahl von Entladungen zu gewährleisten, müssen die Werkstoffe der Zündelektrode und der Zündelektrodenisolierung eine große Abbrandfestigkeit besitzen.

Bei höheren Anforderungen an Strombelastbarkeit, zeitliche Streuung des Auslösezeitpunktes und Arbeitsbereich müssen dem jeweiligen Verwendungszweck angepaßte Konstruktionen von Schaltfunkenstrecken und Zündsystemen gewählt werden.

### 2.4.4. Hochspannungs-Baukasten

Im Zusammenhang mit der Entwicklung von Einrichtungen für das Hochspannungsinstitut der Technischen Universität München wurde von *H. Prinz* und seinen Mitarbeitern in Zusammenarbeit mit der Industrie ein System von Bauelementen entwickelt, das durch die Übereinstimmung der äußeren Abmessungen einen übersichtlichen und raschen Aufbau von Schaltungen für Versuche eines Hochspannungspraktikums ermöglicht [*Prinz, Zaengl* 1960]. Das System ist inzwischen weiter vervollkommnet worden.

## 2.4. Bauelemente für Hochspannungsschaltungen

Natürlich können die im Abschnitt 3 beschriebenen Versuche mit jeder beliebigen Ausführung von Hochspannungs-Bauelementen durchgeführt werden. Dennoch sollen hier die im Hochspannungspraktikum der Technischen Universität Braunschweig vorzugsweise verwendeten Elemente des erwähnten Hochspannungs-Baukastens[1]) in Ergänzung zum Schrifttum kurz beschrieben werden.

Die Abmessungen eines Grundelements für 100 kV Wechselspannung oder 140 kV Gleich- und Stoßspannung sind in Bild 2.4-8 angegeben. Es besitzt ein Hartpapierrohr von 110 mm Außendurchmesser als Gehäuse, die Isolierlänge beträgt 500 mm. Die an den Enden angebrachten Aluminiumflansche tragen einen mit einer Ringnut versehenen zylindrischen Anschlußbolzen zum Einstecken oder Einhängen in entsprechende Halterungen. Bild 2.4-9 zeigt, wie ein Grundelement mit den zum mechanischen und elektrischen Zusammenbau eines Hochspannungskreises erforderlichen Hilfselementen verbunden werden kann. Der Anschluß- und Befestigungsbolzen für den Einbau der Bauelemente im Hochspannungsbaukasten kann für eine anderweitige Verwendung der Bauelemente herausgeschraubt werden. Für die im Abschnitt 3 beschriebenen Versuche des Hochspannungspraktikums werden die in Tabelle 2.4-1 zusammengestellten Bauteile des Hochspannungs-Baukastens verwendet.

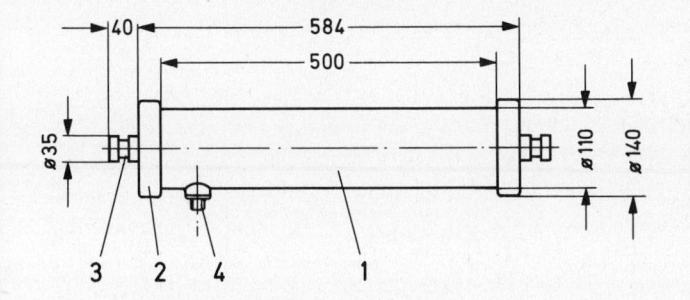

**Bild 2.4-8**
Grundelement des Hochspannungsbaukastens
1 Isolierrohr
2 Metallflansch
3 Anschluß- und Befestigungsbolzen
4 Meßanschluß für Koaxialkabel

Bei den Bauelementen CM, RM, CB und RE ist seitlich am Isolierrohr der in Bild 2.4-8 eingezeichnete Meßanschluß für Koaxialkabel angebracht, der bei Nichtbenutzung kurzzuschließen ist. Neben den Grundelementen stehen im Hochspannungs-Baukasten Bauteile zur Verfügung, die die gleichen Anschlußmaße wie die Grundelemente haben (Isolierstützer IS, Kugelfunkenstrecke KF, leitende Verbindung V) oder jedenfalls in ihren äußeren Abmessungen dem Baukastensystem angepaßt sind wie 100 kV-Prüftransformatoren, Meßfunkenstrecken, Isoliergefäße für Untersuchungen bis 6 bar sowie ein Preßgaskondensator als Normalkondensator für Verlustfaktormessungen.

In Bild 2.4-10 ist schließlich eine Greinacher-Verdoppelungsschaltung nach Bild 1.2-5 dargestellt, und zwar einmal als Raumschaltbild mit der räumlichen Anordnung der einzelnen Schaltelemente und als Fotografie der ausgeführten Schaltung.

---
[1]) Hersteller: Meßwandler-Bau GmbH, Bamberg

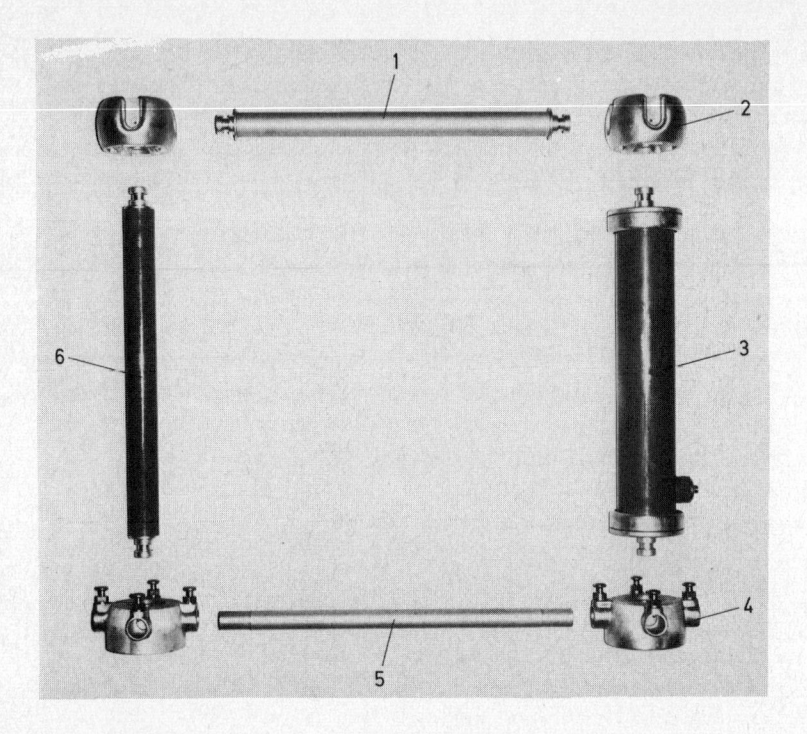

**Bild 2.4-9.** Hilfselemente zum elektrischen und mechanischen Einbau eines Grundelementes des Hochspannungsbaukastens
1 leitende Verbindung der Knotenpunkte
2 Knotenpunkt
3 Grundelement
4 Fußteil
5 leitende Verbindung der Fußteile
6 Isolierstützer

**Tabelle 2.4-1.** Grundelemente des Hochspannungs-Baukastens

| Kurzzeichen | Bauelement | Betriebsdaten |
|---|---|---|
| CM | Meßkondensator | WS 100 kV, 100 pF |
| RM | Meßwiderstand | GS 140 kV, 140 MΩ |
| GR | Selengleichrichter | Scheitelsperrspannung 140 kV, 5 mA |
| RS | Schutzwiderstand | Stoß, GS 140 kV, 10 MΩ, 60 W |
| CS | Stoßkondensator | Stoß, GS 140 kV, 6 nF |
| CB | Belastungskondensator | Stoß, GS 140 kV, 1,2 nF |
| RD | Dämpfungswiderstand | Stoß 140 kV, 400 Ω (1,2/50) 830 Ω (1,2/5) |
| RE | Entladewiderstand | Stoß 140 kV, 9500 Ω (1,2/50) 485 Ω (1,2/5) |

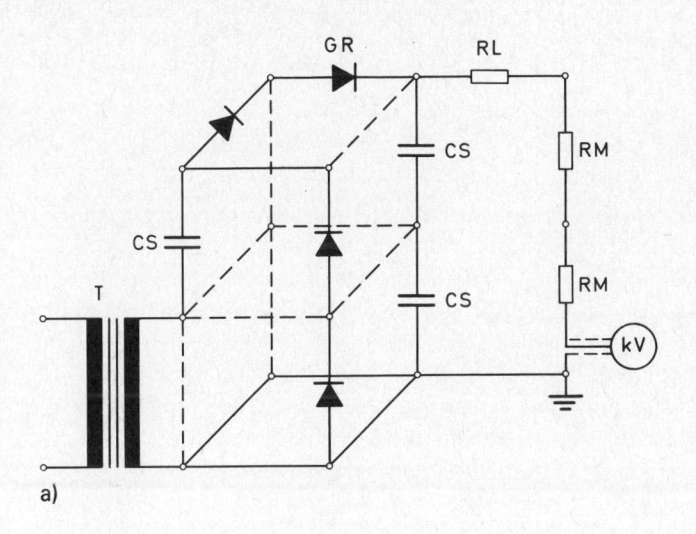

## 2.4. Bauelemente für Hochspannungsschaltungen

a)

b)

**Bild 2.4-10.** Aufbau einer Greinacher-Verdopplungsschaltung für 280 kV, 5 mA mit dem Hochspannungsbaukasten
a) Raumschaltbild, b) aufgebaute Schaltung (Foto Meßwandler-Bau, Bamberg)

# 3. Hochspannungspraktikum

Im Hochspannungspraktikum soll den Studierenden Gelegenheit gegeben werden, die in den theoretischen Lehrveranstaltungen erworbenen Kenntnisse durch eigene experimentelle Erfahrung zu vertiefen. Die Versuche können entweder in kleinen Gruppen von 3 bis 6 Teilnehmern unter Anleitung durch einen Betreuer oder auch als Gemeinschaftsübungen mit großer Teilnehmerzahl durchgeführt werden. Obwohl Gruppenübungen eine größere Anzahl von Versuchsanlagen und damit eine Beschränkung der Spannungshöhe erfordern, sind sie im Hinblick auf die nur bei kleinen Gruppen mögliche aktive Beteiligung der Teilnehmer vorzuziehen. Im Zusammenhang mit der zum Schutz von Menschen und Einrichtungen zwingenden Beachtung der Sicherheits- und Bedienungsvorschriften gewinnt der Begriff der selbständigen und verantwortlichen Durchführung besondere Bedeutung.

Für die hier geschilderten zwölf Versuche, die sich in gleicher oder leicht abgewandelter Form am Hochspannungsinstitut der Technischen Universität Braunschweig und an anderen Lehranstalten bewährt haben, liegt eine Durchführung in kleinen Gruppen und eine Beschränkung auf Spannungen bis etwa 100 kV zugrunde. Einzelne Erscheinungen, die in typischer Form nur bei sehr hohen Spannungen auftreten, können gegebenenfalls auch in einer ergänzenden Gemeinschaftsübung vorgeführt werden. Stets werden sich Auswahl und Durchführung der Versuche nach den räumlichen, technischen und personellen Gegebenheiten zu richten haben.

Die ersten sechs der wiedergegebenen Versuche entsprechen einem Grundlagenpraktikum, das als Ergänzung zu einer Vorlesung für alle Studierenden der Elektrotechnik im 3. Studienjahr empfohlen werden kann. Der Versuch „Wechselspannungen" behandelt experimentelle Grundlagen und Sicherheitsfragen, die für die meisten anderen Versuche unentbehrlich sind. Deshalb wird dringend empfohlen, diesen Versuch zuerst durchzuführen. Die Reihenfolge der weiteren Versuche kann dann beliebig gewählt werden.

Die zweiten sechs Versuche entsprechen einem Fortgeschrittenen-Praktikum, das Studierenden, die sich näher in das Gebiet der Hochspannungstechnik einarbeiten wollen, weitergehende Kenntnisse und Erfahrungen vermittelt. Die Versuche beschäftigen sich mit besonderen physikalischen Erscheinungen, mit Fragen der Meß- und Prüftechnik und mit Überspannungen in Netzen.

Voraussetzung für eine sinnvolle Teilnahme ist eine gründliche Vorbereitung; in jeder Versuchsbeschreibung ist angegeben, welche Abschnitte außer den Grundlagen des betreffenden Versuchs bekannt sein müssen. Bei der Versuchsdurchführung sollten sich die Teilnehmer in Protokollführung, Bedienung und Ablesung von Steuer- und Meßeinrichtungen abwechseln. Die Auswertung kann entweder unmittelbar im Anschluß an die Versuche unter Anleitung durch den Betreuer oder in einem später einzureichenden Bericht erfolgen.

Die gesamte Dauer eines Versuches sollte etwa 3 Stunden nicht überschreiten. Als ungefähre Zeiteinteilung können 30 Minuten für die Vorbesprechung und Bestätigung der erforderlichen Vorkenntnisse, 120 Minuten für die eigentliche Versuchsdurchführung, 30 . . . 60 Minuten für die Auswertung unmittelbar im Anschluß an die Versuche gewählt werden. Bei der selbständigen Ausarbeitung eines Versuchsberichts ist der zeitliche Aufwand, aber auch der Nutzen für den Studierenden im allgemeinen erheblich größer.

Vor Beginn des ersten Versuchs muß jeder Teilnehmer am Hochspannungspraktikum durch seine Unterschrift bestätigen, daß er die Sicherheitsvorschriften (siehe Anhang 1) zur Kenntnis genommen hat. Die Versuchsschaltungen sind von den Teilnehmern des Praktikums aufzubauen, doch muß jede Schaltung vor Versuchsbeginn durch den Betreuer überprüft werden. Eingriffe in das Sicherheitssystem der Anlagen sind grundsätzlich verboten!

## 3.1. Versuch „Wechselspannungen"

Für die meisten Hochspannungsprüfungen wird Wechselspannung benötigt. Entweder erfolgen die Untersuchungen unmittelbar mit dieser Spannungsart, oder man braucht sie in Schaltungen zur Erzeugung hoher Gleich- und Stoßspannungen.

Die in diesem Versuch behandelten Themen können in folgenden Stichworten zusammengefaßt werden:

Sicherheitseinrichtungen
Prüftransformatoren
Scheitelwertmessung
Effektivwertmessung
Kugelfunkenstrecken

Vorausgesetzt wird die Kenntnis der Abschnitte

1.1. Erzeugung und Messung hoher Wechselspannungen,
2.3. Schaltungen für Hochspannungsversuche,
Anhang 1 Sicherheitsvorschriften.

### 3.1.1. Grundlagen

*a) Einrichtungen der Versuchsstände*

Für die Versuche stehen durch Metallgitter abgesperrte Versuchsstände nach 2.1.1 zur Verfügung, in denen die Hochspannungsversuche aufgebaut werden können. Zur Standardausrüstung gehören die Bedienungspulte mit der Netzversorgung, den Schaltungen für die Sicherheitseinrichtungen und den Meßgeräten. Die Schaltungen für das Bedienungspult sind in den Bildern 2.3-2 und 2.3-3 angegeben. Zur Spannungsmessung sind in jedem Pult ein Gerät zur Messung der Primärspannung des Transformators und ein Scheitelspannungsmeßgerät SM vorgesehen. Der umschaltbare Unterkondensator des Spannungsteilers ist im SM eingebaut.

*b) Verfahren zur Messung hoher Wechselspannungen*

Wie unter 1.1 gezeigt, können hohe Wechselspannungen nach verschiedenen Verfahren gemessen werden. In diesem Versuch sollen davon folgende angewandt werden:

Ermittlung aus den Durchschlagswerten $\hat{U}_d$ für eine Kugelfunkenstrecke

Messung von $\hat{U}$ mit einem Scheitelspannungsmeßgerät SM am Unterkondensator eines Spannungsteilers

Messung von $U_{eff}$ mit einem elektrostatischen Gerät

Ermittlung von $\hat{U}$ in der Schaltung nach *Chubb* und *Fortescue*.

### 3.1.2. Durchführung

Bei diesem Versuch werden folgende Schaltungselemente mehrfach verwendet:

T  Prüftransformator
   Nennübersetzung 220 V/100 kV, Nennleistung 5 kVA

SM Scheitelspannungsmeßgerät nach Bild 1.1-10 mit eingebautem umschaltbarem Unterspannungskondensator. Anschluß an CM über Koaxialkabel

KF Kugelfunkenstrecke, D = 100 mm

CM Meßkondensator, 100 pF

*a) Überprüfung der Versuchsanlage*

Der Übersichtsschaltplan des Schaltpults und der Stromlaufplan des Sicherheitskreises (Beispiele in Bild 2.3-2 und 2.3-3) sind zu diskutieren und nach Möglichkeit anhand eines Wirkschaltbildes der Versuchsanlage zu verfolgen.

Das Schaltbild der Versuchsanlage läßt eine Reihe von Maßnahmen zur Gewährleistung der Sicherheit gegen elektrische Unfälle erkennen. Die einwandfreie Funktion des Sicherheitskreises und die Erfüllung der Sicherheitsvorschriften nach Anhang 1 sind praktisch zu überprüfen.

*b) Spannungsmessungen nach verschiedenen Verfahren*

Ein Prüftransformator T wird nach Bild 3.1-1 einpolig gegen Erde geschaltet. Das Verhältnis der sekundären zur primären Nennspannung wird mit ü bezeichnet. Hochspannungsseitig werden ein Meßkondensator CM, eine Kugelfunkenstrecke KF und ein elektrostatischer Spannungsmesser angeschlossen.

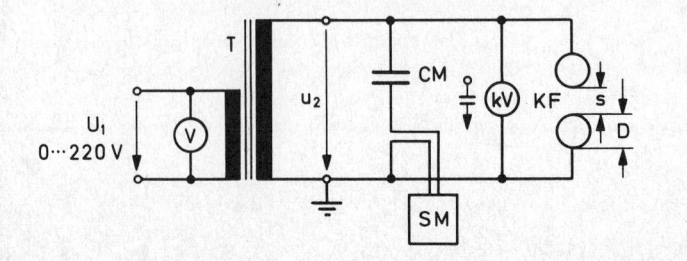

**Bild 3.1-1** Schaltung des Prüfkreises

## 3.1. Versuch „Wechselspannungen"

Für die Schlagweiten s = 10, 20, 30, 40 und 50 mm ist die Durchschlagsspannung der Kugelfunkenstrecke nach folgenden Verfahren zu ermitteln:

$U_{2\,eff}$ durch Messung (elektrostatischer Spannungsmesser, direkt oder über einen kapazitiven Teiler)

$\hat{U}_2/\sqrt{2}$ durch Messung (kapazitiver Teiler mit Scheitelspannungsmeßgerät SM)

$\hat{U}_d/\sqrt{2}$ aus den Tabellen für Kugelfunkenstrecken, z.B. VDE 0433-2 unter Berücksichtigung der Luftdichte

$\hat{U}_2/\sqrt{2}$ nach dem Verfahren von *Chubb* und *Fortescue*

Zum späteren Vergleich ist ferner folgende Meßgröße zu bestimmen:

ü $U_1$ durch Messung (Drehspulinstrument mit Gleichrichter im Schaltpult).

Die Kugeloberfläche ist vor Beginn der Messungen zu polieren, und es sollen zunächst mehrere Durchschläge zur Beseitigung etwaiger Staubteilchen durchgeführt werden. Danach sind für jede Schlagweite 5 Meßwerte aufzunehmen, aus denen das arithmetische Mittel zu bilden ist.

Zur Ermittlung des Scheitelwerts nach dem Verfahren von *Chubb* und *Fortescue* wird statt des SM ein Gerät in der Schaltung nach Bild 1.1-9 angeschlossen. Der fertig verdrahtete Niederspannungsteil enthält zwei Halbleiterdioden $D_1$ und $D_2$ sowie einen Meßwiderstand von 1 kΩ im Meßzweig zum Anschluß eines Oszillografen. Als Strommesser ist ein Drehspulinstrument Klasse 1 mit 1,5 mA Vollausschlag zu verwenden. Die Kurvenform der mit dem SM gemessenen Spannung ist über den zur Meßeinrichtung gehörigen Unterkondensator des kapazitiven Spannungsteilers zu oszillografieren und zu skizzieren. Desgleichen ist der Verlauf des Stromes im Meßzweig aufzunehmen. Dabei muß geprüft werden, ob die bei dem Verfahren gestellten Bedingungen an die Kurvenform erfüllt sind. Als Beispiel sind in Bild 3.1-2 Verläufe dargestellt, die als gerade noch zulässig zu beurteilen sind.

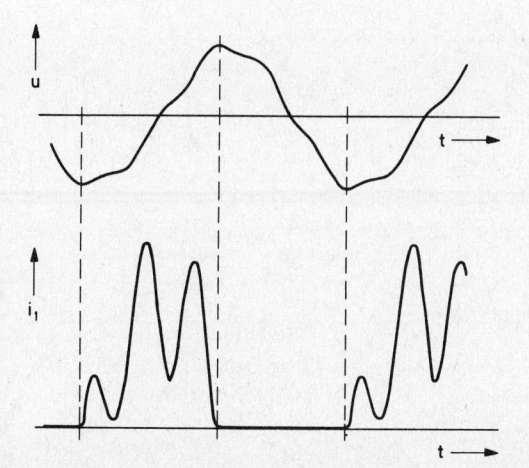

**Bild 3.1-2**
Kontrolloszillogramm vom Verlauf der Hochspannung und des Meßstromes beim Verfahren nach Chubb und Fortescue

**Anmerkung:** Normalerweise werden bei einem Prüftransformator keine starken Abweichungen der Spannung vom sinusförmigen Verlauf vorliegen. Zur Demonstration kann man stark verzerrte Verläufe erzeugen, indem man eine Induktivität auf der Niederspannungsseite in Reihe zum Prüftransformator schaltet. Dabei erzeugt der nicht sinusförmige Magnetisierungsstrom an der Induktivität einen verzerrten Spannungsabfall, wodurch die Eingangsspannung und damit auch die Hochspannung des Transformators verzerrt werden.

### 3.1.3. Ausarbeitung

Die nach 3.1-2b auf unterschiedliche Weise ermittelten Durchschlagswerte $\hat{U}_d$ einer Kugelfunkenstrecke sind in einem Diagramm in Abhängigkeit von s darzustellen. Die Ursache der Abweichung ist qualitativ zu begründen.

*Beispiel:* Bild 3.1-3 zeigt das geforderte Diagramm. Die Meßwerte wurden für eine verhältnismäßig stark verzerrte Spannungsform aufgenommen, wie sie in Bild 3.1-2 dargestellt ist. Die atmosphärischen Bedingungen waren b = 1015 mbar und T = 296 K. Die Tabellenwerte der Durchschlagsspannung $\hat{U}_{d_0}$ nach VDE 0433-2 betragen:

| s in mm | 10 | 20 | 30 | 40 | 50 |
|---|---|---|---|---|---|
| $\hat{U}_{d_0}$ in kV | 31,7 | 59 | 84 | 105 | 123 |

Aus den einzelnen Meßpunkten für $\hat{U}_d/\sqrt{2}$ = d $\hat{U}_{d_0}/\sqrt{2}$ ist für das Verfahren nach *Chubb* und *Fortescue* der Proportionalitätsfaktor zwischen $\hat{U}_2/\sqrt{2}$ und $\bar{I}_1$ zu bestimmen und mit dem berechneten Wert zu vergleichen. Die gemessenen Vergleichspunkte sind mit entsprechender Kennzeichnung im Diagramm mit einzutragen.

In Anlehnung an Bild 3.1-2 ist der zeitliche Verlauf von $i_1$ im Fall einer nicht sattelfreien Meßspannung $u_2$ zu skizzieren. Ferner soll gezeigt werden, warum bei der Verwendung von Ventilen das Meßergebnis verfälscht wird.

Schrifttum: *Potthoff, Widmann* 1965; *Schwab* 1969; *Stamm, Porzel* 1969; *Kuffel, Abdullah* 1970

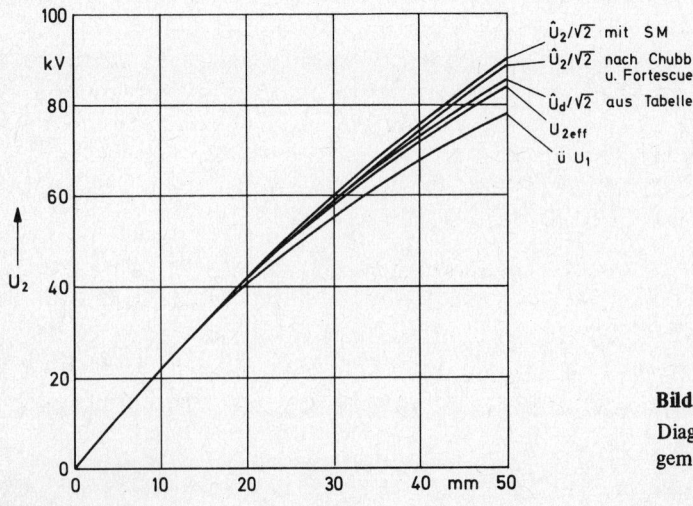

**Bild 3.1-3**
Diagramm der nach 3.1.2b gemessenen Spannungen

## 3.2. Versuch „Gleichspannungen"

Zur Prüfung von Isolierungen, für die Aufladung kapazitiver Energiespeicher und für viele andere Anwendungen in Physik und Technik werden hohe Gleichspannungen benötigt. Die in diesem Versuch behandelten Themen können in folgenden Stichworten zusammengefaßt werden:

Gleichrichterkennlinien
Überlagerungsfaktor
Greinacher-Veroppelungsschaltung
Polaritätseffekt
Isolierschirme

Vorausgesetzt wird die Kenntnis des Abschnitts 1.2 Erzeugung und Messung hoher Gleichspannungen

Achtung: Bei Gleichspannungsversuchen ist erhöhte Vorsicht erforderlich, da die Hochspannungskondensatoren bei vielen Schaltungen auch lange Zeit nach Abschaltung der Anlage ihre volle Spannung behalten. Erdungsvorschrift sorgfältig beachten! Auch nicht benutzte Kondensatoren können gefährliche Ladungen aufnehmen!

### 3.2.1. Grundlagen

*a) Erzeugung hoher Gleichspannungen*

Hohe Gleichspannungen für Prüfzwecke werden meist durch Gleichrichtung und erforderlichenfalls Vervielfachung aus hohen Wechselspannungen erzeugt. Eine wichtige Grundschaltung hierfür ist die Greinacher-Veropplungsschaltung nach Bild 1.2-5, die gleichzeitig als Grundstufe einer Greinacher-Kaskade anzusehen ist. Der Einschwingvorgang dieser Schaltung ist anhand der Potentialverläufe von Bild 3.2-1 zu verfolgen: Nach dem Einschalten des Transformators steigt das Potential von a und b gemäß der kapazitiven Spannungsteilung an, da $V_2$ geöffnet ist. Zum Zeitpunkt $t_1$ schließt $V_2$ und das Potential von b bleibt konstant. Die Diode $V_1$ verhindert, daß das Potential von a kleiner als 0 wird. Es fließt während der Zeit $t_2$ bis $t_3$ ein Strom über $V_1$, durch den $C_1$ umgeladen wird. Bei $t_4$ erfolgt abermals eine Spannungsteilung, und der Vorgang wiederholt sich, bis der eingeschwungene Zustand erreicht ist.

Schließt man an die Gleichspannung einen Meßkondensator an, so kann man durch oszillografische Messung des durch den Kondensator fließenden Wechselstroms die Überlagerungen $u(t) - \overline{U}$ nach Abschnitt 1.2.10 bestimmen. Verwendet man einen kapazitiven Spannungsteiler und schließt ein Scheitelspannungsmeßgerät an, so ist dessen Anzeige proportional dem Scheitelwert $\delta U$. Für den Fall kleiner Überlagerungen gilt die Beziehung:

$$\delta U \approx \overline{I}_g \frac{1}{2fC}$$

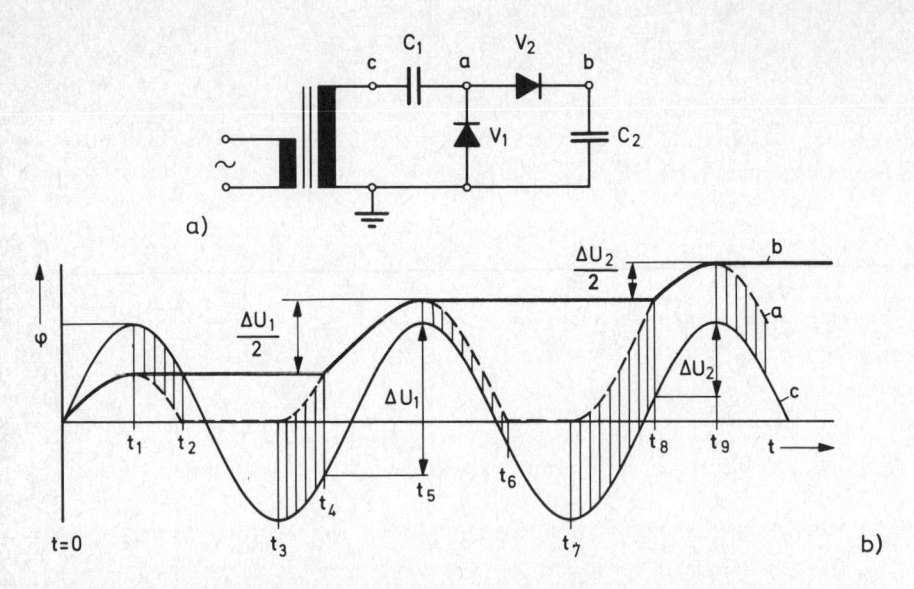

**Bild 3.2-1.** Schaltbild und Potentialverläufe an einer Greinacher-Verdopplungsschaltung
a) Schaltbild, b) Potentialverläufe

### b) Polaritätseffekt einer Spitze-Platte-Funkenstrecke

Vor einer Elektrode mit starker Krümmung kommt es in Luft bei Überschreiten der Einsetzungsspannung zu Stoßionisation. Die Elektronen verlassen im elektrischen Feld ihrer großen Beweglichkeit wegen rasch das Ionisationsgebiet. Die langsameren Ionen bilden vor der Spitze eine positive Raumladung und verändern, wie in Bild 3.2-2 dargestellt, die Potentialverteilung.

Bei negativer Spitze wandern die Elektronen zur Platte. Die verbleibenden Ionen führen unmittelbar an der Spitze zu sehr hohen Feldstärken, während der übrige Feldraum nur geringe Potentialdifferenzen aufweist. Das Vorwachsen von Entladungskanälen in Richtung zur Platte wird hierdurch erschwert.

Bei positiver Spitze wandern die Elektronen zur Spitze, die verbleibenden Ionen vermindern die Feldstärke unmittelbar vor der Spitze. Da jedoch hierdurch die Feldstärke in Richtung zur Platte steigt, wird das Vorwachsen von Entladungskanälen begünstigt.

### c) Isolierschirme in stark inhomogenen Anordnungen in Luft

Bei Elektrodenanordnungen im stark inhomogenen Feld treten vor dem vollkommenen Durchschlag Raumladungen auf, deren Verteilung von wesentlichem Einfluß auf die Durchschlagsspannung ist. Dünne Schirme aus Isoliermaterial behindern die Ausbreitung der den Feldstärkeverlauf verändernden Raumladungen. Durch die sich auf den Schirmen ansammelnden Ladungsträger entsteht eine Flächenladung mit der gleichen Polarität wie die der Spitze. Isolierschirme bewirken daher je nach ihrer Anordnung im Feldraum eine unter Umständen beträchtliche Veränderung der Durchschlagsspannung.

## 3.2. Versuch „Gleichspannungen"

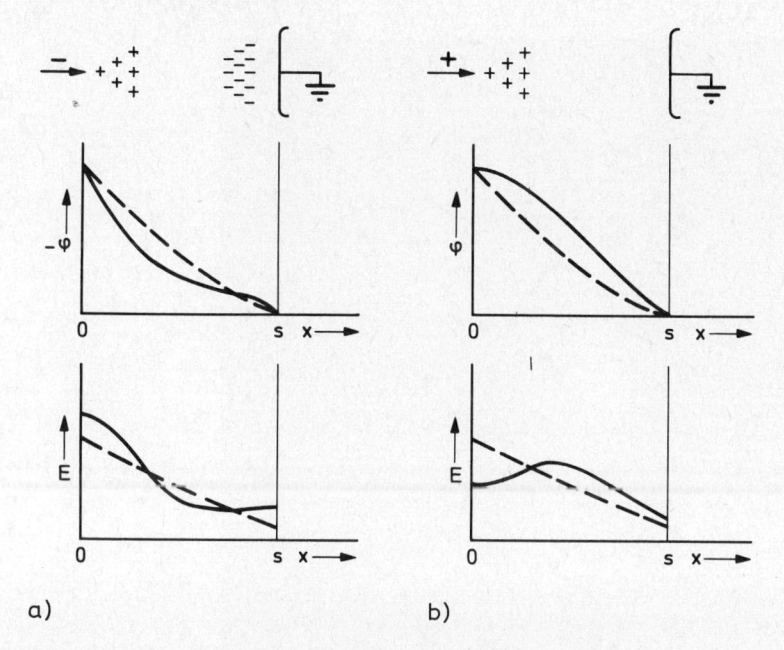

**Bild 3.2-2.** Polaritätseffekt an einer Spitze-Platte-Funkenstrecke
a) Spitze negativ,   b) Spitze positiv

Bild 3.2-3 zeigt das Ergebnis eines Experimentes, mit dem die Wirkung dünner Schirme im inhomogenen Feld veranschaulicht werden soll. In der Achse einer Spitze-Platte-Funkenstrecke wurde eine fotografische Platte angeordnet. Zwischen den Elektroden wurde 9 mm vor der Spitze senkrecht zur Fotoplatte ein Isolierschirm aufgesetzt. Die nach einer Beanspruchungszeit von einigen Sekunden mit einer positiven Gleichspannung von 45 kV erhaltene Belichtung der Fotoplatte ist im Bild dargestellt.

Befindet sich der Schirm unmittelbar auf einer der Elektroden, so ist er ohne Wirkung, da sich die Raumladung entweder ungehindert ausbilden kann oder der Schirm sofort durchschlagen wird. Im homogenen Feld ist ein Schirm ohne Einfluß, da keine Raumladungen auftreten.

### 3.2.2. Durchführung

Bei diesem Versuch werden folgende Schaltungselemente mehrfach verwendet:

T   Zweipolig isolierter Prüftransformator mit Mittenanzapfung der Hochspannungswicklung, Nennübersetzung 220 V/50–100 kV, Nennleistung 5 kVA
GR  Selengleichrichter, Scheitelsperrspannung 140 kV, Nennstrom 5 mA
SM  Scheitelspannungs-Meßgerät (siehe 3.1)
GM  Gleichspannungs-Meßgerät (Drehspulstrommesser für Anschluß an RM, 1 mA $\triangleq$ 140 kV, Klasse 0,5)

RM = 140 MΩ, RS = 10 MΩ, CS = 6000 pF, CB = 1200 pF, CM = 100 pF.

**Bild 3.2-3.** Entladungsbild zur Veranschaulichung des Feldes an einer Spitze-Platte-Funkenstrecke mit einem Isolierschirm

### a) Belastungskennlinie von Selengleichrichtern

Unter Verwendung der oben genannten Bauteile ist die Schaltung nach Bild 3.2-4 aufzubauen. In der Erdverbindung von T wird hierbei mit einem Strommesser mit Drehspulmeßwerk der arithmetische Mittelwert $\overline{I}_g$ des Stromes durch die Gleichrichter gemessen. Die Wechselspannung ist auf $\hat{U}/\sqrt{2} = 50$ kV einzustellen. Die Höhe der Gleichspannung $\overline{U}$ ist für folgende Fälle zu messen:

Belastung nur durch Meßwiderstand RM ($\overline{I}_g \approx 0{,}5$ mA)
Zusatzbelastung durch RS ($\overline{I}_g \approx 5$ mA).

## 3.2. Versuch „Gleichspannungen"

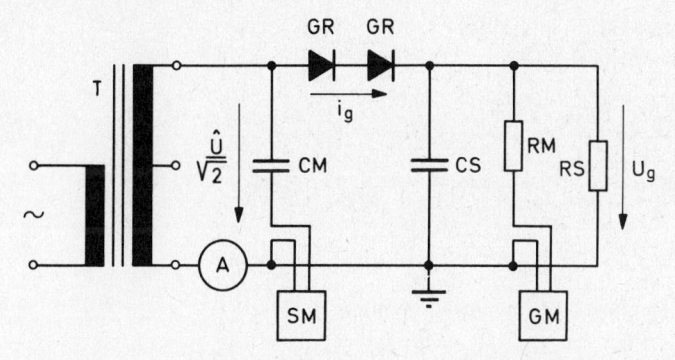

**Bild 3.2-4.** Versuchsaufbau zur Ermittlung der Belastungskennlinie von Selengleichrichtern

### b) Bestimmung des Überlagerungsfaktors

Die Schaltung ist entsprechend Bild 3.2-5 zu einer Zweiweg-Gleichrichtung zu erweitern. Parallel zum Scheitelspannungsmeßgerät ist ein Kathodenstrahloszillograf KO anzuschließen. Zu messen sind der Gleichstrom $\overline{I_g}$ sowie der Scheitelwert der Überlagerungen $\delta U$ mit Hilfe des Scheitelspannungsmeßgerätes SM unter gleichzeitiger oszillografischer Beobachtung.

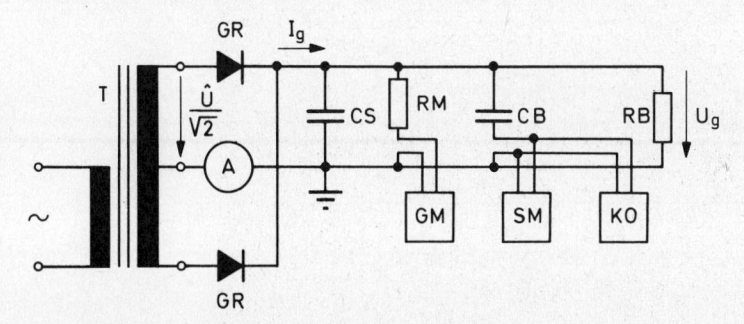

**Bild 3.2-5.** Versuchsaufbau zur Bestimmung des Überlagerungsfaktors

### c) Greinacher-Verdopplungsschaltung

Es ist eine Schaltung nach Bild 3.2-6 aufzubauen. Der Potentialverlauf des Punktes b der Schaltung gegen Erde ist zu oszillografieren. Die Höhe der an b auftretenden Gleichspannung und die Primärspannung des Transformators sind zu messen.

### d) Polaritätseffekt

Parallel zum Meßwiderstand RM ist in die Schaltung nach 3.2-6 eine Spitze-Platte-Funkenstrecke in Reihe mit einem Schutzwiderstand von etwa 10 kΩ einzusetzen. Die Durchschlagsspannung dieser Funkenstrecke ist bei beiden Polaritäten für die Schlagweite s = 10, 20, 40, 60 und 80 mm zu messen. Die Transformatorspannung darf bei diesem Versuch nicht über 50 kV gesteigert werden, um eine Überlastung der Gleichrichter und Kondensatoren zu vermeiden!

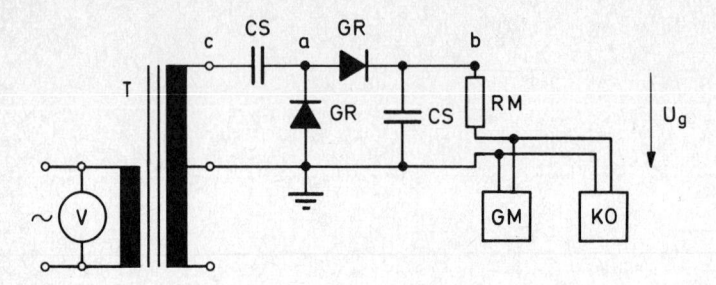

**Bild 3.2-6.** Versuchsaufbau einer Greinacher-Verdopplungsschaltung

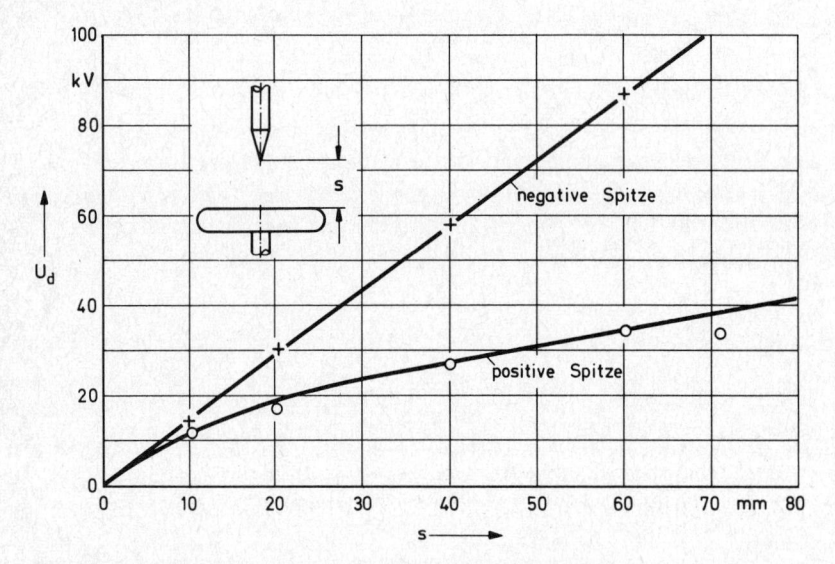

**Bild 3.2-7.** Polaritätseffekt an einer Spitze-Platte-Funkenstrecke

Bei der Durchführung dieser Messungen ergab sich die in Bild 3.2-7 dargestellte Abhängigkeit der Durchschlagsspannung von der Schlagweite. Es zeigt sich, daß bei grösseren Schlagweiten und positiver Spitze der Überschuß an positiven Ionen im Feldraum zu einer niedrigen Durchschlagsspannung führt.

*e) Isolierschirme*

Der Aufbau von d) bleibt erhalten. Die Funkenstrecke ist auf s = 70 mm einzustellen. Durch eine Vorrichtung wird ein Papierschirm zwischen den Elektroden senkrecht zur Achse verstellbar gehalten (siehe Bild 3.2-3). Die Durchschlagsspannung $\overline{U}_d$ ist für positive Spitze mit Schirm für x = 0, 10, 20, 40, 60 und 80 mm zu messen.

Bei der Durchführung dieser Messungen ergab sich die in Bild 3.2-8 dargestellte Abhängigkeit der Durchschlagsspannung von der Position des Schirmes.

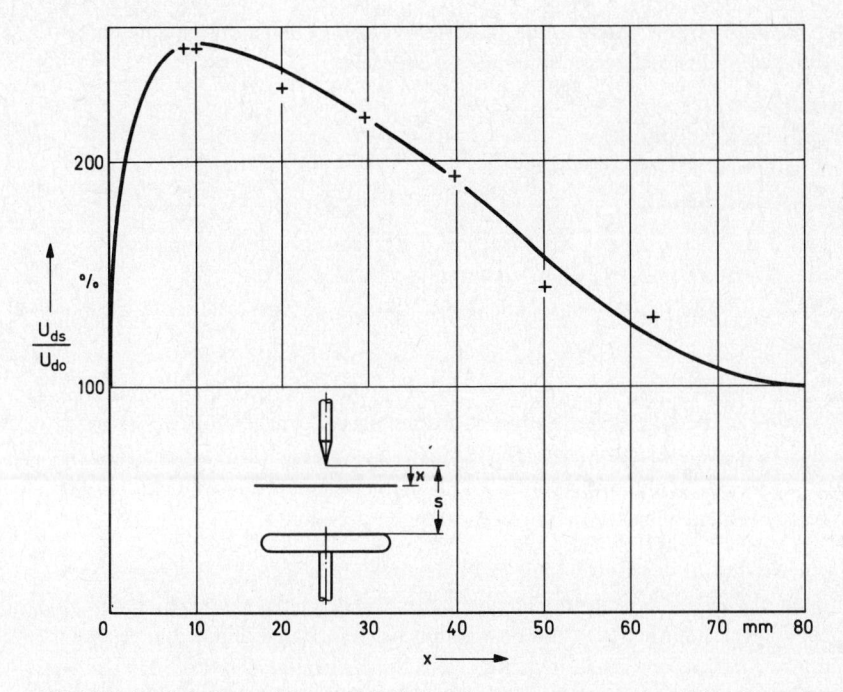

**Bild 3.2-8.** Einfluß dünner Schirme auf die Durchschlagsspannung einer Spitze-Platte-Funkenstrecke

### 3.2.3. Ausarbeitung

Der ungefähre Verlauf der bei a) aufgenommenen Belastungskennline $\overline{U} = f(\overline{I}_g)$ ist zu zeichnen. Die Zahl der in Reihe geschalteten Gleichrichterplatten für $U_{Zelle} = 0,6$ V und k sollen berechnet werden.

Der bei b) gemessene Wert des Überlagerungsfaktors ist mit dem berechneten zu vergleichen.

Wie groß ist bei den Messungen nach c) die relative Abweichung der tatsächlichen Gleichspannungen vom idealen Wert, errechnet aus der Primärspannung des Transformators?

Die bei d) gemessenen Werte der Durchschlagsspannung für beide Polaritäten sind in Abhängigkeit von der Schlagweite grafisch darzustellen.

Der Wert von $\overline{U}_d$ mit Schirm, bezogen auf den Wert ohne Schirm, ist in Abhängigkeit von x darzustellen.

Schrifttum: *Marx* 1952; *Lesch* 1959; *Roth* 1959; *Kuffel, Abdullah* 1970

## 3.3. Versuch „Stoßspannungen"

Hochspannungsgeräte müssen den im Betrieb auftretenden äußeren und inneren Überspannungen standhalten. Zum Nachweis der erforderlichen Sicherheit werden die Isolierungen mit Stoßspannungen geprüft. Die in diesem Versuch behandelten Themen können in folgenden Stichworten zusammengefaßt werden:

Blitzstoßspannungen
Einstufige Stoßspannungsschaltungen
Scheitelwertmessung mit Kugelfunkenstrecken
Durchschlagswahrscheinlichkeit.

Vorausgesetzt wird die Kenntnis der Abschnitte 1.3 Erzeugung und Messung von Stoßspannungen, Anhang 5: Statistische Auswertung von Meßwerten.

### 3.3.1. Grundlagen

*a) Erzeugung von Stoßspannungen*

Die Kenngrößen des zeitlichen Verlaufes von Stoßspannungen sind in Bild 1.3-2 angegeben. In diesem Versuch werden vorwiegend Blitzstoßspannungen mit einer Stirnzeit $T_s = 1,2$ $\mu s$ und einer Rückenhalbwertszeit $T_r = 50$ $\mu s$ verwendet. Diese Form 1,2/50 wird in den meisten Fällen für Stoßspannungsprüfungen gewählt.

Stoßspannungen werden in der Regel nach einer der beiden in Bild 1.3-3 dargestellten Grundschaltungen erzeugt. Die Zusammenhänge zwischen der Größe der Schaltelemente und den Kenngrößen des zeitlichen Verlaufs wurden bei 1.3.3 angegeben. Bei der Dimensionierung von Stoßkreisen ist zu beachten, daß die Kapazität des Prüflings parallel zu $C_b$ geschaltet ist und sich dadurch vor allem die Stirnzeit und der Ausnutzungsgrad $\eta$ ändern können. In den Vorschriften ist hierauf durch die verhältnismäßig großen Toleranzen für $T_s$ Rücksicht genommen worden.

*b) Zündverzugszeit*

Der Durchschlag von Gasen kommt durch Stoßionisation einer lawinenartig wachsenden Anzahl von Gasmolekülen zustande. Bei Funkenstrecken in Luft nimmt die Entladung bei zufällig im Feldraum an günstiger Stelle vorhandenen Ladungsträgern ihren Anfang. Fehlt in dem Augenblick, in dem eine Spannung einen zur Ionisierung ausreichenden Wert, die Einsetzspannung $U_e$, überschreitet, ein Ladungsträger an geeigneter Stelle, so verzögert sich der Entladungseinsatz um eine Zeitspanne, die statistische Streuzeit $t_s$ genannt wird. Weiterhin vergeht auch nach dem Starten der ersten Elektronenlawine noch eine Zeit, die zum Aufbau des Funkenkanals nötig ist und Aufbauzeit $t_a$ genannt wird. Die gesamte Zündverzugszeit zwischen dem Überschreiten von $U_e$ zum Zeitpunkt $t_1$ und dem Beginn des Spannungszusammenbruches beim Durchschlag setzt sich aus beiden Anteilen zusammen:

$$t_v = t_s + t_a$$

Diese Zusammenhänge sind in Bild 3.3-1 dargestellt.

*c) Durchschlagswahrscheinlichkeit*

Als Durchschlagsbedingung kann man näherungsweise fordern, daß die Zeit, während der die Prüfspannung $U_e$ überschreitet (Bild 3.3-1), größer ist als die Zündverzugszeit $t_v$. Da nun $t_v$ wegen der statistischen Streuung von $t_s$ und auch einer Streuung von $t_a$

## 3.3. Versuch „Stoßspannungen"

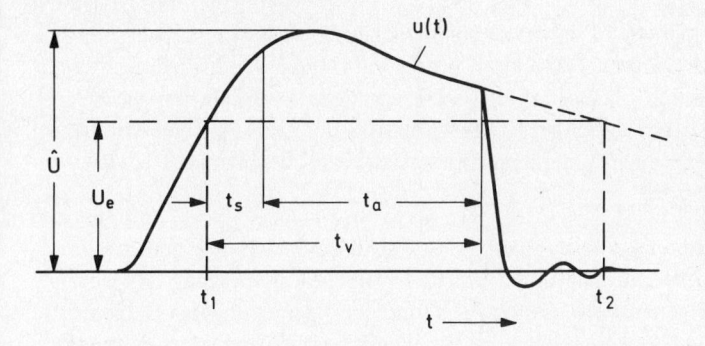

**Bild 3.3-1**
Zur Bestimmung der Zündverzugszeit bei einem Stoßspannungsdurchschlag

nicht konstant ist, führt die wiederholte Beanspruchung einer Funkenstrecke mit Stoßspannungen von konstantem Scheitelwert $\hat{U} > U_e$ nicht in jedem Fall zum Durchschlag. Zu einem mittleren Wert der Zündverzugszeit gehört aber auch ein mittlerer Wert der Durchschlagsspannung $U_{d-50}$, bei dessen Anwendung die Hälfte aller Beanspruchungen zum Durchschlag führt. Man spricht von der Durchschlagswahrscheinlichkeit P für einen bestimmten Scheitelwert $\hat{U}$ einer Stoßspannung von gegebenem zeitlichen Verlauf. Die Verteilungsfunktion $P(\hat{U})$ ist in Bild 1.3-7 am Beispiel einer Kugelfunkenstrecke dargestellt. Sie ist 0 für $\hat{U} < U_e$ und erreicht dann zunächst einen unteren Grenzwert $U_{d-0}$, der als „Stehstoßspannung" bezeichnet wird und dessen Kenntnis für die Festigkeitsberechnung von Anlagen wichtig ist. $U_{d-50}$ ist der für Meßfunkenstrecken zugrunde zu legende Wert. Die „gesicherte Durchschlagsspannung" $U_{d-100}$ stellt die für Schutzfunkenstrecken bedeutungsvolle obere Grenze des Streubereiches dar. Nähere Angaben hierzu enthält VDE 0433-3.

$U_{d-0}$ und vor allem $U_{d-100}$ sind wegen des asymptotischen Verhaltens der Verteilungsfunktion nicht exakt meßbar, lassen sich jedoch mit befriedigender Genauigkeit bestimmen, wenn man die Zahl der Versuche der Breite des Streubereiches anpaßt. Aber auch bei Meßreihen mit nur wenigen Meßpunkten können Durchschlagswahrscheinlichkeiten näherungsweise ermittelt werden, wenn man eine Annahme über die Verteilungsfunktion macht. Nimmt man eine Gaußsche Normalverteilung an, so kann mit dem arithmetischen Mittelwert $U_{d-50}$ und der Standardabweichung s nach Anhang 5 eine in praktischen Fällen bewährte Näherung benutzt werden:

$$U_{d-0} \approx U_{d-50} - 3s$$
$$U_{d-100} \approx U_{d-50} + 3s$$

Bei der Auswertung von Meßreihen bedient man sich oft einer Darstellung der Meßpunkte auf Wahrscheinlichkeitspapier. Kann der Verlauf durch eine Gerade angenähert werden, so ist anzunehmen, daß eine Normalverteilung vorliegt.

### d) Einfluß des Feldverlaufes

Im homogenen oder nur schwach inhomogenen elektrischen Feld der Kugelfunkenstrecke ist die Aufbauzeit $t_a$ bei gegebenem Spannungsverlauf ungefähr konstant. Sie liegt bei einer Beanspruchung von etwa 5 % über $U_e$ in der Größenordnung von 0,2 μs. Die

Durchschlagswahrscheinlichkeit wird daher im wesentlichen von der statistischen Verteilung der Streuzeiten $t_s$ bestimmt. Diese kann durch Versorgung der Entladungsstrecke mit Ladungsträgern, z.B. durch UV-Bestrahlung stark vermindert werden. Bei geringer Überspannung kann die mittlere statistische Streuzeit trotz Bestrahlung Werte von über 1 µs erreichen. Sowohl $t_a$ als auch $t_s$ nehmen mit wachsender Überspannung $\hat{U}/U_e$ sehr schnell ab.

Im inhomogenen elektrischen Feld, z.B. einer Spitze-Platte-Funkenstrecke oder bei technischen Anordnungen, verläuft die räumliche und zeitliche Entwicklung des Durchschlags anders als im homogenen Feld. Durch die räumliche Begrenzung des Gebietes, in dem der Entladungseinsatz erfolgen kann, ist die Wahrscheinlichkeit, zum Zeitpunkt $t_1$ dort einen freien Ladungsträger anzutreffen, gering. Der Streubereich der Durchschlagsspannung nimmt daher mit zunehmendem Grad der Inhomogenität zunächst zu. Bei Anordnungen, deren Einsetzspannung weit unterhalb der Durchschlagsspannung liegt, werden dagegen rechtzeitig Ladungsträger nahe den Elektroden gebildet, so daß eine Streuung infolge mangelnder Ladungsträger beim Erreichen der möglichen Durchschlagsspannung nicht mehr auftritt.

Im stark inhomogenen Feld erfordert jedoch der Aufbau des Funkenkanals eine vergleichsweise größere Zeit als im homogenen Feld, die hohe Trägerdichte muß aus dem Bereich höchster Feldstärke in feldschwache Gebiete vorgetragen werden, $t_a$ nimmt zu und unterliegt entsprechend den Zufälligkeiten der räumlichen Ausbildung des Durchschlagskanals einer erheblichen Streuung. Anhand dieser Überlegungen läßt sich veranschaulichen, daß die Durchschlagsspannung einer solchen Anordnung vor allem bei großen Schlagweiten stärker streut als etwa die einer Kugelfunkenstrecke.

### 3.3.2. Durchführung

Bei diesem Versuch werden folgende Schaltungselemente mehrfach verwendet:

T  Prüftransformator, Nennübersetzung 220 V/100 kV, Nennleistung 5 kVA
GR  Selengleichrichter, Scheitelsperrspannung 140 kV, Nennstrom 5 mA
F  Zündfunkenstrecke als Kugelfunkenstrecke mit Hilfselektrode nach Bild 2.4-5
   D = 100 mm
ZG  Zündgerät zur Erzeugung von 5 kV Spannungsimpulsen nach Bild 2.4-6
UG  Gleichspannungsmeßgerät (Drehspulstrommesser für Anschluß an RM,
   1 mA $\hat{=}$ 140 kV, Klasse 1)
KF  Kugelfunkenstrecke, D = 100 mm

Die benutzten Bauelemente besitzen die Daten:
CS = 6000 pF, CB = 1200 pF, RS = 10 MΩ,
RM = 140 MΩ, CM = 100 pF
Für Stoßspannung 1,2/50:   RD = 416 Ω, RE = 9500 Ω
Für Stoßspannung 1,2/5:    RD = 830 Ω, RE =  485 Ω

## 3.4. Versuch „Elektrisches Feld"

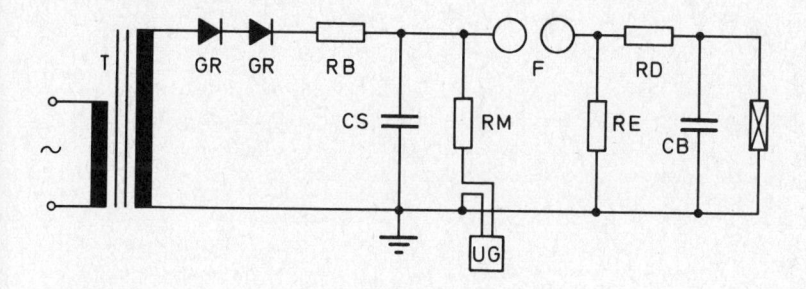

**Bild 3.3-2.** Versuchsaufbau einer einstufigen Stoßanlage

### a) Untersuchung einer einstufigen Stoßanlage

Es ist eine einstufige Stoßanlage in Schaltung b nach Bild 3.3-2 aufzubauen. Bei einer Ladegleichspannung $U_0$ von etwa 90 kV ist der Spannungsausnutzungsgrad $\eta$ der Anlage zu ermitteln. Der Scheitelwert der Stoßspannung $\hat{U}$ ist dabei mit einer Kugelfunkenstrecke KF zu bestimmen. Dazu wird die Funkenstrecke mit einer Anzahl von Stoßspannungen konstanten Scheitelwerts beansprucht und die Schlagweite solange verstellt, bis etwa die Hälfte aller Stöße zum Durchschlag führt. Aus der Schlagweite ist unter Berücksichtigung der Luftdichte der Stoßspannungsscheitelwert zu bestimmen. Diese Messung ist bei beiden Polaritäten für die Stoßspannung 1,2/50 durchzuführen, ferner bei negativer Polarität für die Spannung 1,2/5. Mit den für die Stoßspannung 1,2/5 vorgesehenen Elementen ist weiterhin der Ausnutzungsgrad in Schaltung a zu ermitteln.

Bei einer Ausführung dieses Versuches für die Schaltung b bei der Spannungsform 1,2/50 mit der relativen Luftdichte von d = 0,97 ergaben sich die Werte

| | |
|---|---|
| Ladespannung | : 90 kV |
| Schlagweite der Kugelfunkenstrecke | : 24,5 mm |
| $\hat{U}_d$ nach Tafel | : 70,7 kV |
| $\hat{U}_d$ für d = 0,97 | : 68,5 kV |
| $\eta$ | : 76,2 % |
| Aus den Elementen errechnet sich $\eta$ zu | : 83,3 % |

### b) Verteilungsfunktion der Durchschlagswahrscheinlichkeit

Die einstufige Stoßanlage ist nach 3.3.2a in Schaltung b zur Erzeugung einer positiven 1,2/50-Blitzstoßspannung aufzubauen. An die als Dreielektrodenfunkenstrecke ausgebildete Zündfunkenstrecke F ist nach Bild 3.3-3 über CM als Koppelkondensator das Zündgerät ZG anzuschließen, welches eine definierte Auslösung des Stoßgenerators bei einer genau einstellbaren Ladespannung gestattet. Eine Kugelelektrode ist mit einem Zündstift versehen, dem über CM ein Spannungsimpuls zugeführt wird. Der Durchschlag zwischen Zündstift und Kugel leitet den Durchbruch der Zündfunkenstrecke ein.

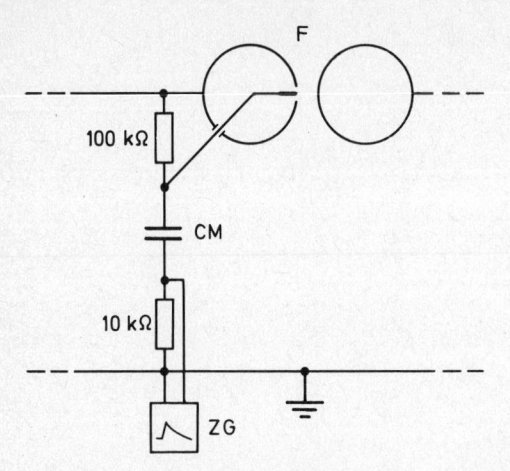

**Bild 3.3-3**
Schaltung zur Zündung einer Dreielektrodenfunkenstrecke

Die Bestimmung des Scheitelwerts der Stoßspannung soll über die Ladespannung $U_0$ unter Berücksichtigung des bei 3.3.2a ermittelten Ausnutzungsgrades erfolgen:

$$\hat{U} = \eta\, U_0$$

Dieses Verfahren ist hier zulässig, weil die Prüflingskapazität klein gegen die fest angeschaltete Belastungskapazität CB ist. Als Prüfling sollen einmal ein 10 kV Stützisolator mit Pegelfunkenstrecke (Schlagweite 86 mm) als Vertreter einer inhomogenen Feldanordnung und eine Kugelfunkenstrecke (D = 100 mm, Schlagweite 25 mm) mit nur schwach inhomogenem Feld verwendet werden. Bei der Aufnahme der Verteilungsfunktion ist die Spannung über den Bereich der Durchschlagsspannung des Prüflings in Stufen von etwa 1 kV zu steigern, bis bei 10 Stößen von zunächst 0 % schließlich 100 % Überschläge auftreten.

Die Meßwerte für beide Prüflinge sind auf Wahrscheinlichkeitspapier aufzutragen und durch eine Normalverteilung anzunähern. Daraus sind jeweils die auf Normalbedingungen umgerechneten Werte von $U_{d-50}$ und s zu ermitteln und $U_{d-0}$ und $U_{d-100}$ näherungsweise zu bestimmen. Die Ausführung dieses Versuches ergab die in Bild 3.3-4 dargestellten Verteilungsfunktionen $P(\hat{U})$. Es ist deutlich zu erkennen, daß die Streuung der Durchschlagsspannung bei der stark inhomogenen Anordnung des Stützers wesentlich größer ist als bei der Kugelfunkenstrecke.

Die Auswertung ergibt sich aus den in Bild 3.3-4 als Näherung für eine Normalverteilung eingezeichneten Geraden:

Kugelfunkenstrecke:

$U_{d-50}$ = 72,2 kV
$s$ = 1,3 kV
$v = \dfrac{s}{U_{d-50}}$ = 1,8 %
$U_{d-100}$ = 76,1 kV
$U_{d-0}$ = 68,3 kV

Stützer:

$U_{d-50}$ = 80 kV
$s$ = 4,4 kV
$v = \dfrac{s}{U_{d-50}}$ = 5,5 %
$U_{d-100}$ = 93,2 kV
$U_{d-0}$ = 66,8 kV

3.4. Versuch „Elektrisches Feld" 115

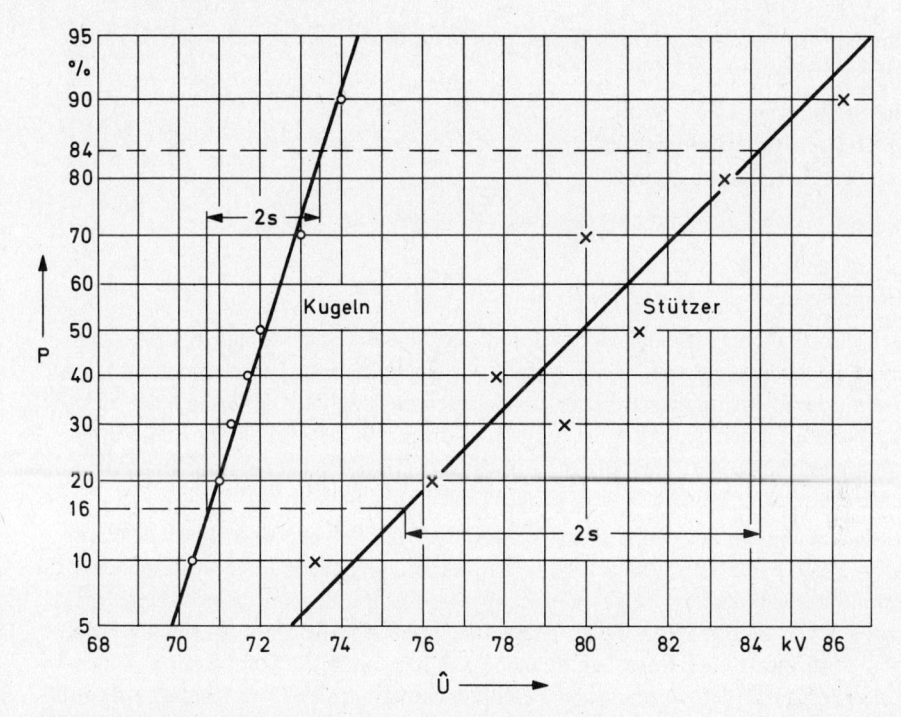

**Bild 3.3-4.** Gemessene Verteilungsfunktionen der Stoß-Durchschlagsspannungen einer Kugelfunkenstrecke und eines 10 kV Stützisolators mit Pegelfunkenstrecke

### 3.3.3. Ausarbeitung

Die sich aus den Daten der Stoßanlage nach 3.3.2a ergebenden Kenngrößen $T_s$ und $T_r$ sind zu berechnen. Der gemessene Wert des Ausnutzungsgrades ist mit dem berechneten zu vergleichen.

Die Abhängigkeit $P(\hat{U})$ soll für eine Kugelfunkenstrecke und einen Stützer nach 3.3.2b ermittelt und auf Wahrscheinlichkeitspapier dargestellt werden. Für Normalbedingungen sind die Werte $U_{d-0}$ und $U_{d-100}$ zu bestimmen.

Die Streubereiche der untersuchten Anordnungen sind zu vergleichen und die Unterschiede zu begründen.

Schrifttum: *Marx* 1952; *Lesch* 1959; *Strigel* 1955; *Kuffel, Abdullah* 1970

## 3.4. Versuch „Elektrisches Feld"

Ein Maß für die elektrische Beanspruchung eines Dielektrikums ist die elektrische Feldstärke, deren Bestimmung daher eine wichtige Aufgabe der Hochspannungstechnik ist.

Die in diesem Versuch behandelten Themen können in folgenden Stichworten zusammengefaßt werden:

Grafische Feldbestimmung
Modellmessungen im Strömungsfeld
Feldmessungen bei Hochspannung

Vorausgesetzt werden Grundkenntnisse über elektrostatische Felder.

### 3.4.1. Grundlagen

Unter der elektrischen Festigkeit eines Isolierstoffs versteht man diejenige Größe der Feldstärke, die unter gegebenen Bedingungen wie Spannungsart, Beanspruchungsdauer, Temperatur oder Elektrodenkrümmung gerade noch zulässig ist. Die Grenze der elektrischen Festigkeit einer Isolierung ist dann erreicht, wenn an irgendeiner Stelle ihre Durchschlagsfeldstärke überschritten ist. Aus diesem Grunde ist die Ermittlung der auftretenden höchsten Feldstärke von großer praktischer Bedeutung.

Die exakte Berechnung des elektrischen Feldes mit Hilfe der Maxwellschen Gleichungen [*Lautz* 1969; *Prinz* 1969] bleibt auch bei Verwendung besonderer Verfahren wie der Methode des elektrischen Bildes, der konformen Abbildung oder Koordinatentransformation auf verhältnismäßig wenige, geometrisch einfache Anordnungen beschränkt. Die durch den Einsatz elektronischer Rechenmaschinen auch für komplizierte Anordnungen möglich gewordene numerische Feldberechnung hat der Hochspannungstechnik fühlbare Fortschritte gebracht. Daneben haben sich grafische und experimentelle Verfahren zur Bestimmung des elektrischen Feldes bewährt.

*a) Grafische Feldbestimmung*

Der Verlauf der elektrischen Feldlinien wird durch die Richtung der elektrischen Feldstärke $\vec{E}$ bestimmt. Sie verlaufen an jeder Stelle orthogonal zu den Äquipotentiallinien und stehen daher auch senkrecht zu metallischen Elektrodenflächen. Unter der Voraussetzung, daß sich an der Grenzfläche zwischen zwei Dielektrika keine Flächenladungen befinden, verhalten sich die Normalkomponenten der elektrischen Feldstärken umgekehrt wie die Dielektrizitätskonstanten (DK) der Isolierstoffe. Im Gegensatz hierzu verläuft die Tangentialkomponente der elektrischen Feldstärke an Grenzflächen stetig.

Bei zweidimensionalen Feldern kann das Feldbild oft mit ausreichender Genauigkeit grafisch ermittelt werden. Das Verfahren beruht darauf, daß man Äquipotentiallinien und Feldlinien zunächst nach Abschätzung aufzeichnet und anschließend das Feldbild mit Hilfe der Grundgesetze des elektrostatischen Feldes schrittweise korrigiert. Die nach Bild 3.4-1 durch benachbarte Feldlinien begrenzten Bereiche führen alle den gleichen Verschiebungsfluß $\Delta Q = b \, l \, \epsilon_r \, \epsilon_0 \, E$, wobei mit $l$ die Ausdehnung der Anordnung senkrecht zur Zeichenebene und mit $\epsilon$ die Dielektrizitätskonstante des Dielektrikums bezeichnet sind. Setzt man für E die ebenfalls konstante Potentialdifferenz zwischen zwei benachbarten Äquipotentiallinien $\Delta \varphi = E \, a$ ein, so folgt die Bedingung:

$$\epsilon_r \frac{b}{a} = k$$

## 3.4. Versuch „Elektrisches Feld"

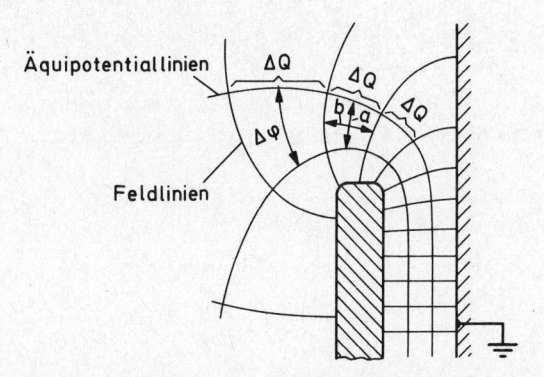

**Bild 3.4-1**
Beispiel für ein zweidimensionales Feld mit Feld- und Äquipotentiallinien

Die Konstante k kann beliebig gewählt werden. Im gezeichneten Beispiel ist b/a = 1 angenommen worden. Ist der Abstand zweier benachbarter Äquipotentiallinien an irgendeiner Stelle gleich $a_1$, so berechnet sich die elektrische Feldstärke dort zu:

$$E_1 = \frac{\Delta \varphi}{a_1}$$

Ist die Zahl der gezeichneten Äquipotentiallinien (also ohne die Elektrodenflächen) gleich m, so beträgt die gesamte anliegende Spannung:

$$U = (m + 1) \Delta \varphi$$

Ist die Anzahl der gezeichneten Feldlinien zwischen den Elektroden gleich n, so errechnet sich der gesamte Verschiebungsfluß zu:

$$Q = n \, b_1 \, l \, \epsilon_0 \, \epsilon_r \, E_1$$

Eingesetzt ergibt sich hieraus für die Kapazität der Anordnung:

$$C = \frac{Q}{U} = \frac{n}{m+1} \, k \, l \, \epsilon_0$$

Dieses Verfahren kann in abgewandelter Form auch auf dreidimensionale Felder angewendet werden, wenn diese rotationssymmetrisch sind. Eine analoge Überlegung ergibt für die Konstruktion des Feldbildes die Beziehung

$$\epsilon_r \frac{b}{a} r = k,$$

wobei mit r der Abstand des betrachteten Volumenelements von der Rotationsachse bezeichnet ist.

Die grafische Feldbestimmung kann wesentlich erleichtert werden, wenn bereits einige Anhaltspunkte über das Feldbild vorliegen. Diese kann man durch Berechnung erhalten, aus der experimentellen Bestimmung der Feldrichtung oder aus dem bekannten Potential einzelner Punkte. Zur Ermittlung der maximalen Feldstärke ist meist nicht die Kenntnis des gesamten Feldbildes erforderlich, sondern nur des Feldverlaufes an den als kritisch erkannten Stellen.

b) *Analogiebeziehungen zwischen dem elektrostatischen Feld und dem elektrischen Strömungsfeld*

Feldmessungen an Modellen machen von der Analogie zwischen dem elektrostatischen Feld und dem elektrischen Strömungsfeld Gebrauch. Es gelten folgende Beziehungen:

| Elektrostatisches Feld | Strömungsfeld |
|---|---|
| $\vec{D} = \epsilon \vec{E}$ | $\vec{S} = \kappa \vec{E}$ |
| $\iint \vec{D} \, d\vec{A} = Q$ | $\iint \vec{S} \, d\vec{A} = I$ |

$$\vec{E} = -\operatorname{grad} \varphi$$
$$\operatorname{div} \operatorname{grad} \varphi = 0$$

| | |
|---|---|
| $C = Q/U$ | $1/R = I/U$ |

Die Verteilung der Feld- und Äquipotentiallinien folgt in beiden Fällen den gleichen mathematischen Gesetzen und ist nur von der Geometrie und dem Material abhängig. Dabei entspricht der dielektrischen Verschiebung $\vec{D}$ die Stromdichte $\vec{S}$, und die Dielektrizitätskonstante $\epsilon$ des elektrostatischen Feldes wird durch die spezifische Leitfähigkeit $\kappa$ des Strömungsfeldes nachgebildet. Bei Kenntnis des ohmschen Widerstandes R einer Anordnung kann die Kapazität

$$C = \frac{1}{R} \frac{\epsilon}{\kappa}$$

errechnet werden.

Diese Analogiebeziehungen sind grundlegend für die Anwendung des elektrolytischen Troges sowie für die Nachbildung elektrischer Felder mit leitenden Papieren.

c) *Elektrolytischer Trog*

Das maßstäbliche Modell der Elektrodenanordnung wird in einen mit einem geeignetem Elektrolyten (z.B. Leitungswasser) gefüllten Trog mit Isolierwänden gestellt. Als Arbeitsspannung wird zweckmäßig Wechselspannung gewählt, um die bei Gleichspannung auftretenden Polarisationsspannungen zu vermeiden. Die Äquipotentiallinien oder Äquipotentialflächen im Strömungsfeld werden mit einer Sonde ausgemessen, der über einen Nullindikator von einem Spannungsteiler ein unterschiedliches Potential zugeführt werden kann.

Das Nachführen der Sonde entsprechend den Linien des am Teiler eingestellten Potentials und deren zeichnerische Darstellung kann von Hand oder, bei großen Anlagen, auch automatisch erfolgen. Bei der Nachbildung zweidimensionaler Felder können unterschiedliche Dielektrizitätskonstanten durch unterschiedliche Flüssigkeitshöhen im Modell nachgebildet werden, wie in Bild 3.4-2 an einer Anordnung eines Zylinders gegenüber einer Ebene gezeigt wird. Dreidimensionale Felder mit Rotationssymmetrie können sehr einfach durch einen keilförmigen Trog nachgebildet werden, während man bei nicht rotationssymmetrischen dreidimensionalen Feldern wesentlich umständlicher zu handhabende dreidimensionale Nachbildungen verwenden muß.

## 3.4. Versuch „Elektrisches Feld"

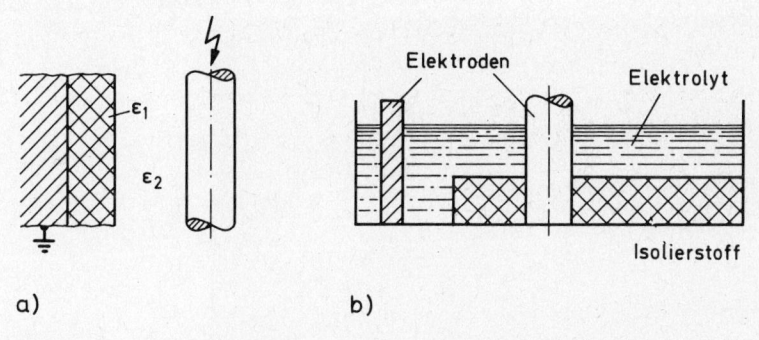

**Bild 3.4-2.** Nachbildung der Anordnung Zylinder gegenüber beschichteter Ebene im elektrolytischen Trog
a) Original,  b) Nachbildung für den Fall $\epsilon_1 = 2\epsilon_2$

### d) Nachbildung elektrischer Felder mit leitenden Papieren

Zweidimensionale Felder lassen sich auf einfache Weise und für die meisten Fälle auch mit ausreichender Genauigkeit mittels leitender Papiere ausmessen, wobei die Zahl übereinanderliegender Papiere proportional der Dielektrizitätskonstante an der betreffenden Stelle gewählt werden muß. Als leitende Papiere haben sich graphitierte Papiere mit einem Flächenwiderstand, d.h. dem Widerstand zwischen zwei gegenüberliegenden Seiten einer quadratischen Probe, von etwa 10 k$\Omega$ bewährt, wie sie für Leitbeläge von Hochspannungskabeln verwendet werden.

Die Elektrodenflächen werden durch Leitsilberanstrich, durch die Befestigung von Metallfolien, durch miteinander leitend verbundene, in eine Holzunterlage eingeschlagene Nadeln oder Stifte oder durch aufgedrückte Metallkörper nachgebildet. An den Grenzflächen zwischen Elektroden und Dielektrikum bzw. zwischen zwei verschiedenen Dielektrika müssen die übereinanderliegenden Papiere gut leitend verbunden werden. Hierzu eignen sich besonders in die Unterlage eingeschlagene Nadeln.

Ein besonderer Vorteil dieses Verfahrens liegt darin, daß das Feldbild unmittelbar auf das leitende Papier aufgezeichnet werden kann; eine Übertragung von Meßwerten und ihre Darstellung in einer besonderen Zeichnung sind daher nicht erforderlich. Das Verfahren ist grundsätzlich auch zum Ausmessen von dreidimensionalen Feldern mit Rotationssymmetrie geeignet; die Anzahl der Papierlagen muß dann proportional zum Abstand von der Rotationsachse erhöht werden.

### e) Feldmessungen bei Hochspannung

Die Richtung der Feldstärke an einzelnen Punkten einer Anordnung in atmosphärischer Luft sowie das Potential dieser Punkte können durch Hochspannungsmessungen bestimmt werden. Die fotografische Aufnahme von Vorentladungen bei abgeschnittenen Stoßspannungen kann Auskunft über die Elektrodengebiete mit höchster Feldstärke geben [Marx 1952]. Bild 3.4-3 zeigt dies am Beispiel von Plattenelektroden mit 200 mm Schlagweite, die mit abgeschnittenen Stoßspannungen von über 500 kV beansprucht wurden.

**Bild 3.4-3.** Vorentladungen einer Platte-Platte-Funkenstrecke bei Beanspruchung mit einer abgeschnittenen Stoßspannung, Schlagweite 200 mm

Bei den in erster Linie angewandten und im folgenden beschriebenen Verfahren muß darauf geachtet werden, daß die in den Feldraum eingebrachten Meßleitungen das Feldbild nur wenig beeinflussen. Diese Verfahren besitzen den entscheidenden Vorzug, daß sie an fertigen Geräten durchgeführt werden können und auch die Wirkung stationärer Raumladungen, die als Folge der hohen Spannung auftreten, mit erfassen.

Ein Verfahren zur Bestimmung der Feldstärkerichtung wurde von *M. Toepler* angegeben. Es verwendet einen stäbchenförmigen Probekörper, zumeist einen wenige Zentimeter langen Strohhalm und eignet sich für Wechsel- und Gleichspannungen. An den Enden des Strohhalms werden durch das auszumessende Feld entgegengesetzte Ladungen influenziert. Hierdurch entsteht ein Drehmoment, das den in seinem Schwerpunkt drehbar gelagerten Strohhalm in die Richtung der Feldlinien einstellt. Die Lage, in die der Probekörper ausgelenkt wird, entspricht der Richtung der Feldstärke am Ort des Probekörpers, die Parallelprojektion des Probekörpers auf eine zur Drehebene parallele Zeichenebene ermöglicht die Aufzeichnung der gefundenen Richtungen. Verändert man die Lage der an einem Isolierfaden befestigten Sonde unter Beibehaltung ihrer Drehebene und verbindet man die Schattenrisse unter Beachtung der Gesetze des elektrostatischen Feldes, so kann man angenähert ein vollständiges Feldbild konstruieren.

Die Messung der Potentialverteilung an der Oberfläche von Isolierkörpern kann bei Wechselspannung in einer Brückenschaltung nach Bild 3.4-4 erfolgen. Darin wird das

### 3.4. Versuch „Elektrisches Feld"

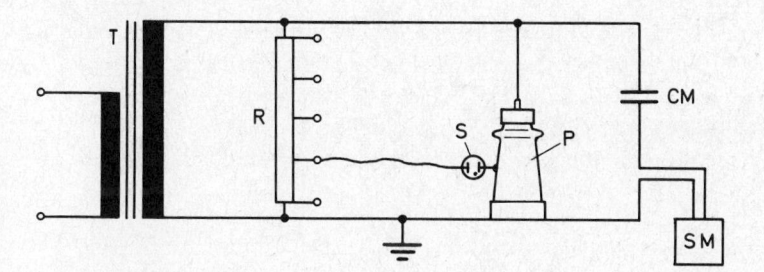

**Bild 3.4-4.** Versuchsaufbau zur Messung der Spannungsverteilung auf der Oberfläche von Hochspannungsgeräten

T Hochspannungstransformator  
R Widerstand nach Bild 2.4-1a  
S Glimmlampen niedriger Kapazität  
P Prüfling (Porzellanstützer)  
CM Meßkondensator  
SM Scheitelspannungsmeßgerät

Potential an der Oberfläche des Prüflings P mit dem bekannten Potential eines Abgriffs am Teiler R verglichen. Als Nullindikator S eignet sich besonders eine Glimmlampe sehr kleiner Kapazität, die an der Oberfläche des Prüflings P angebracht wird. Bei rotationssymmetrischen Anordnungen kann man die kapazitive Ankopplung der Glimmlampe durch Anbringen eines Drahtes auf der Isolierfläche entlang einer Äquipotentiallinie verbessern.

#### 3.4.2. Durchführung

*a) Bestimmung der Äquipotentiallinien mit leitenden Papieren*

Die Schaltung des Versuchsaufbaus ist in Bild 3.4-5 dargestellt. Ein Meßgerät enthält einen Spannungsteiler, an dem man die erforderlichen Teilpotentiale abgreifen kann sowie einen mit Verstärker und Anzeigeinstrument ausgeführten Nullindikator. Die Sonde 2 wird mit dem entsprechenden Abgriff des Teilers verbunden. Die Meßspannung beträgt einige Volt, die Meßfrequenz 50 Hz.

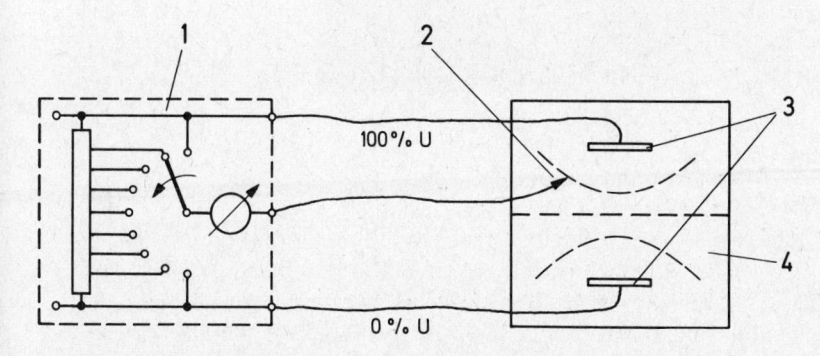

**Bild 3.4-5.** Versuchsaufbau zum Ausmessen elektrischer Felder mit leitenden Papieren
1 Äquipotentiallinien-Meßbrücke
2 Sonde
3 Elektroden
4 Leitpapier

Unter Berücksichtigung der Dielektrizitätskonstanten ist eine ebene Elektrodenanordnung nach besonderer Angabe durch leitende Papiere auf einem Brett nachzubilden. An Grenzflächen verschiedener Dielektrika sind Nadeln einzuschlagen. Die Elektroden sind mit den entsprechenden Potentialen des Spannungsteilers im Meßgerät zu verbinden. Der Verlauf der Äquipotentiallinien ist aufzunehmen und durch Nachziehen zu kennzeichnen.

Bild 3.4-6 zeigt einen Aufbau während der Messung; als Beispiel für eine Anordnung mit zweidimensionalem Feld ist die Bodenbefestigung eines Stromwandlers für eine Nennspannung von $U_n = 20/\sqrt{3}$ kV dargestellt. Für dasselbe Beispiel sind die gemessenen Äquipotentiallinien in Bild 3.4-7 noch einmal herausgezeichnet.

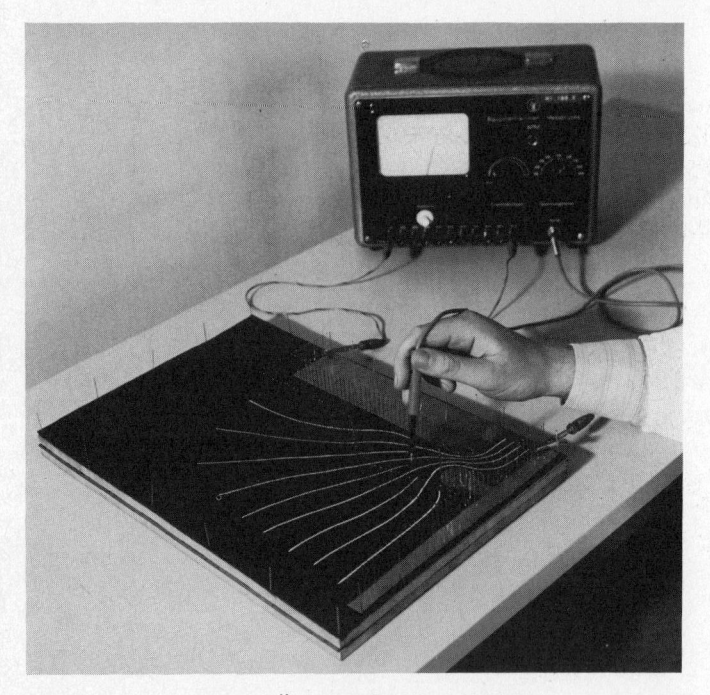

**Bild 3.4-6.** Messung mit der Äquipotentiallinien-Meßbrücke

*b) Ausmessen von Feldern bei Hochspannung*

Die in Bild 3.4-4 dargestellte Schaltung ist aufzubauen. T ist ein Prüftransformator für mindestens 30 kV, CM ein Meßkondensator, SM ein Scheitelspannungsmeßgerät nach 3.1. Für den Widerstandsspannungsteiler R eignet sich z.B. das in Bild 2.4-1a dargestellte Bauelement. Die Glimmlampe S wird auf der Oberfläche des Prüflings z.B. mit Wachs aufgeklebt. Als Prüfling P ist ein 30 kV-Stützisolator angenommen.

In einem ersten Versuch wird bei einer Wechselspannung, die etwa der Nennspannung des Prüflings entspricht, das Feldbild nach dem Strohhalmverfahren aufgenommen.

## 3.4. Versuch „Elektrisches Feld"

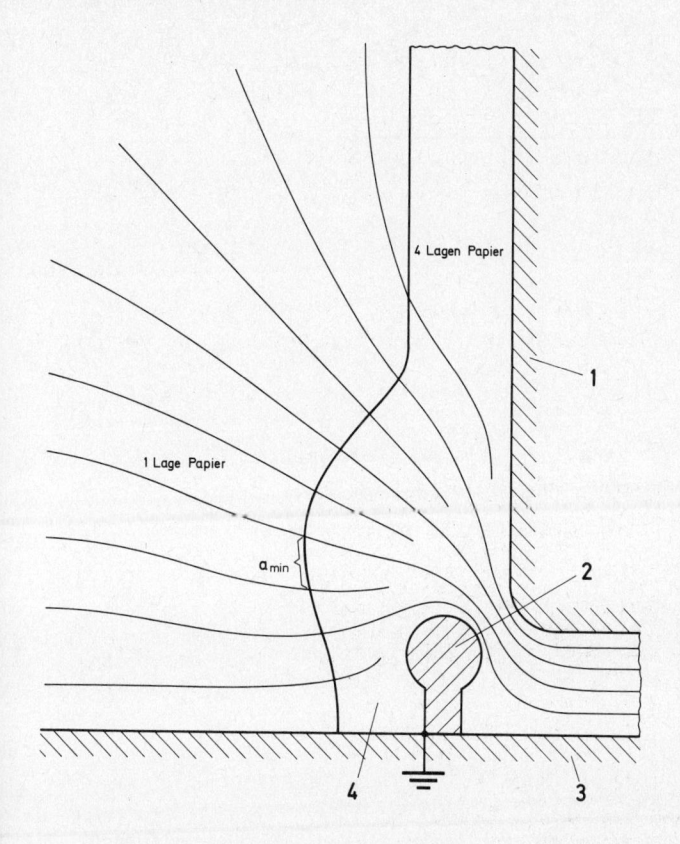

**Bild 3.4-7**
Durch Nachbildung mit einer Leitpapieranordnung gewonnene Äquipotentiallinien einer Spannungswandler-Bodenbefestigung

1 Hochspannungswicklung
2 Steuerelektrode
3 geerdete Platte
4 Isolierung (Epoxidharz)

Für eine zweite Versuchsreihe wird die Glimmlampe S auf der Prüflingsoberfläche befestigt und mit einem Abgriff an R verbunden. Bei der praktischen Durchführung der Messung ist darauf zu achten, daß die Meßgenauigkeit vom Verhältnis der — vorgegebenen — Zündspannung der Glimmlampe zur Gesamtspannung abhängt. Deshalb sollte die Gesamtspannung mindestens das 20fache der Zündspannung betragen. Das Potential der Sonde stimmt dann auf etwa 5 % der Gesamtspannung mit dem an R eingestellten Mittenpotential überein.

Bei einer Durchführung des Versuches ergaben sich die in Bild 3.4-8 dargestellten Schattenrisse der einzelnen Strohhalmlagen. Zusätzlich wurden anhand einiger nach dem Glimmlampenverfahren ermittelter Punkte und der Orthogonalitätsbedingung von Feld- und Äquipotentiallinien die Äquipotentiallinien für 25, 50 und 75 % konstruiert.

### 3.4.3. Ausarbeitung

In dem nach 3.4.2b mittels leitender Papiere aufgenommenen Äquipotentialbild sind die Stellen höchster Tangentialfeldstärke $E_t$ an der Grenzfläche Isolierkörper/Luft zu ermitteln. Dem Beispiel in Bild 3.4-6 entnimmt man als geringsten Abstand benach-

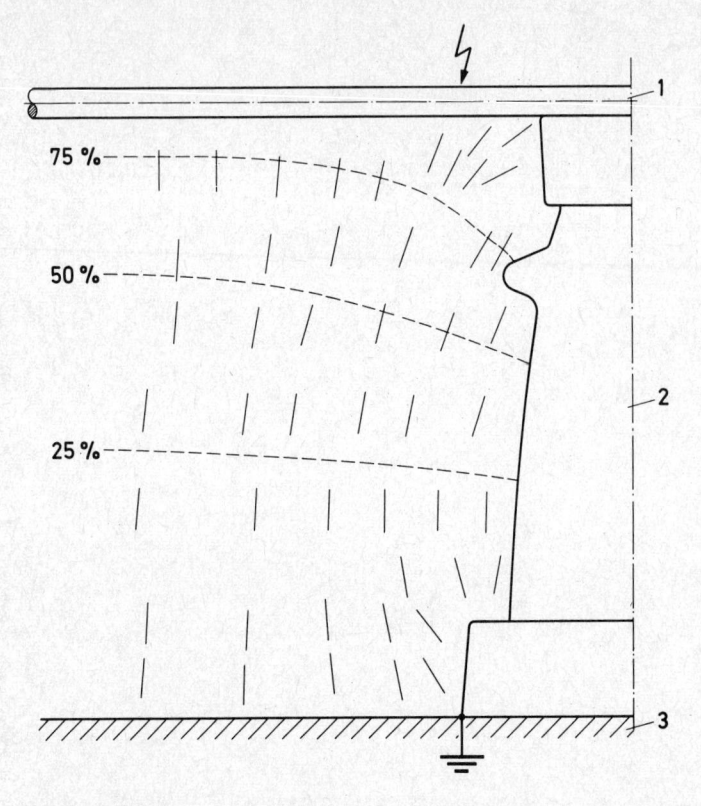

**Bild 3.4-8.** Ergebnis der Ausmessung eines elektrischen Feldes nach dem Strohhalm- und Glimmlampenverfahren
1 Nachbildung einer Sammelschiene
2 Stützisolator
3 geerdete Bodenplatte

barter Äquipotentialflächen $a_{min}$ = 9 mm. Bei Nennbetrieb ($U_n$ = 20/$\sqrt{3}$ kV) ergibt sich der als zulässig anzusehende Wert von

$$E_t = \frac{0{,}1\ U_n}{a_{min}} = 1{,}2\ \text{kV/cm}$$

Unter Verwendung der bei 3.4.5 mit dem Strohhalm- und Glimmlampenverfahren gewonnenen Ergebnisse sind einige Äquipotentiallinien in der untersuchten Halbebene im Maßstab 1:1 zu skizzieren.

Schrifttum: *Strigel* 1949; *Marx* 1952; *Küpfmüller* 1965; *Potthoff, Widmann* 1965; *Philippow* 1966

## 3.5. Versuch „Flüssige und feste Isolierstoffe"

Isolieranordnungen für hohe Spannungen enthalten meist flüssige oder feste Isolierstoffe, deren Durchschlagsfestigkeit ein Vielfaches der Festigkeit von atmosphärischer Luft beträgt. Bei der praktischen Anwendung solcher Stoffe müssen jedoch neben den physikalischen Eigenschaften auch technologische und konstruktive Gesichtspunkte berücksichtigt werden. Die in diesem Versuch behandelten Themen können in folgenden Stichworten zusammengefaßt werden:

Isolieröl und fester Isolierstoff
Leitfähigkeitsmessung
Verlustfaktormessung
Faserbrückendurchschlag
Wärmedurchschlag
Durchschlagsprüfung

Vorausgesetzt wird die Kenntnis der Abschnitte

1.1. Erzeugung und Messung hoher Wechselspannungen
1.5. Zerstörungsfreie Hochspannungsprüfungen (ohne 1.5.4).

### 3.5.1. Grundlagen

*a) Leitfähigkeitsmessung von Isolieröl*

Die spezifische Leitfähigkeit $\kappa$ eines Isolieröls ist stark von der Feldstärke, der Temperatur und von Verunreinigungen abhängig. Sie wird durch Ionenbewegung hervorgerufen und ändert sich im Bereich von 10 ... 200 ppm[1]) Wassergehalt in der Größenordnung von $10^{-15}$ bis $10^{-13}$ S/cm. Die Messung von $\kappa$ ergibt eine wichtige Aussage über den Reinheitsgrad einer Isolierflüssigkeit. Die positiven und negativen Ionen entstehen durch Dissoziation elektrolytischer Verunreinigungen. Für eine bestimmte Ionenart der Ladung $q_1$ und der Dichte $n_1$ gilt bei nicht zu hoher Feldstärke $\vec{E}$ für den zugehörigen Anteil der Stromdichte:

$$\vec{S}_1 = q_1\, n_1\, \vec{v}_1 = q_1\, n_1\, b_1\, \vec{E}$$

Hierbei sind mit $\vec{v}_1$ die Geschwindigkeit und mit $b_1$ die bei Gültigkeit des Ohmschen Gesetzes konstante Beweglichkeit bezeichnet. Für den entsprechenden Anteil der Leitfähigkeit folgt hieraus

$$\kappa_1 = q_1\, n_1\, b_1.$$

Tritt im Dielektrikum eine bestimmte Feldstärke auf, so wird zunächst ein Ausgleichsvorgang für die Dichte der verschiedenen Ionenarten ablaufen, bis sich ein Gleichgewicht zwischen Neubildung, Rekombination und Ableitung zu den Elektroden einstellt. Entsprechend den unterschiedlichen Beweglichkeiten wird dieser Ausgleichsvorgang für verschiedene Ionenarten unterschiedliche Zeiten erfordern, weshalb die resultierende

---

[1]) ppm = parts per million $\stackrel{\wedge}{=} 10^{-6}$

Leitfähigkeit κ eine Funktion der Zeit nach dem Einschalten ist. Bild 3.5-1 zeigt den grundsätzlichen Verlauf. Bei der Messung von κ wird daher empfohlen, diese Ausgleichsvorgänge abzuwarten und die Messung nach einer bestimmten Zeit, z.B. 1 min nach Anlegen der Spannung durchzuführen.

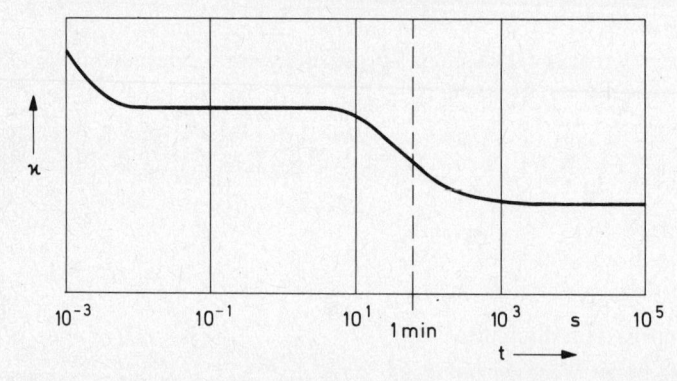

**Bild 3.5-1**
Grundsätzliche Abhängigkeit der Gleichstromleitfähigkeit eines Isolieröles von der Meßzeit

Eine zur Messung von κ geeignete Anordnung muß eine Schutzringelektrode nach Bild 1.5-2 besitzen. Das elektrische Feld sollte möglichst homogen sein. Neben Plattenelektroden werden vor allem koaxiale Zylinderelektroden verwendet (VDE 0303 und VDE 0370). Wird die Meßspannung U angelegt, so errechnet sich κ für das homogene Feld bei der Fläche A und der Schlagweite s aus dem Strom I zu

$$\kappa = \frac{I}{U} \frac{s}{A} .$$

Die zu messenden Ströme liegen meist in der Größenordnung von Picoampere. Hierfür können empfindliche Drehspul-Spiegelgalvanometer verwendet werden. Bequemer in der Handhabung und noch empfindlicher sind Strommeßgeräte mit elektronischem Verstärker.

b) *Verlustfaktormessungen von Isolieröl*

Die dielektrischen Verluste bei Wechselspannung entstehen aus Ionenleitungs- und Polarisationsverlusten. Größe und Verlauf dieser Verluste, abhängig von Temperatur, Frequenz und Spannung, sind ein Maß für die Qualität der betreffenden Isolierung. Sie geben Auskunft über physikalische Mechanismen und erlauben eine Beurteilung der Eignung für bestimmte Anwendungen.

Bild 3.5-2 zeigt Beispiele für die in der Hochspannungstechnik besonders wichtigen Abhängigkeiten des Verlustfaktors tan δ einer Isolierung von der Spannung U und der Temperatur ϑ. Aus dem Anstieg der Funktion tan δ = f(U) bei der Einsetzspannung $U_e$ kann man auf den Einsatz von Teilentladungen an oder in einem Prüfling schließen, die zusätzliche Ionisationsverluste hervorrufen. Der gezeichnete Verlauf kann jedoch auch durch feldstärkeabhängige Änderungen der elektrolytischen Leitfähigkeit hervorgerufen werden [*Kieback* 1969]. Aus dem Verlauf der Funktion tan δ = f(ϑ) ist zu erkennen, oberhalb welcher Temperatur die Verluste durch Ionenleitung jene durch Polarisation überschreiten.

## 3.5. Versuch „Flüssige und feste Isolierstoffe"

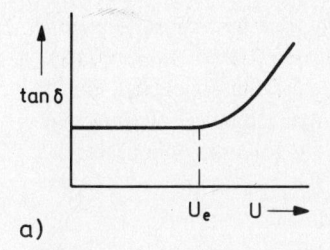

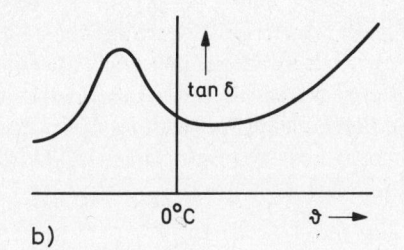

**Bild 3.5-2.** Grundsätzliche Abhängigkeit des Verlustfaktors einer Isolierung von Spannung und Temperatur
a) $\tan \delta = f(U)$,  b) $\tan \delta = f(\vartheta)$

Mit dem Verlustfaktor berechnen sich die dielektrischen Verluste einer Isolierung mit der Kapazität C bei der Kreisfrequenz $\omega$ definitionsgemäß zu:

$$P_{diel} = U^2 \omega C \tan \delta$$

Sie können in der Scheringbrücke nach Bild 1.5-4 gemessen werden, die gleichzeitig bei bekannter Kapazität $C_N$ des verlustfreien Normalkondensators eine genaue Messung der Prüflingskapazität gestattet.

Für die Bestimmung des Verlustfaktors von flüssigen oder festen Stoffen eignet sich grundsätzlich die gleiche Elektrodenanordnung wie für die Bestimmung der Gleichstromleitfähigkeit. Die Scheringbrücke erlaubt bei Abgleich unmittelbar die Ablesung des gesuchten Verlustfaktors. Soll die Dielektrizitätskonstante $\epsilon_r$ bestimmt werden, so wird neben C zweckmäßig die Kapazität der Anordnung in Luft $C_L$ gemessen, und es gilt dann:

$$\epsilon_r = \frac{C}{C_L}$$

Die Abhängigkeit von $\epsilon_r = f(U)$ oder $\epsilon_r = f(\vartheta)$ liefert ergänzende Aussagen über die physikalischen Vorgänge in einem Isolierstoff.

### c) Faserbrückendurchschlag in Isolieröl

Jeder technische flüssige Isolierstoff enthält makroskopische Verunreinigungen durch Faserteilchen aus Zellulose, Baumwolle usw. Besonders wenn diese Teilchen aus der Isolierflüssigkeit Feuchtigkeit aufgenommen haben, wirken auf sie Kräfte, die sie in den Bereich hoher Feldstärke bewegen und sie in die Richtung von $\vec{E}$ einstellen. Die physikalische Ursache der Ausrichtung der Faserteilchen ist die gleiche wie bei dem unter 3.4.1e angegebenen Strohhalmverfahren.

Aus diese Weise kommt es zur Bildung von Faserbrücken. Es entsteht ein leitender Kanal, der durch Stromwärmeverluste stark erwärmt werden kann bis zu einer Verdampfung der in den Teilchen enthaltenen Feuchtigkeit. Der dann bei verhältnismäßig niedriger Spannung einsetzende Durchschlag kann als lokaler Wärmedurchschlag an einer Fehlstelle gedeutet werden.

Dieser Mechanismus ist von so großer technischer Bedeutung, daß bei Anordnungen für hohe Spannungen freie Ölstrecken vermieden werden müssen. Hierzu werden Isolierstoffbarrieren senkrecht zur Richtung der elektrischen Feldstärke eingeführt. Im Grenzfall führt die konsequente Anwendung dieses Prinzips zur Ölpapierisolierung, die das wichtigste und sehr hoch beanspruchbare Dielektrikum für Kabel, Kondensatoren und Transformatoren darstellt.

*d) Wärmedurchschlag fester Isolierstoffe*

In festen Isolierstoffen kann ein Wärmedurchschlag entweder global, d.h. als Folge der Übererwärmung einer Isolierung insgesamt, oder lokal, d.h. als Folge der Übererwärmung einer einzelnen Fehlstelle, auftreten. Er läßt sich durch die Abhängigkeit der dielektrischen Verluste von der Temperatur erklären, deren Anstieg die Zunahme der abgeführten Wärme $P_{ab}$ überschreiten und auf diese Weise eine thermische Zerstörung des Dielektrikums einleiten kann.

Bild 3.5-3 zeigt die Verläufe der bei verschiedenen Spannungen zugeführten Leistungen $P_{diel}$ sowie der vom Prüfling abführbaren Leistung $P_{ab}$ in Abhängigkeit von der im gesamten Dielektrikum als konstant angenommenen Temperatur $\vartheta$. Der Wärmedurchschlag tritt dann ein, wenn kein stabiler Schnittpunkt der Kurven für die zu- und abgeführte Leistung existiert. Der Punkt A stellt einen stabilen Betriebspunkt dar, der Punkt B dagegen ist instabil. Erhöht man bei konstanter Umgebungstemperatur $\vartheta_u$ die Spannung, so rücken beide Schnittpunkte immer dichter zusammen, bis sie bei $U = U_k$ im Punkt C zusammenfallen. Diese Spannung nennt man Kippspannung; bei $U_k$ oder darüber ist ein stabiler Zustand nicht möglich.

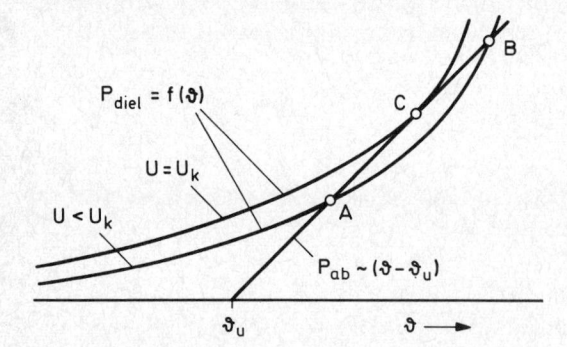

**Bild 3.5-3**
Zur Erläuterung des Wärmedurchschlags fester Isolierstoffe

Das Überschreiten von $U_k$ ist bei globalem Wärmedurchschlag durch ein Anwachsen des $\tan \delta$ bei konstanter Spannung zu erkennen. $U_k$ kann daher ohne Zerstörung des Isolierstoffes experimentell festgestellt werden. Bei Anordnungen mit inhomogenem Feld ist zu berücksichtigen, daß die spezifischen dielektrischen Verluste $P'_{diel}$ quadratisch von E abhängen:

$$P'_{diel} = E^2 \, \omega\epsilon_0 \, \epsilon_r \tan \delta$$

In Bereichen höchster Feldstärke wird daher die Gefahr für einen Wärmedurchschlag besonders groß sein. Diese ist durch Verlustfaktormessungen aber nur festzustellen,

## 3.5. Versuch „Flüssige und feste Isolierstoffe"

wenn die wegen der fortschreitenden Erwärmung steigenden dielektrischen Verluste im gefährdeten Gebiet meßtechnisch erfaßt, d.h. nicht von den gesamten dielektrischen Verlusten überdeckt werden.

### e) Durchschlagsfestigkeit fester Isolierstoffe

Die experimentell ermittelten Werte der Durchschlagsfestigkeit eines festen Isolierstoffes sind wegen der Vielzahl der möglichen Durchschlagsmechanismen stark von der Anordnung abhängig, in der sie gemessen werden. Eine besondere Schwierigkeit entsteht dadurch, daß der feste Isolierstoff im allgemeinen eine wesentlich höhere Durchschlagsfestigkeit hat als die Stoffe in der Umgebung der Prüfanordnung, so daß die Gefahr eines Überschlags entsteht. In Bild 3.5-4 sind einige einfache Möglichkeiten der Prüfkörpergestaltung dargestellt.

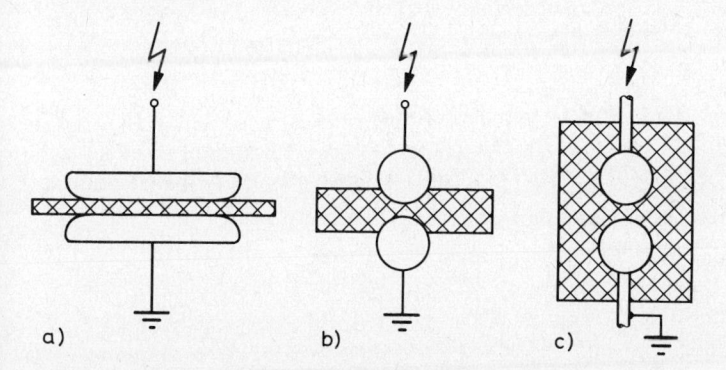

**Bild 3.5-4.** Möglichkeiten der Prüfkörpergestaltung für Durchschlagsuntersuchungen fester Isolierstoffe
a) Plattenelektroden auf folienförmigen Prüfling aufgesetzt
b) Kugelelektroden in plattenförmigen Prüfling eingesetzt
c) Kugelelektroden in Prüfling aus Epoxidharz eingegossen

Die Anordnung a), bei der zwei Plattenelektroden auf einen ebenen festen Isolierstoff aufgesetzt werden, ist in ihrer Anwendung auf sehr dünne Isolierstoffolien von Bruchteilen eines Millimeters beschränkt, da bei größeren Wandstärken höhere Spannungen zum Durchschlag erforderlich sind, die zu Gleitentladungen an den Elektrodenrändern führen. Der an diesen Stellen einsetzende Durchschlag ist weniger für das Dielektrikum als für die Anordnung der Elektroden kennzeichnend.

Eine Erhöhung der Einsetzspannung kann erreicht werden durch Einbetten der Anordnung in eine Isolierflüssigkeit. Der Einsatz störender Gleitentladungen kann nur vermieden werden, wenn das Produkt aus Dielektrizitätskonstante und Durchschlagsfeldstärke für das Einbettungsmedium größer ist als für den zu untersuchenden festen Isolierstoff. Die Anordnung ist im allgemeinen nur bis zu Durchschlagsspannungen von einigen 10 kV verwendbar.

Die Einsetzspannung von Gleitentladungen an den Elektrodenrändern kann bei plattenförmigen Feststoffen durch ein- oder zweiseitiges Einsenken von Kugelelektroden heraufgesetzt werden. Durch zusätzliches Einbetten in flüssigen Isolierstoff, z.B. Isolieröl, ist eine solche Anordnung nach b) bis etwa 100 kV verwendbar.

Kunststoffe haben eine besonders hohe Festigkeit und werden als homogene Isolierungen auch für Betriebsspannungen in der Größenordnung von 100 kV verwendet. Eine geeignete Prüfanordnung für Gießharze ist die Anordnung c), bei der zwei Kugelelektroden in einen homogenen Isolierstoffblock eingegossen werden. Bei zusätzlicher Einbettung in einen flüssigen Isolierstoff lassen sich mit dieser Anordnung Durchschlagsuntersuchungen bis zu einigen 100 kV durchführen.

Bei allen Anordnungen läßt sich die günstige Wirkung einer Einbettung in eine Isolierflüssigkeit dadurch noch verbessern, daß deren Durchschlagsfestigkeit durch die Anwendung eines erhöhten Druckes gesteigert wird [*Marx* 1952].

Die zuständigen Vorschriften (VDE 0303-2) enthalten nähere Angaben zur Durchführung der eigentlichen Messung der Durchschlagsfestigkeit.

### 3.5.2. Durchführung

*a) Messung der Gleichstromleitfähigkeit von Transformatoröl*

In der Schaltung nach Bild 3.5-5a sind ein empfindliches Strommeßgerät mit eingebauter Gleichspannungsquelle G[1]) und ein ölgefülltes Prüfgefäß P miteinander verbunden. Die Spannungsquelle liefert eine Gleichspannung U von etwa 100 V.

Das Prüfgefäß nach Bild 3.5-5b besteht aus einem Plexiglasrohr 1 und besitzt einen Boden aus Isolierstoff. Durch den Boden ist ein durchbohrter Messingbolzen 2 mit

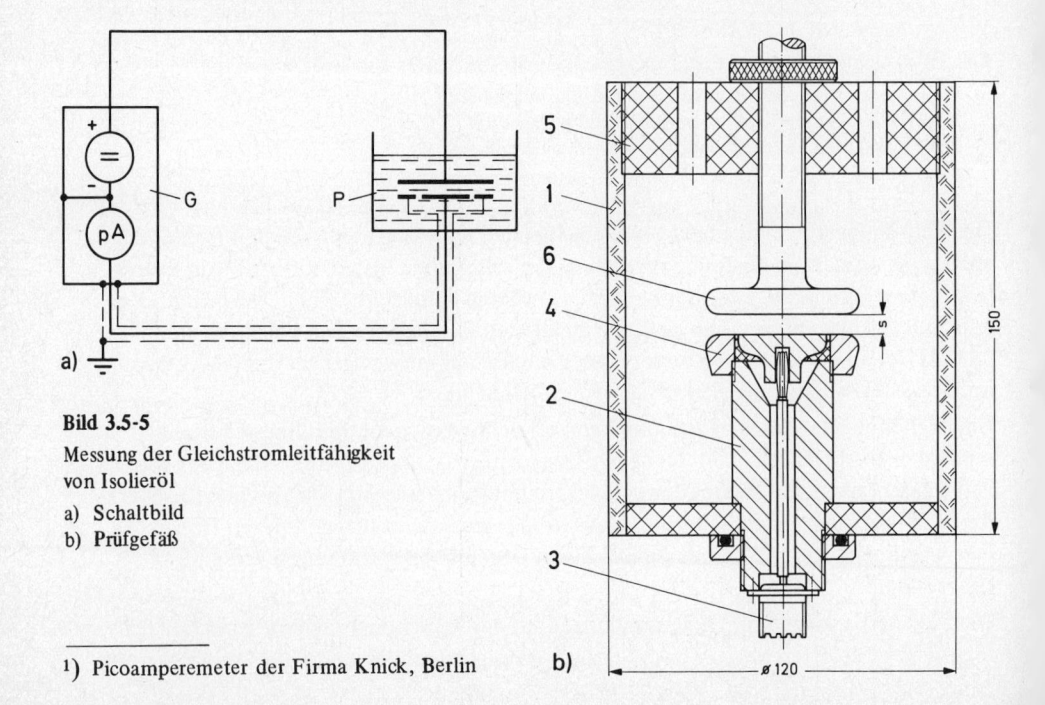

**Bild 3.5-5**
Messung der Gleichstromleitfähigkeit von Isolieröl
a) Schaltbild
b) Prüfgefäß

---

[1]) Picoamperemeter der Firma Knick, Berlin

## 3.5. Versuch „Flüssige und feste Isolierstoffe"

einer Koaxialbuchse 3 geführt. Der Messingbolzen trägt eine Schutzringelektrode 4. Das Prüfgefäß ist durch einen Deckel 5 verschließbar; die obere Elektrode 6 wird an einem mit Gewinde versehenen Bolzen befestigt. Die Schlagweite s läßt sich durch Verdrehen des Gewindebolzens im Deckel einstellen.

Es sind Leitfähigkeitsmessungen an zwei verschiedenen Ölen bei einer Schlagweite im Bereich von s = 2 . . . 5 mm durchzuführen. Bild 3.5-6 gibt die gemessenen Verläufe der Leitfähigkeit zweier Isolieröle in Abhängigkeit von der Meßzeit wieder: Während die Leitfähigkeit des einen Öles für die Dauer der Messung gleich bleibt, fällt die des anderen ständig ab.

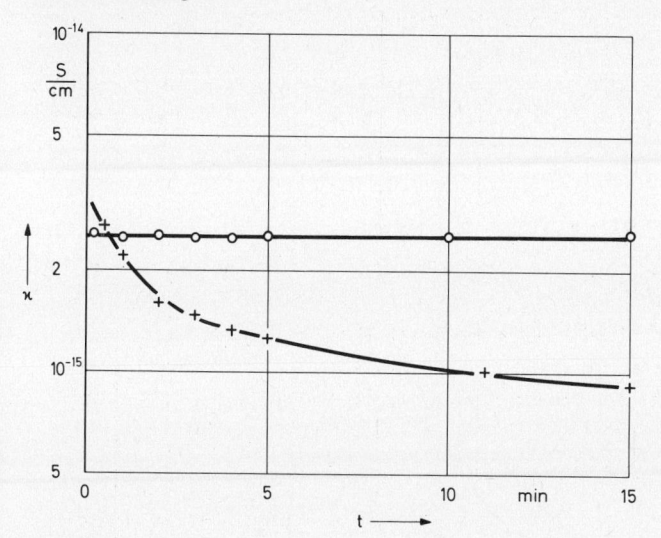

**Bild 3.5-6**

Spezifische Leitfähigkeit zweier Transformatoröle in Abhängigkeit von der Meßzeit

### b) Messung des Verlustfaktors von Transformatoröl

Die Kapazität $C_x$ und der Verlustfaktor tan δ der unter 3.5-2a angegebenen Prüfanordnung sollen in Abhängigkeit von der Prüfwechselspannung U gemessen werden. Bild 3.5-7 zeigt die verwendete Schaltung. Die vom Hochspannungstransformator T erzeugte Spannung wird mit Hilfe des Meßkondensators CM und des Scheitelspannungs-Meßgerätes SM gemessen. Parallel zum Prüfgefäß liegt der Vergleichskondensator mit einer Meßkapazität von $C_2$ = 28 pF (Preßgaskondensator nach Bild 2.4-3).

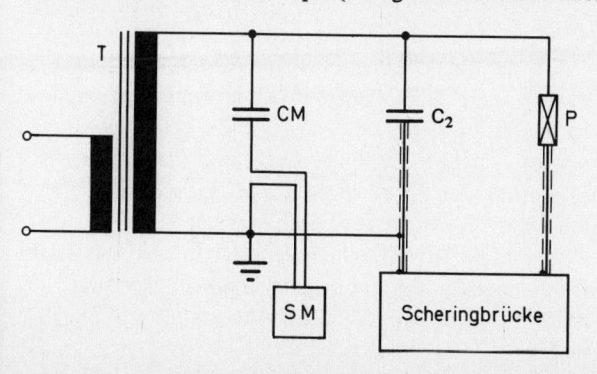

**Bild 3.5-7**

Schaltung zur Messung der Kapazität und des Verlustfaktors eines Prüfkörpers mit der Scheringbrücke

Die Durchführung einer Meßreihe mit Spannungen bis 35 kV bei einer Schlagweite von s = 5 mm an einem mehrfach vorbeanspruchten Öl ergab den in Bild 3.5-8 gezeigten Verlauf tan δ = f(U). Die durch regelmäßige Messungen während der Steigerung sowie während der Absenkung der Prüfspannung entstandene Kurve zeigt eine deutliche Hysterese. Beide Äste der Kurve steigen jedoch progressiv mit der Spannung an. Ab etwa 27 kV ist ein Einfluß der Meßzeit auf den Verlustfaktor nachweisbar. Bei jeder Messung wurde die eingestellte Spannung für 2 min konstant gehalten. Zu Beginn dieser Zeitspanne wurden jeweils niedrigere Werte gemessen als am Ende. Im Diagramm sind die Mittelwerte eingetragen worden.

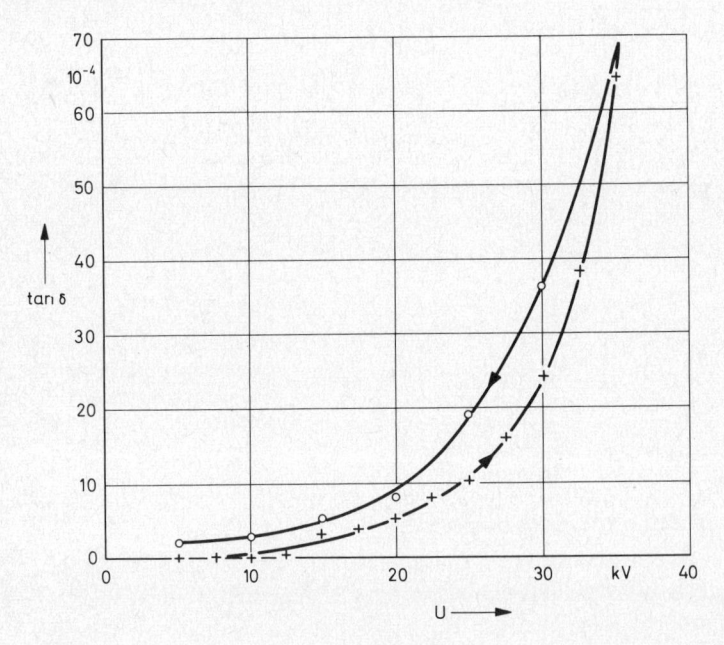

**Bild 3.5-8.** Abhängigkeit des Verlustfaktors eines Transformatoröls von der Prüfspannung

## c) Faserbrückendurchschlag in Isolieröl

In der Anordnung nach Bild 3.5-5b wird die obere Plattenelektrode durch eine Kugel von z.B. 20 mm Durchmesser ersetzt und auf eine Schlagweite von einigen Zentimetern eingestellt. Im Öl befinden sich einige leicht angefeuchtete schwarze Zwirnsfäden von etwa 5 mm Länge. Eine Spannung von etwa 10 kV zwischen Kugel und Platte bewirkt innerhalb einiger Sekunden eine Orientierung der Fäden in Feldrichtung; es baut sich eine Faserbrücke auf, die einen Durchschlag einleiten oder beschleunigen kann. Der in den beiden Aufnahmen von Bild 3.5-9 gezeigte Modellversuch veranschaulicht, wie stark nicht unterteilte Ölstrecken in Hochspannungsgeräten durch Alterungsprodukte und andere Feststoffteilchen gefährdet sind.

## 3.5. Versuch „Flüssige und feste Isolierstoffe"

a)

b)

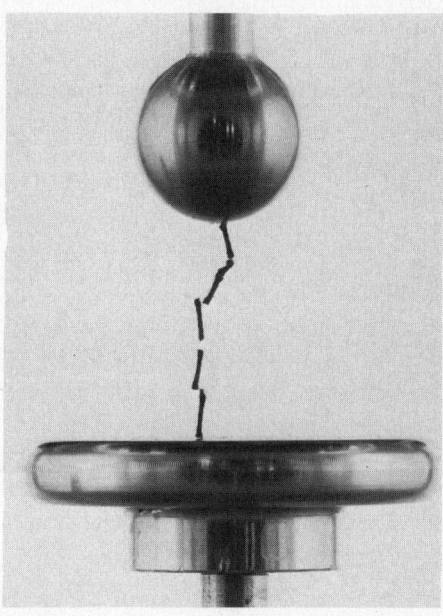

**Bild 3.5-9.** Modellversuch zur Faserbrückenbildung in Isolieröl
a) Fasern vor dem Einschalten der Spannung
b) Faserbrücke 1 min nach Einschalten der Spannung

### *d) Durchschlag von Hartpapierplatten*

In Anlehnung an VDE 0303-2 soll die 1-Minuten-Stehspannung von 1 mm starken Platten einer Hartpapiersorte bestimmt werden. Die Prüfschaltung ist die gleiche wie unter 3.5.2c. Durch zwei Vorversuche mit einer Spannungssteigerungsgeschwindigkeit von 2 ... 3 kV/s wird die Durchschlagsspannung annähernd bestimmt. Der Mittelwert daraus wird als Durchschlagsspannung $U_{dm}$ den weiteren Versuchen zugrunde gelegt. Während der ersten Minute der Beanspruchung wird eine Spannung von 0,4 $U_{dm}$ angelegt. Danach wird die Spannung um 0,08 $U_{dm}$ gesteigert, wiederum 1 min gehalten und so fort, bis ein Durchschlag erfolgt. Die Spannung, bei der die Isolierung gerade noch nicht durchschlug, ist die 1-Minuten-Stehspannung. Analog wird die 5-Minuten-Stehspannung bestimmt, die in der Regel erheblich niedriger liegt.

### 3.5.3. Ausarbeitung

Der bei 3.5.2a gemessene zeitliche Verlauf der Gleichstromleitfähigkeit von Transformatorölen ist grafisch darzustellen.
Die bei 3.5.2b gemessenen Verläufe von Verlustfaktor und Kapazität der mit Isolieröl gefüllten Prüfanordnung sind in Abhängigkeit von der Spannung grafisch darzustellen.
In der Prüfanordnung nach 3.5.2c ist die Bildung von Faserbrücken zu beobachten.

Nach dem in 3.5.2d angegebenen Verfahren sind für je 3 Platten aus 1 mm dickem Hartpapier die 1- bzw. 5-Minuten-Stehspannung zu ermitteln. Aus den Mittelwerten ist das Verhältnis beider Stehspannungen zu errechnen und zu diskutieren.

Schrifttum: *Whitehead* 1951; *Böning* 1955; *Imhof* 1957; *Lesch* 1959; *Roth* 1959; *Anderson* 1964; *Potthoff, Widmann* 1965

## 3.6. Versuch „Teilentladungen"

Bei Isolierungen mit stark inhomogenem Feldverlauf oder inhomogenem Dielektrikum kann örtlich die Durchschlagsfeldstärke überschritten werden, ohne daß es in kurzer Zeit zu einem vollkommenen Durchschlag kommt. In diesem Zustand eines unvollkommenen Durchschlags wird die Isolierung zwischen den Elektroden durch Entladungen nur teilweise überbrückt. Vor allem bei Beanspruchung mit Wechselspannung haben solche Teilentladungen (TE) erhebliche praktische Bedeutung.

Die in diesem Versuch behandelten Themen können in folgenden Stichworten zusammengefaßt werden:

Äußere Teilentladungen (Korona)
Innere Teilentladungen
Gleitentladungen

Vorausgesetzt wird die Kenntnis des Abschnitt 1.5. Zerstörungsfreie Hochspannungsprüfungen.

### 3.6.1. Grundlagen

Äußere Teilentladungen treten bei stark inhomogenem Feld bei Überschreitung einer bestimmten Spannung an Elektroden starker Krümmung auf. Sie werden als Koronaentladungen bezeichnet und führen je nach Spannungshöhe zu einer mehr oder weniger großen Zahl von Ladungsimpulsen sehr kurzer Dauer. Diese Entladungen sind die Ursache der wirtschaftlich bedeutenden Koronaverluste von Hochspannungsfreileitungen; zudem können die durch die Ladungsimpulse erzeugten elektromagnetischen Wellen Funkstörungen bewirken.

Innerhalb von Hochspannungsgeräten können Teilentladungen auch entfernt von den Elektrodenoberflächen auftreten, vor allem in Gaseinschlüssen von festen oder flüssigen Isolierstoffen (Lunker, Gasblasen). Durch diese inneren Teilentladungen besteht die Gefahr einer Schädigung des Dielektrikums bei Dauerbeanspruchung durch von der Teilentladungsstelle sich entwickelnde Erosionsdurchschlagskanäle und durch zusätzliche Erwärmung.

Als Gleitentladungen bezeichnet man Teilentladungen, die an Grenzflächen zweier Isolierstoffe unterschiedlichen Aggregatzustandes auftreten. Insbesondere bei enger kapazitiver Kopplung der beanspruchten Grenzfläche an eine der Elektroden kommt es zu energiereichen Entladungen, die auch bei mäßiger Spannung große Isolierstrecken überbrücken und die Isolierstoffe beschädigen können.

## 3.6. Versuch „Teilentladungen"

### a) Teilentladungen an einer Nadelelektrode in Luft

Die wichtigsten physikalischen Phänomene der äußeren TE bei Wechselspannung können am Beispiel einer Elektrodenanordnung Nadel-Platte in Luft besonders gut betrachtet werden. Bild 3.6-1 zeigt eine geeignete Anordnung.

**Bild 3.6-1** Nadel-Platte-Funkenstrecke

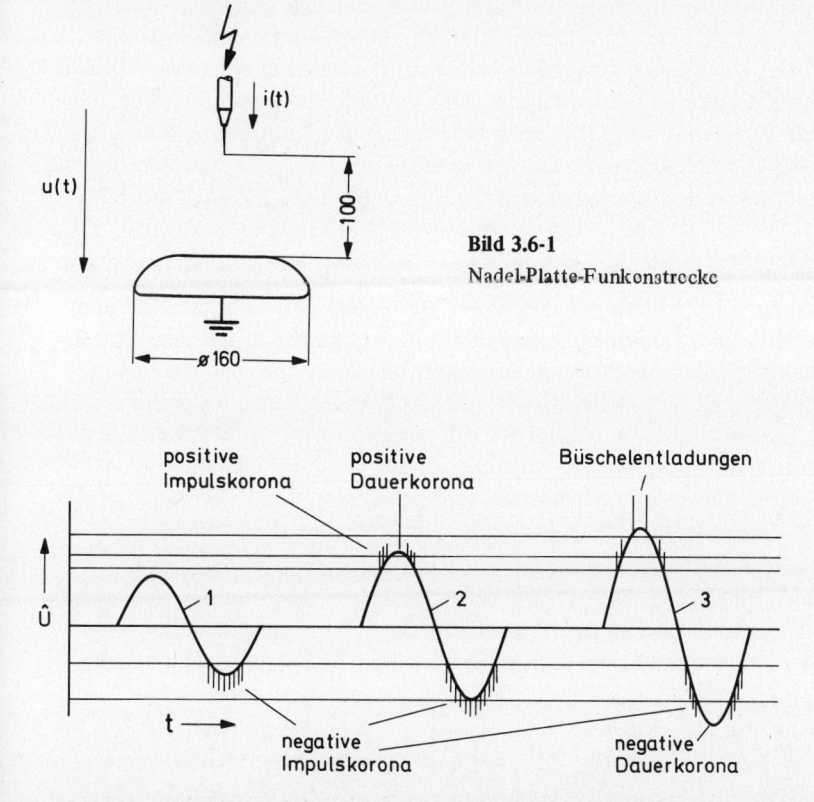

**Bild 3.6-2.** Erscheinungsformen und Phasenlage von Teilentladungen

Wie in Bild 3.6-2, Kurve 1, schematisch dargestellt, treten bei Steigerung der anliegenden Spannung zuerst im Scheitel der negativen Halbschwingung Impulse auf, deren Amplitude, Verlauf und zeitlicher Abstand praktisch konstant sind. Es sind dies die auch bei negativer Gleichspannung einsetzenden „Trichelimpulse", an deren Auftreten der impulsförmige Charakter der Koronaentladungen 1938 von *G. W. Trichel* nachgewiesen wurde. Die Dauer der Impulse liegt bei einigen 10 ns, ihre Impulshäufigkeit kann bis $10^5$ $s^{-1}$ betragen. Wird die Spannung weiter gesteigert, treten auch im Scheitel der positiven Halbschwingung Impulse auf, die jedoch unregelmäßig sind (Kurve 2).

Bei beiden Polaritäten kann es mit zunehmender Spannung im Bereich der Scheitel auch zu impulslosen Teilentladungen kommen, die als „Dauerkorona" bezeichnet werden (Kurven 2 und 3) und die Ursachen sind, daß in manchen Fällen trotz erheblicher

Koronaverluste nur verhältnismäßig geringe Funkstörungen auftreten. Die letzte typische Entladungsform vor dem vollkommenen Durchschlag sind starke Büschelentladungen im positiven Scheitel (Kurve 3).

Das Zustandekommen des impulsförmigen Verlaufes der Vorentladungen soll am Beispiel der Trichel-Impulse erklärt werden. Die an der negativen Spitze entstehenden Elektronenlawinen laufen in Richtung zur Platte. Durch die stark abfallende Feldstärke (siehe Bild 3.2-2) sinkt ihre Geschwindigkeit stark ab, und es kommt durch Anlagerung von Elektronen zur Bildung von negativen Ionen. Die dadurch entstehende Raumladung senkt die Feldstärke an der Kathodenspitze, wodurch die weitere Bildung von Elektronenlawinen verhindert wird. Erst nach Beseitigung der Raumladung durch Rekombination und Abwanderung, kann von der Kathode aus eine neue Elektronenlawine entstehen. Die impulsförmigen Entladungen treten im Bereich des Scheitels der Prüfspannung auf.

*b) Koronaentladungen im koaxialen Zylinderfeld*

Das Koronaverhalten von Freileitungsseilen ist für die technischen Eigenschaften und die Wirtschaftlichkeit einer Hochspannungsübertragung von großer Bedeutung. Koronamessungen können auch im Laboratorium ausgeführt werden, wenn man die zu untersuchende Leiteranordnung als Innenelektrode einer Anordnung koaxialer Zylinder wählt. In einer solchen „Koronareuse" unterscheidet sich der Feldverlauf in der Nähe des Leiters nur wenig vom Feldverlauf bei der wirklichen Freileitung, da stets angenommen werden kann, daß bei dieser der Leiterabstand sehr groß gegen den Leiterradius ist und daher das Feld in der Nähe des Leiters ebenfalls zylindersymmetrisch verläuft.

Bild 3.6-3 zeigt eine Anordnung, die für Versuche mit Wechselspannungen bis etwa 80 kV verwendet werden kann. Der zu untersuchende Leiter 1 wird in der Achse des Außenzylinders 2 gespannt und an die Wechselspannung u(t) gelegt. Gemessen wird der Strom i in der Erdverbindung des isoliert aufgestellten Außenzylinders. Es kann

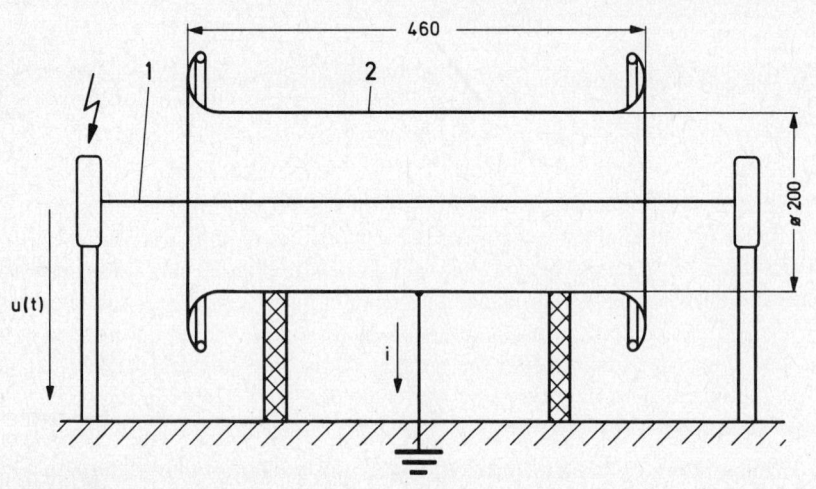

**Bild 3.6-3**
Koronareuse     1 Innenleiter, 2 Außenzylinder

## 3.6. Versuch „Teilentladungen" 

angenommen werden, daß der Strom näherungsweise mit dem vom Hochspannungsleiter ausgehenden übereinstimmt. Für genauere Messungen ist die Koronareuse als Schutzringanordnung auszuführen.

Der Strom i setzt sich aus dem Verschiebungsstrom und dem Koronastrom zusammen, die Kapazität wird dabei als konstant angenommen [*Sirotinski* 1955]:

$$i = C \frac{du}{dt} + i_k$$

Der Koronastrom $i_k$ nimmt nach Überschreiten der Einsetzspannung $U_e$ mit dem Augenblickswert der Spannung rasch zu. Er entsteht durch die Wanderung der von der Entladung in der vorhergehenden oder in der gleichen Halbperiode gebildeten Ionen. Bild 3.6-4 zeigt den nach diesen stark vereinfachten Überlegungen zu erwartenden Stromverlauf.

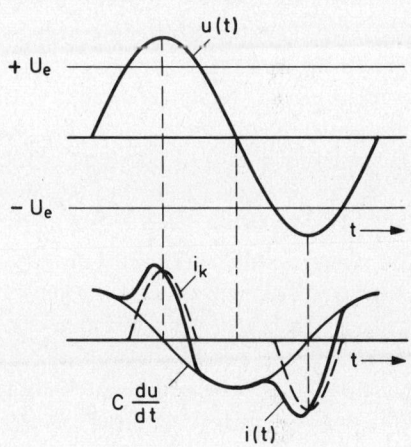

**Bild 3.6-4**
Spannungs- und Stromverläufe an der Koronareuse

$i_k$ ist ein Wirkstrom und entspricht den Koronaverlusten. Diese werden hervorgerufen von der zur Aufrechterhaltung der Stoßionisation erforderlichen Leistung und dem durch die Ladungsträgerbewegung dargestellten Leitungsstrom. Die Koronaverluste von Freileitungen sind stark von der Witterung abhängig und können vom Jahresmittelwert bis zu einer Größenordnung nach oben oder unten abweichen.

Die aus dem Stoßionisationsgebiet austretenden Ladungsträger bilden durch Anlagerung an Moleküle des Neutralgases Großionen, die von der Koronaelektrode weg beschleunigt werden, und es entsteht ein „elektrischer Wind". Diese Erscheinung hat für die elektrostatische Gasreinigung große praktische Bedeutung erlangt.

### c) Teilentladungsmessung an Hochspannungsisolierungen

Teilentladungen an oder in einem Prüfobjekt sind ein wichtiges Forschungsthema der Hochspannungstechnik geworden, da sie ein Hinweis auf Fabrikationsmängel von Betriebsmitteln oder Anlaß für die Alterung einer Isolierung sein können. Nähere Angaben über die Durchführung von TE-Messungen im Zusammenhang mit Isolationsprüfungen bei Wechselspannung sind in VDE 0434-1 und -2 und IEC-Publ. 270 enthalten. Für Funkstörprüfungen gelten andere Gesichtspunkte.

Die wichtigsten TE-Messungen an Hochspannungsgeräten haben die Feststellung der Einsetzspannung $U_e$ und der Aussetzspannung $U_a$ zum Ziel. In praktischen Anordnungen sind jedoch meist Ein- oder Aussetzen von Teilentladungen keine deutlich ausgeprägten Erscheinungen. Diese Messungen bedürfen daher einer Vereinbarung über die Empfindlichkeit der verwendeten Verfahren.

Sind in einer Isolieranordnung eine große Anzahl von Teilentladungsstellen vorhanden, so ergibt sich beim Überschreiten des Bereiches der Einsetzspannungen eine deutliche Erhöhung der Verluste des Dielektrikums. Aus der Größe dieser Erhöhung kann ein Maß für die Intensität der Teilentladungen abgeleitet werden, sofern die dielektrischen Grundverluste gering sind oder konstant bleiben. Daher wird die Scheringbrücke auch zur Messung von Koronaverlusten auf Freileitungen oder zur Messung der Ionisationsverluste in Kabeln angewandt, wenn diese fabrikationsbedingt viele verteilte Fehlstellen besitzen (Massekabel).

Zur Erfassung und Beurteilung von Teilentladungen in technischen Isolieranordnungen mit einzelnen Fehlstellen müssen empfindlichere Meßverfahren eingesetzt werden. Es werden hierfür Geräte verwendet, welche die von den Teilentladungen angeregten hochfrequenten elektrischen Störgrößen verstärken und in verschiedener Weise bewerten. Die Ankopplung des Meßgerätes erfolgt in der Regel über einen ohmschen Widerstand R, der entweder nach Bild 1.5-10 in der Erdverbindung des Prüflings oder eines Koppelkondensators liegt.

Bei einem wirklichen Prüfling besteht die an R infolge der Teilentladungen auftretende Spannung aus einer unregelmäßigen Folge von Impulsen stark unterschiedlicher Amplitude, deren Dauer von den Daten des Kreises abhängt und z.B. einige 10 ns betragen kann. Aufgabe der TE-Meßtechnik ist es, diese statistische Meßgröße zu erfassen und im Hinblick auf die gewünschte Aussage zu bewerten. Hierfür sind verschiedene Bewertungen vorgeschlagen worden, z.B. eine selektive oder breitbandige Messung des Scheitelwertes oder des arithmetischen Mittelwertes der Spannungsimpulse, die Ladung oder die Stoßhäufigkeit der Impulse sowie abgeleitete Größen wie die TE-Leistung. Durch Eichung mit Impulsgeneratoren versucht man den Einfluß der Daten des gesamten Prüfaufbaues auf das Meßergebnis zu erfassen.

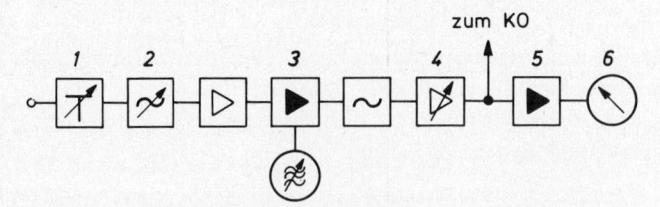

**Bild 3.6-5.** Blockschaltbild eines selektiven Störspannungsmeßgerätes
1 Eingang mit veränderbarem Dämpfungsglied (Eichteiler)
2 Abstimmbarer Eingangskreis (Filter)
3 Verstärker, Oszillator, Mischstufe
4 Zwischenfrequenzverstärker mit veränderlicher Verstärkung
5 Bewertungsglied
6 Anzeigevorrichtung

3.6. Versuch „Teilentladungen"  139

Ein in der Prüffeldpraxis bevorzugt angewandtes Verfahren verwendet zur Bewertung der an R auftretenden Meßgröße selektive Störspannungsmeßgeräte, wie sie nach VDE 0876 für die Messung von Funkstörspannungen entwickelt wurden. Die Geräte sind nach dem in Bild 3.6-5 gezeigten Blockschaltbild aufgebaut; die Bewertung erfolgt unter Berücksichtigung des physiologischen Störeindrucks des menschlichen Ohres.

*d) Gleitentladungen*

Mit Gleitentladungen ist immer dann zu rechnen, wenn in Grenzflächen hohe Tangentialfeldstärken auftreten. Bei einigen Isolieranordnungen der Hochspannungstechnik kann dadurch ein Überschlag eingeleitet werden. Zwei typische Beispiele hierfür sind in Bild 3.6-6 dargestellt. Der grundsätzliche Verlauf der Äquipotentiallinien wird durch die Teilkapazitäten zu einer fiktiven Zwischenelektrode A veranschaulicht. Da die Oberflächenkapazität $C_0$ sehr viel größer als $C_1$ ist, liegt fast die volle Spannung an $C_1$.

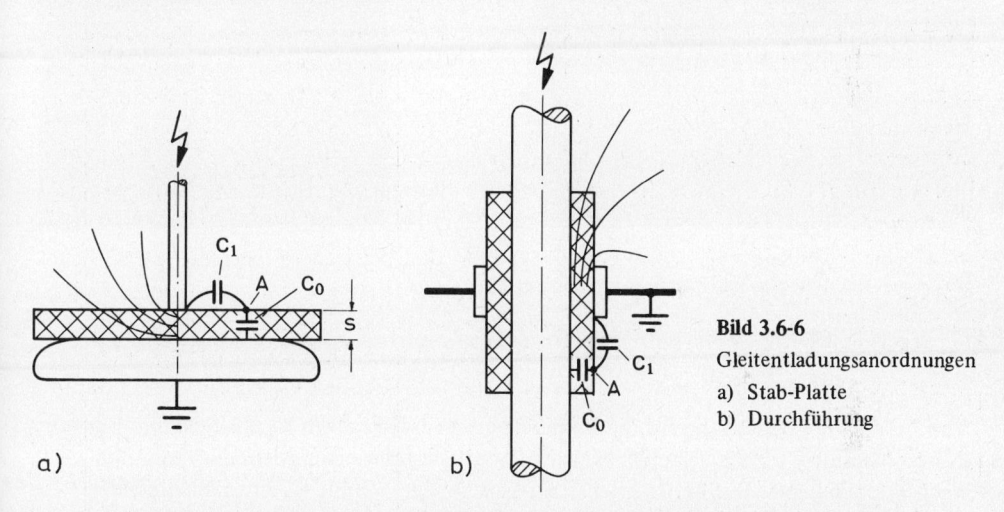

**Bild 3.6-6**
Gleitentladungsanordnungen
a) Stab-Platte
b) Durchführung

Bei Überschreitung der Einsetzspannung kommt es zu Teilentladungen, die sich mit steigender Spannung von Korona- zu Büschelentladungen entlang der Oberfläche entwickeln. Die Intensität dieser Gleitentladungen und ihre Einsetzspannung sind abhängig von der Größe der Oberflächenkapazität $C_0$. Je größer sie ist, desto größer ist bei einer zeitlich veränderlichen Spannung der vom Büschelkopf aus als Verschiebungsstrom durch den Isolator weitergeführte Entladungsstrom. Das führt zu einer Ausbreitung des Hochspannungspotentials auf der Oberfläche, ohne daß am jeweiligen Kopf der Entladung eine erhebliche Feldstärkeverminderung auftritt. Ein weiteres Vorwachsen wird also begünstigt.
Bei Gleichspannung treten Gleitentladungen, wenn überhaupt, nur sehr schwach auf, da Verschiebungsströme nicht existieren. Hier spielt die Oberflächenleitfähigkeit die entscheidende Rolle.
Bei Stoßspannung führen die raschen Spannungsänderungen zu besonders hohen Verschiebungsströmen, deshalb sind hier die Gleitentladungen sehr energiereich. Aus der Form und der Reichweite der Gleitentladungen kann auf Polarität und Höhe einer

Stoßspannung geschlossen werden; diese Tatsache wird im Klydonografen zu Meßzwecken ausgenützt. Hierbei wird in einer Anordnung ähnlich Bild 3.6-6a mit einer Spitze als Hochspannungselektrode die obere Fläche der Isolierstoffplatte mit einer fotochemisch aktiven oder staubartigen Schicht versehen. Auf diese Weise entstehen Lichtenbergsche Figuren, für die in Bild 3.6-7 zwei Beispiele wiedergegeben sind. Sie lassen deutlich die ausgeprägte Polaritätsabhängigkeit des Gleitentladungsmechanismus erkennen [*Marx* 1952; *Nasser* 1971].

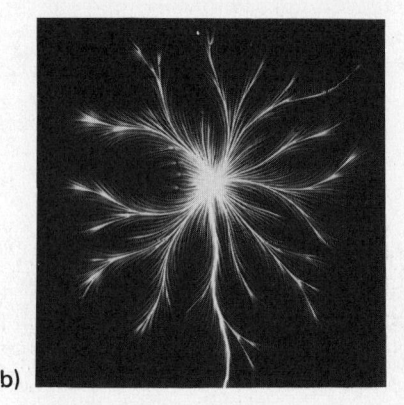

**Bild 3.6-7.** Lichtenbergsche Figuren (nach Marx 1952)
a) positive Spitze
b) negative Spitze

Von besonderer Bedeutung für die Bemessung von Isolierungen ist die Bestimmung der Einsetzspannung $U_e$ der verschiedenen Entladungsstadien einer Gleitanordnung bei Wechselspannungen. Wie *M. Toepler* 1921 gezeigt hat, nimmt $U_e$ mit zunehmender Größe der Oberflächenkapazität ab. Es gilt für die ebene Anordnung mit scharfkantiger Hochspannungselektrode nach Bild 3.6-6a mit $U_e$ in kV und s in cm die empirische Beziehung [*Kappeler* 1949; *Böning* 1955]:

$$U_e = K \left(\frac{s}{\epsilon_r}\right)^{0,45}$$

Die Werte von K sind stoffabhängig und für jedes Entladungsstadium unterschiedlich. Es ergeben sich etwa:

Koronaeinsatz:    K = 8     Metallrand in Luft
                         K = 12    Graphitrand in Luft
                         K = 30    Metall- oder Graphitrand in Öl
Büscheleinsatz:    K = 80    Metall- oder Graphitrand in Luft oder Öl

Eine Überschreitung der Büscheleinsetzspannung führt meist schon nach kurzer Zeit zu einer bleibenden Beschädigung der Isolierstoffoberfläche.

## 3.6.2. Durchführung

In diesem Versuch werden folgende Versuchselemente mehrfach verwendet:

T       Prüftransformator 220 V/100 kV, 5 kVA
SM      Scheitelspannungsmeßgerät (siehe 3.1)
CM      Meßkondensator 100 pF, 100 kV
KO      Kathodenstrahloszillograf
STM     Störspannungsmeßgerät STTM 3840 a (Hersteller: Siemens) Meßfrequenz 30 kHz bis 3 MHz (eingestellt auf 1,9 MHz), Bandbreite 9 kHz
AV      Ankopplungsvierpol STAV 3856 (60 $\Omega$)

Alle Messungen werden mit Wechselspannung und in der Schaltung nach Bild 3.6-8, jedoch mit unterschiedlichen Prüflingen durchgeführt.

*a) Teilentladungen an einer Nadelelektrode in Luft*

Als Prüfling ist eine Nadel-Platte-Funkenstrecke nach Bild 3.6-1 mit einer Schlagweite von s = 100 mm einzubauen. Die Hochspannungselektrode besteht aus einem Stab mit kegelförmiger Spitze, in die eine Nähnadel eingesetzt ist. An den in die Erdverbindung des Prüflings geschalteten Ankopplungsvierpol AV ist das Störspannungs-Meßgerät anzuschließen. Dem nach Bild 3.6-5 ausgeführten Gerät können die verschiedenen Störspannungsimpulse dem Zwischenfrequenzverstärker entnommen werden. Durch die zeitliche Drehung des Signals ist eine bequeme oszillografische Anzeige für das Auftreten von Impulsen möglich. Die Impulse werden entsprechend Bild 3.6-8 durch kapazitive Ankopplung einer der Prüfspannung phasengleichen Wechselspannung überlagert, wodurch ihre Phasenlage zur Prüfspannung auf dem KO dargestellt werden kann. Eine einigermaßen getreue Aufnahme der Impulsform selbst erfordert Meßeinrichtungen mit Bandbreiten von mindestens 100 MHz.

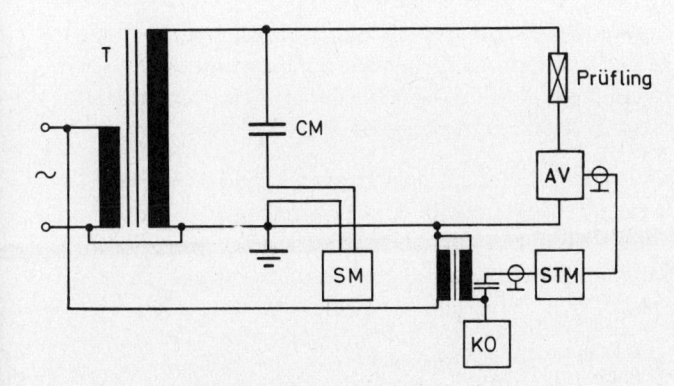

**Bild 3.6-8** Versuchsschaltung für Teilentladungs-Messungen

Bei veränderlicher Prüfspannung werden die an der Nadel in den einzelnen Spannungsbereichen auftretenden Entladungserscheinungen beobachtet und mit der schematischen Darstellung von Bild 3.6-2 verglichen.

## b) Messungen in der Koronareuse

Als Prüfling ist nunmehr die Koronareuse nach Bild 3.6-3 anzuschalten. Als Innenelektrode ist ein blanker Kupferdraht von d = 0,4 mm Durchmesser einzusetzen.

In einer ersten Meßreihe wird zunächst die TE-Störspannung $U_{TE}$ abhängig von der Prüfspannung gemessen. Gleichzeitig sind die Erscheinungen des unvollkommenen Durchschlags bis zum Eintritt des vollkommenen Durchschlags zu beobachten.

In einer zweiten Meßreihe wird der Ankopplungsvierpol durch einen geschirmten Meßwiderstand ersetzt, dem als Überspannungsschutz ein Kondensator und ein Überspannungsableiter parallelgeschaltet sind. Die Zeitkonstante RC sollte etwa 100 µs betragen.

Bei steigender Prüfspannung ist etwa bis 80 % der Durchschlagsspannung der zeitliche Verlauf des Reusenstroms i zu beobachten und bei einer Prüfspannung U, die einen besonders deutlich ausgeprägten Stromverlauf ergibt, aufzunehmen. Bild 3.6-9 zeigt ein Oszillogramm des Reusenstromes bei U = 40 kV. Der Verlauf bestätigt die Richtigkeit der bei 3.6.1b angestellten Überlegungen.

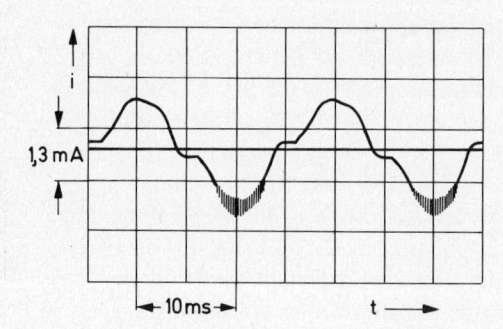

**Bild 3.6-9**
Oszillogramm des Reusenstromes
U = 40 kV, Durchmesser des
Innenleiters: d = 0,4 mm

## c) Teilentladungsmessungen an einem Hochspannungsgerät

Als Prüfling ist ein 20 kV-Stromwandler einzubauen, dessen Hochspannungsklemmen zur Vermeidung äußerer Teilentladungen erforderlichenfalls mit Abschirmelektroden zu versehen sind. Die Erdverbindung des Prüflings wird wieder über den Ankopplungsvierpol geführt, das Störspannungsmeßgerät wird angeschlossen.

Die TE-Störspannung $U_{TE}$ ist bis zu 90 % der auf dem Leistungsschild angegebenen Prüfspannung des Prüflings zu messen. Anschließend ist die Spannung etwa mit der gleichen Änderungsgeschwindigkeit zu senken, und auch dabei ist $U_{TE}$ festzustellen. $U_e$ und $U_a$ sind zu messen. Bei einer Durchführung dieses Versuches ergab sich der in Bild 3.6-10 dargestellte Verlauf.

## d) Messung der Einsetzspannungen von Gleitentladungen

Als Prüfling ist eine Anordnung nach Bild 3.6-6a mit Glasplatten in Luft als Dielektrikum einzubauen. Für veränderliche Plattenstärke s = 2, 3, 4, 5, 6, 8 und 10 mm ist die Abhängigkeit $U_e = f(s)$ zu messen. Das Einsetzen von Koronaentladungen wird mit dem STM, der Büscheleinsatz wird visuell bestimmt.

## 3.6. Versuch „Teilentladungen"

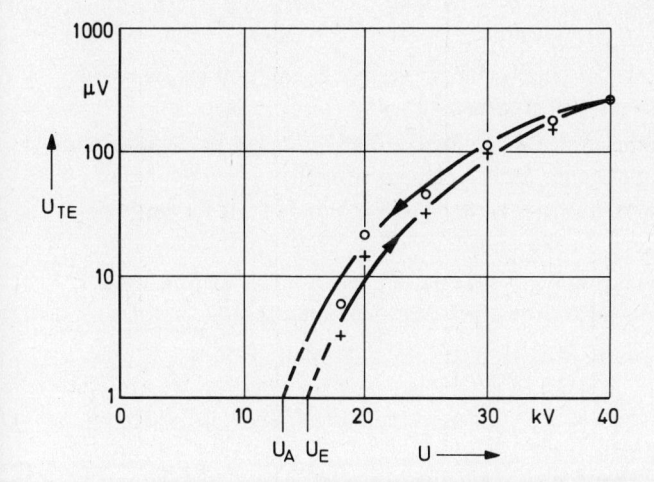

**Bild 3.6-10**
Störspannungsverlauf eines 20 kV-Stromwandlers

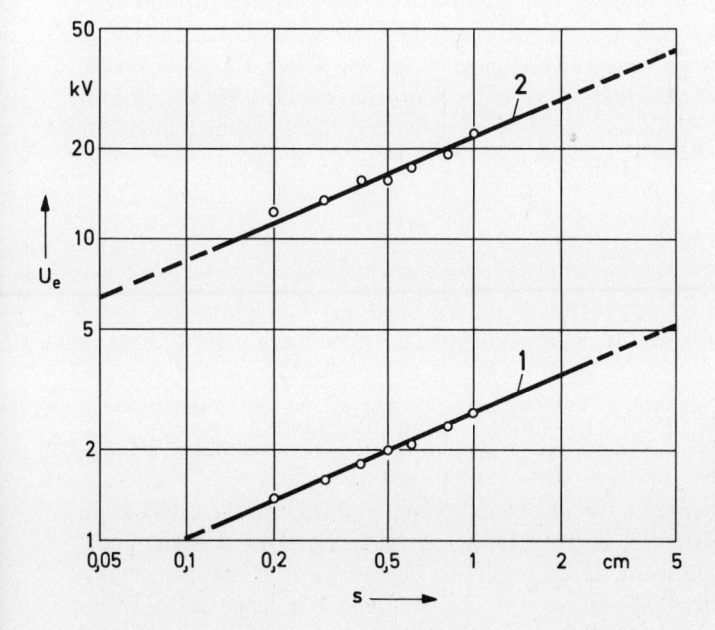

**Bild 3.6-11**
Einsetzspannung einer Gleitanordnung nach Bild 3.6-6a
1 Koronaeinsatz,
2 Stielbüscheleinsatz

Bei einer Messung ergaben sich die in Bild 3.6-11 eingetragenen Meßpunkte. Die Meßergebnisse können bei logarithmischer Teilung der Koordinaten durch Geradenzüge gut angenähert werden. Dies entspricht der Abhängigkeit

$$U_e \sim s^{const},$$

womit die bei 3.6.1d angegebene Formel im Hinblick auf die Dickenabhängigkeit der Einsetzspannung bestätigt wird. Mit $\epsilon_r \approx 10$ erhält man für die Gerade 1 $K \approx 8$, für die Gerade 2 $K \approx 70$.

### 3.6.3. Ausarbeitung

Aus den Messungen von 3.6.2b ist die Durchschlagsfestigkeit $E_d$ für den als Innenleiter der Koronareuse verwendeten Draht zu berechnen.

Bei dem nach 3.6.2b aufgenommenen zeitlichen Verlauf des Stromes i ist die ungefähre Unterteilung in die beiden Komponenten nach 3.6.1b zu versuchen.

Aus den bei 3.6.2c gewonnenen Meßwerten ist der Verlauf $U_{TE} = f(U)$ für steigende und abnehmende Prüfspannung des Stromwandlers in einem Diagramm darzustellen.

Die bei 3.6.2d gemessene Abhängigkeit $U_e = f(s)$ für den Einsatz von Korona- und Büschelentladungen ist in doppelt logarithmischem Maßstab aufzutragen.

Schrifttum: *Gänger* 1953, *Sirotinski* 1955; *Roth* 1959; *Schwab* 1969; *Nasser* 1971

## 3.7. Versuch „Durchschlag von Gasen"

Untersuchungen über den Durchschlag von Gasen sind auch für das Verständnis von Durchschlagsvorgängen in flüssigen und festen Isolierstoffen von Bedeutung. Nach Eintritt eines Durchschlags kommt es nämlich bei jeder Art von Dielektrikum zu Gasentladungen. Als Isoliermittel haben Gase ein weites Anwendungsfeld, vor allem in Form atmosphärischer Luft. Die in diesem Versuch behandelten Themen können in folgenden Stichworten zusammengefaßt werden:

Townsend-Mechanismus
Kanal-Mechanismus
Isoliergase

Vorausgesetzt werden ein Grundwissen über die Mechanismen des elektrischen Durchschlags von Gasen sowie die Kenntnis des Abschnitts 1.1 Erzeugung und Messung von Wechselspannungen.

### 3.7.1. Grundlagen

*a) Townsend-Mechanismus*

Der Durchschlag von Gasen erfolgt bei kleinen Drücken und Schlagweiten nach dem Townsend-Mechanismus. Hiernach können durch fremde Einflüsse entstandene und im Feld beschleunigte Elektronen, deren kinetische Energie die Ionisierungsspannung der betreffenden Gasmoleküle überschreitet, durch Stoßionisation neue Ladungsträger bilden. Dabei entsteht eine Elektronenlawine, die in Richtung von Kathode zu Anode läuft. Tritt als Folgeerscheinung der Lawine eine ausreichende neue Anzahl von Ionen in Kathodennähe auf, so erfolgt schließlich ein vollkommener Durchschlag.

Es kann gezeigt werden, daß bei einem solchen Aufbau der Entladung die statische Durchschlagsspannung $U_d$ des homogenen Feldes bei konstanter Temperatur nur vom Produkt aus Druck p und Schlagweite s abhängt.

Der Ionisierungskoeffizient der Elektronen $\alpha$ kann in seiner Abhängigkeit von der Feldstärke E durch den Ansatz

$$\frac{\alpha}{p} = A\, e^{-B\frac{p}{E}}$$

## 3.7. Versuch „Durchschlag von Gasen"

beschrieben werden, wobei A und B empirische Konstanten sind. Für den Townsend-Mechanismus gilt bei homogenem Feld folgende Zündbedingung:

$$\alpha s = k = \text{const}$$

Bei Erfüllung dieser Gleichung wird $E = E_d = U_d/s$. Eingesetzt und nach $U_d$ aufgelöst erhält man das Paschen-Gesetz:

$$U_d = B \frac{ps}{\ln\left(\frac{A}{k} ps\right)} = U_d(ps)$$

Seine Erfüllung oder Nichterfüllung kann als Beweis für oder gegen den Ablauf einer Entladung nach dem Townsend-Mechanismus angesehen werden.

### b) Kanal-Mechanismus

Bei größeren Drücken und Schlagweiten erfolgt die Entladung in Gasen nach dem von *Raether*, *Loeb* und *Meek* untersuchten Kanal-Mechanismus. Dieser ist dadurch gekennzeichnet, daß eine vom Kopf einer Elektronenlawine ausgehende Photonen-Strahlung neue Lawinen auslöst und ein gegenüber dem Lawinenaufbau sehr schnelles ruckartiges Vorwachsen eines Kanals einsetzt.

Mit dem Auftreten der für den Entladungsaufbau sehr wirksamen Photoionisation ist zu rechnen, wenn die Verstärkung einer Lawine

$$e^{\alpha x}$$

einen kritischen Wert von etwa $e^{20} \approx 5 \cdot 10^8$ erreicht hat.

Der Übergang einer Entladung vom Townsend- in den Kanalaufbau kann bei gegebener Schlagweite durch verschiedene Parameter begünstigt werden:

Je größer das Produkt ps ist, um so unwahrscheinlicher wird es, daß eine einzelne Lawine vor Erreichen der kritischen Verstärkung die Entladungsstrecke durchlaufen kann. Für Überspannungen bis etwa 5 % über dem statischen Wert von $U_d$ kann in Luft mit einer Entladung nach dem Townsend-Mechanismus nur für etwa

$$ps \leqslant 10 \text{ bar mm}$$

gerechnet werden. Bei höheren Werten entsteht ein Durchschlag nach dem Kanal-Mechanismus.

Bei steilen Stoßspannungen können entsprechend der Stoßkennlinie der Anordnung örtlich hohe Feldstärken auftreten, die weit über dem statischen Wert $E_d$ liegen. $\alpha$ nimmt mit E stark zu, und dementsprechend wird die kritische Verstärkung schon nach kurzer Lawinenlänge erreicht.

Die Ionisierungswahrscheinlichkeit einer Photonenstrahlung ist etwa proportional der Dichte eines Gases. Je höher daher das Produkt aus Molekulargewicht M und Druck p ist, um so früher wird die kritische Verstärkung einer Lawine und damit ihr Umschlag in den Kanalaufbau eintreten.

Im stark inhomogenen Feld herrschen in der Nähe von Elektroden starker Krümmung bereits vor der Zündung einer selbständigen Entladung hohe Feldstärken. So läßt sich zeigen, daß bei Kugel- und Zylinderelektroden $E_d$ mit kleiner werdendem Krümmungsradius r stark zunimmt. Daraus folgt, daß eine einmal gestartete Lawine leicht die kritische Verstärkung erreicht.

Die einen Umschlag in den Kanalaufbau bewirkende ionisierende Strahlung begünstigt den Aufbau einer Entladung erheblich.

*c) Arten von Gasentladungen*

Bei Erreichen der Spannung des vollkommenen Durchschlags bricht der Widerstand einer Gasstrecke auf geringe Werte zusammen. Die Art der dann eintretenden Gasentladung und ihre Dauer hängen von der Ergiebigkeit der speisenden Stromquelle ab.

Mit Lichtbogenentladungen ist zu rechnen, wenn in der Entladungsstrecke Ströme in der Größenordnung von 1 A und darüber auftreten. Hierbei entsteht durch Thermoionisation eine gut leitende Plasmasäule, deren Brennspannung mit steigendem Strom abnimmt.

Liegt der nach dem Durchschlag fließende Strom im mA-Bereich, so ist vor allem bei niedrigen Gasdrücken (z.B. 100 mbar) mit Glimmentladungen zu rechnen. Bei dieser Entladungsform werden die Ladungsträger durch Sekundäremission an der Kathode gebildet. Eine allgemeine Aussage über die Stromabhängigkeit der Brennspannung ist nicht möglich.

Mit Funkenentladung bezeichnet man den unstetigen Übergang zu einer stromstärkeren Entladungsform. Bei Durchschlagsvorgängen wird es sich um den Übergang in eine Lichtbogenentladung handeln, die bei Spannungsprüfungen jedoch nur kurzzeitig bestehen bleibt. Im Netz dagegen kommt ein einmal gezündeter Lichtbogen im allgemeinen erst nach Abschaltung zum Verlöschen.

*d) Gase hoher Durchschlagsfestigkeit*

Trockene Luft oder Stickstoff sind billige Isolierstoffe, die insbesondere bei hohem Druck eine hohe elektrische Festigkeit besitzen und daher vielfache technische Anwendung finden. Als Beispiele seien vollisolierte Schaltanlagen, Preßgaskondensatoren oder physikalische Geräte genannt. Dabei erfordert allerdings die mechanische Beanspruchung der großen Behälter beträchtliche konstruktive Aufwendungen.

Bei homogenen oder nur schwach inhomogenen Anordnungen in Luft oder Stickstoff im üblichen Schlagweitenbereich in der Größenordnung von Zentimetern bringt eine Drucksteigerung über etwa 10 bar hinaus eine zunehmende Abweichung vom Paschen-Gesetz. Die Durchschlagsspannung $U_d$ nimmt nicht mehr proportional mit p zu, wie in Bild 3.7-1a skizziert. Der Grund hierfür dürfte in den bei 3.7.1b genannten Zusammenhängen liegen. Bei stark inhomogenen Anordnungen kann eine Drucksteigerung sogar zu einem Absinken von $U_d$ führen. In diesem Fall überwiegt die Begünstigung des Entladungsaufbaus durch die Photonenstrahlung gegenüber der Erschwerung der Stoßionisation durch den erhöhten Druck. Bild 3.7-1b zeigt schematisch den möglichen Verlauf.

## 3.7. Versuch „Durchschlag von Gasen"

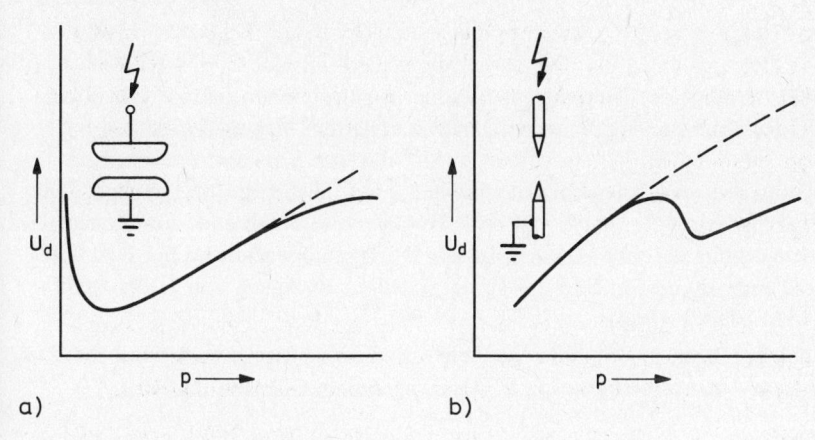

**Bild 3.7-1.** Durchschlagsspannung eines Gases in Abhängigkeit vom Druck
--- Verlauf nach dem Paschen-Gesetz
a) Homogenes Feld, b) Inhomogenes Feld

Die hervorragenden Eigenschaften von Schwefelhexafluorid ($SF_6$) für Isolierungen und zur Lichtbogenlöschung sind seit langem bekannt. Ein breiter Einsatz dieses stark elektronegativen Gases erfolgt jedoch erst etwa seit 1960. Es wird für die Isolierung von Hochspannungsschaltanlagen, Hochleistungskabeln, Transformatoren und physikalischen Großgeräten sowie für die Lichtbogenlöschung in Leistungsschaltern verwendet.

$SF_6$ hat ein Molekulargewicht von 146 und besteht zu 22 % seines Gewichtes aus Schwefel und 78 % aus Fluor. Es ist so aufgebaut, daß das Schwefelatom im Zentrum eines regelmäßigen Oktaeders und die Fluoratome an dessen sechs Ecken sitzen (Bild 3.7-2). Die Ionisierungsenergie des für den Durchschlag wichtigen Prozesses

$$SF_6 \rightarrow SF_5^+ + F^-$$

beträgt 19,3 eV.

Schwefelhexafluorid ist mit einer Dichte von 6,139 g/l bei 20 °C und Atmosphärendruck eines der schwersten Gase und etwa fünfmal so schwer wie Luft. Es ist farblos, geruchlos und ungiftig, dabei chemisch sehr reaktionsträge. Da $SF_6$ kein Dipolmoment besitzt, ist $\epsilon_r$ gleich 1 und frequenzunabhängig.

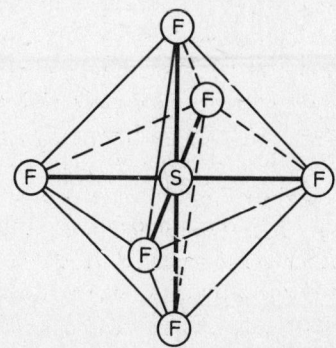

**Bild 3.7-2**
Aufbau eines $SF_6$-Moleküls

Die elektrische Festigkeit von $SF_6$ ist im homogenen elektrischen Feld zwei- bis dreimal so groß wie diejenige von Luft. Der Durchschlagsmechanismus in $SF_6$ ist noch nicht vollständig erklärt. Infolge der Neigung zur Bildung negativer Ionen ist eine erhebliche Änderung einzelner Prozesse verglichen mit Luft zu erwarten. Meßergebnisse zeigen jedoch, daß man auch den Entladungsaufbau in $SF_6$ mit den Vorstellungen der klassischen Gasentladungstheorie brauchbar beschreiben kann. Dies zeigt die Druckabhängigkeit der Durchschlagsspannung. In $SF_6$ ist ein Übergang vom Townsend- zum ungünstigeren Kanalmechanismus bei sehr viel niedrigerem Druck zu erwarten als bei Luft. Dies gilt insbesondere auch für den in Bild 3.7-1b dargestellten Rückgang von $U_d$ im stark inhomogenen Feld [*Hartig* 1966].

Bei Lichtbogenentladungen in $SF_6$ entstehen aggressive und giftige Zersetzungsprodukte, die durch geeignete Absorptionsmittel (z.B. $Al_2O_3$) gebunden werden müssen.

### 3.7.2. Durchführung

Die Daten der wichtigsten Bauteile sind:

T    Prüftransformator 220 V/200 kV, 10 kVA
CM   Meßkondensator 200 kV, 100 pF
G    Drehschieber-Vakuumpumpe Modell D 6[1])

*a) Versuchsaufbau*

Die Versuche werden in der in Bild 3.7-3 dargestellten Anordnung vorgenommen. Die vom Prüftransformator T erzeugte Prüfwechselspannung wird mit dem Scheitelspannungsmeßgerät SM (siehe Abschnitt 3.1) über verschiedene Meßkondensatoren CM gemessen. Der für die Versuche erforderliche Unterdruck wird von einer Drehschieberpumpe G erzeugt und mit einem Membranvakuummeter M gemessen. Zur genauen Einstellung des gewünschten Druckes dient ein Dosierventil D. Für die Messungen im Überdruckgebiet (**Achtung!** Wegen der mechanischen Festigkeit des Druckgefäßes begrenzt!) ist

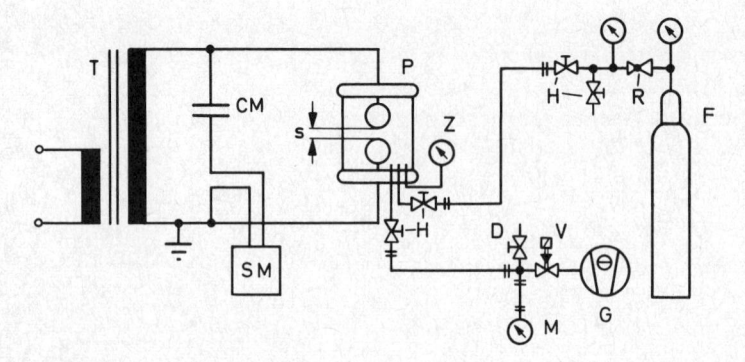

**Bild 3.7-3.** Versuchsanordnung zur Messung der Durchschlagsspannung bei Drücken von 1 mbar bis 6 bar

---

[1]) Hersteller: Firma Leybold, Köln

## 3.7. Versuch „Durchschlag von Gasen"

eine Preßluftflasche F mit Reduzierventil R anzuschließen (**Achtung!** Die Preßluftflasche muß gegen Umfallen gesichert aufgestellt werden!). Der Überdruck wird mit einem am Druckgefäß befindlichen Zeigermanometer Z gemessen. Vor Beginn der Versuche mit Überdruck ist darauf zu achten, daß das Membranvakuummeter M abgeklemmt ist, um Beschädigungen zu vermeiden. Die Absperrhähne H ermöglichen das Einlegen der jeweils benötigten Leitungszüge: das Magnetventil V wird automatisch beim Ausschalten der Pumpe geschlossen, wodurch eine ungewollte Belüftung des Versuchsgefäßes verhindert wird.

Die Prüfanordnung P ist in einem Druckgefäß nach Bild 3.7-4 untergebracht. Das Isolierrohr ist aus Plexiglas und erlaubt so eine visuelle Beobachtung der Entladungsvorgänge. Die Elektroden sind mittels eines herausnehmbaren Einsatzes auswechselbar; im Bild ist als Beispiel die für die Versuche meistbenutzte Anordnung zweier Kugeln von D = 50 mm und der Schlagweite s = 20 mm eingezeichnet. Das Versuchsgefäß eignet sich für den vorgesehenen Druckbereich von etwa 1 mbar bis 6 bar und besitzt einen Prüfdruck von etwa 10 bar. Um die Außenüberschlagsspannung zu erhöhen, sind die dargestellten ringförmigen Steuerelektroden angebracht. Hierdurch konnten mit dem Versuchsgefäß Messungen bis etwa 200 kV Wechselspannung durchgeführt werden.

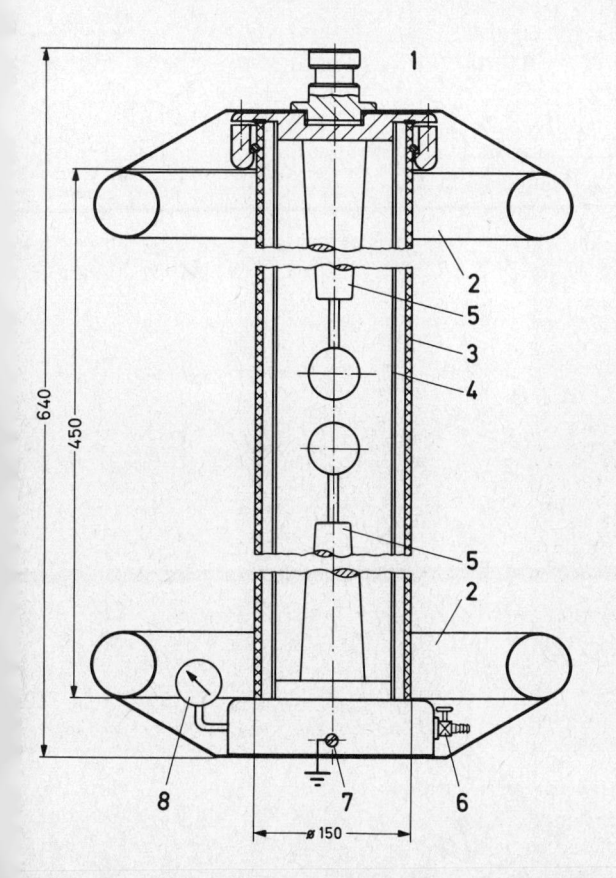

**Bild 3.7-4**
Versuchsgefäß zur Messung der Durchschlagsspannung bei Drücken von 1 mbar bis 6 bar

1 Gefäßdeckel (Hochspannungsanschluß)
2 Steuerelektroden
3 Plexiglaszylinder
4 Hartpapierzylinder
5 Elektrodenhalter
6 Absperrhähne
7 Erdanschluß
8 Druckmesser

*b) Gültigkeit des Paschen-Gesetzes für eine Anordnung in Luft*

Die zu untersuchende Elektrodenanordnung ist eine Kugelfunkenstrecke mit D = 50 mm. Für die Schlagweiten s = 10 mm und s = 20 mm ist die Durchschlagswechselspannung $U_d$ von Luft zu messen.

Bei der Durchführung der beschriebenen Messung ergab sich die Abhängigkeit von Bild 3.7-5. Daraus folgt, daß hier die Gültigkeit des Paschen-Gesetzes gut erfüllt ist. Weiterhin treten im durchfahrenen Druckbereich nach erfolgtem Durchschlag unterschiedliche Arten der Gasentladung auf. Bild 3.7-6 zeigt eine Glimmentladung, wie sie sich bei p = 10 mbar einstellt, und eine Lichtbogenentladung bei Normaldruck.

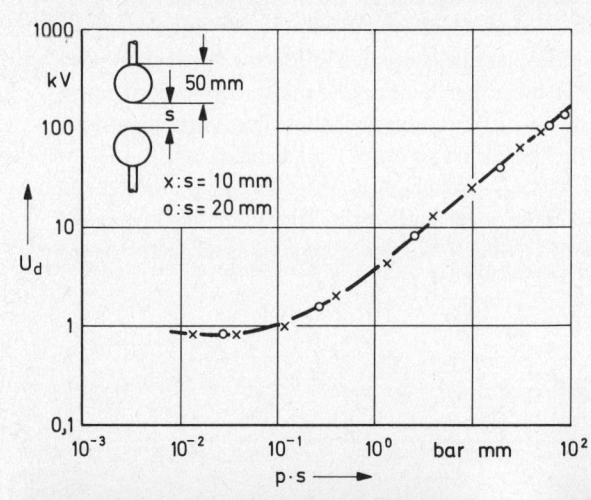

**Bild 3.7-5** Meßwerte der Durchschlagsspannung zwischen Kugeln in Luft

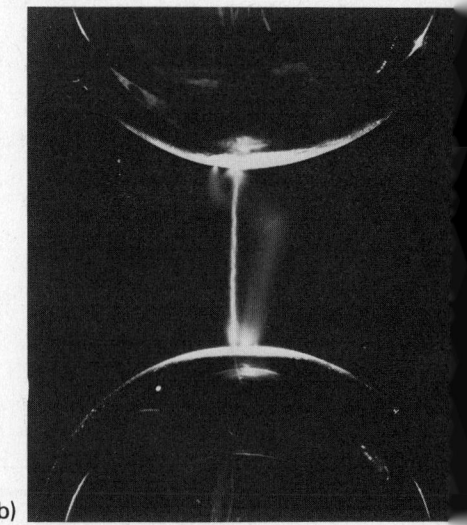

**Bild 3.7-6.** Gasentladungsarten in Luft bei Wechselspannung Schlagweite: s = 20 mm
a) Glimmentladung, Druck 10 mbar, Belichtungszeit 5 s
b) Lichtbogenentladung, Druck 1 bar, Belichtungszeit 40 ms

## 3.7. Versuch „Durchschlag von Gasen"

### c) Durchschlagsspannung einer Anordnung in $SF_6$

Mit Hilfe eines zweiten Prüfgefäßes nach Bild 3.7-4 werden zum Vergleich die Messungen der Durchschlagsspannung $U_d$ der Kugelfunkenstrecke bei s = 20 mm in $SF_6$ im Druckbereich von 1 . . . 6 bar vorgenommen. Der Gasdruck wird mit einer $SF_6$-Preßgasflasche erzeugt.

Es empfiehlt sich, die Messungen von $SF_6$ und Luft in getrennten Prüfgefäßen vorzunehmen, da nach Füllung eines Versuchsgefäßes mit $SF_6$ das verbleibende Restgas auch nach langer Evakuierungszeit die Ergebnisse späterer Messungen in Luft beeinflussen könnte.

Bei Messungen in der beschriebenen Versuchsanordnung ergaben sich die im Diagramm von Bild 3.7-7 dargestellten Werte. Bei gleichem Druck ist die Festigkeit von $SF_6$ etwa um den Faktor 2 höher als bei Luft.

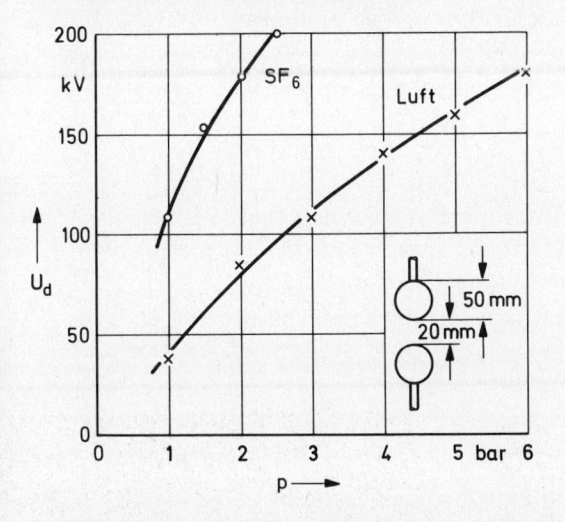

**Bild 3.7-7**
Druckabhängigkeit der Durchschlagsspannung einer Kugel-Kugel-Funkenstrecke in Luft und Schwefelhexafluorid

### d) Druckabhängigkeit der Durchschlagsspannung im stark inhomogenen Feld

Um das Durchschlagsverhalten von $SF_6$ in Abhängigkeit vom Druck im stark inhomogenem Feld zu zeigen, wird als Elektrodenanordnung eine Anordnung Spitze-Platte eingesetzt. Der Durchmesser der Platte beträgt D = 50 mm, die Spitze ist als $10°$-Kegel eines Stabes von 10 mm Durchmesser ausgeführt. Als Schlagweite ist s = 40 mm einzustellen. Die Messungen sind im Druckbereich von 1 . . . 6 bar durchzuführen. Die Einrichtungen zur Erzeugung und Messung des Unterdruckes können daher abgeklemmt werden.

Bei der Durchführung der beschriebenen Versuche ergab sich die in Bild 3.7-8 dargestellte Abhängigkeit für die Schlagweiten s = 20, 30 und 40 mm. Der in einem gewissen Druckbereich mit steigendem Druck abnehmende Verlauf der Durchschlagsspannung liegt bei schweren Gasen wie $SF_6$ bei wesentlich niedrigeren Druckwerten als bei leichten Gasen wie Luft. Diese Erscheinung kann mit einer Änderung des Entladungsmechanismus, und zwar mit dem Übergang von dem Townsend- in den Kanal-Mechanismus erklärt werden [*Hartig* 1965].

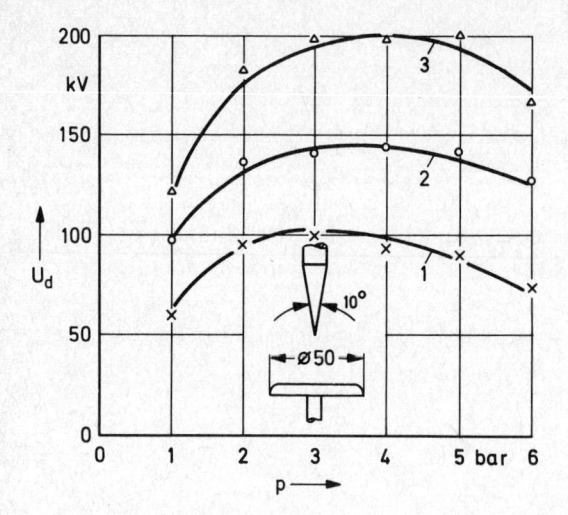

**Bild 3.7-8**
Druckabhängigkeit der Durchschlagsspannung einer Spitze-Platte-Funkenstrecke in $SF_6$
1  s = 20 mm
2  s = 30 mm
3  s = 40 mm

### 3.7.3. Ausarbeitung

Die bei 3.7.2b für s = 10 mm und s = 20 mm und verschiedene Drücke gemessenen Durchschlagsspannungen der Kugelfunkenstrecke sind als Funktion $U_d = f(ps)$ auf doppeltlogarithmischem Papier in einem Diagramm darzustellen.

Die oben dargestellten Durchschlagsspannungen $U_d$ der Kugelfunkenstrecke mit s = 20 mm in Luft sollen zusammen mit den unter 3.7.2c in $SF_6$ gemessenen Werten in einem Diagramm $U_d = f(p)$ dargestellt werden.

Die nach 3.7.2d gemessenen Durchschlagsspannungen einer Spitze-Platte-Anordnung in $SF_6$ sind als Funktion des Druckes $U_d = f(p)$ in einem Diagramm darzustellen.

Schrifttum: *Gänger* 1953; *Meek, Craggs* 1953; *Sirotinski* 1955; *Llewellyn-Jones* 1957; *Flegler* 1964; *Raether* 1964; *Kuffel, Abdullah* 1966

## 3.8. Versuch „Stoßspannungs-Meßtechnik"

Der zeitliche Verlauf einer Stoßspannung wird oft durch die Eigenschaften des an den Generator angeschlossenen Prüflings erheblich beeinflußt. Dies gilt insbesondere bei Durchschlagsvorgängen, die ein beabsichtigtes oder unbeabsichtigtes Abschneiden der Stoßspannung zur Folge haben können. Ferner ist für die Isolationskoordination in Anlagen die Kenntnis der Stoßkennlinien der verwendeten Hochspannungsgeräte wichtig. Oszillografische Messungen schnell veränderlicher Spannungen sind daher zur Beurteilung von Prüfergebnissen unerläßlich. Die in diesem Versuch behandelten Themen können in folgenden Stichworten zusammengefaßt werden:

Vervielfachungsschaltung nach *Marx*
Stoßspannungsteiler
Stoßkennlinien

## 3.8. Versuch „Stoßspannungs-Meßtechnik"

Voraussetzung für eine erfolgreiche Teilnahme ist die Kenntnis der Abschnitte
1.3. Erzeugung und Messung hoher Stoßspannungen
3.3. Versuch „Stoßspannungen".

In diesem Versuch wird die in Bild 1.3-4 dargestellte Schaltung nach *Marx* zur Stoßspannungserzeugung verwendet. Die Daten des einstufigen Ersatzschaltbildes, das die Spannungsform zu berechnen erlaubt, können nach Abschnitt 1.3.2 ermittelt werden.

### 3.8.1. Grundlagen

*a) Elemente eines Stoßspannungsmeßsystems*

Die Schaltung eines vollständigen Stoßspannungskreises ist in Bild 1.3-11 dargestellt. Die zu messende hohe Stoßspannung $u_1(t)$ muß durch einen Spannungsteiler zunächst stark herabgesetzt werden. Vom Abgriff dieses Teilers wird die dem Hochspannungssignal proportionale Meßspannung über ein Meßkabel dem KO oder einem elektronischen Scheitelspannungsmeßgerät zugeführt. Oft wird der Belastungskondensator einer Stoßanlage gleichzeitig als kapazitiver Spannungsteiler verwendet. Bei der Ausführung einer Stoßanlage in Schaltung a kann auch der Entladewiderstand als ohmscher Spannungsteiler ausgebildet werden. Diese Anordnungen sind jedoch nur zur Bestimmung des Scheitelwerts einer vollen oder im Rücken abgeschnittenen Blitzstoßspannung 1,2-50 verwendbar. Zur Messung von in der Stirn abgeschnittenen Stoßspannungen sind sie weniger geeignet. Ein Spannungsteiler, der keine Doppelfunktion erfüllen muß, kann den Meßaufgaben besser angepaßt werden.

Da die Spannung am Eingang des Oszillografen in beliebiger Höhe erzeugt werden kann, ist ein Verstärker nicht notwendig; die Spannung kann direkt auf die vertikalen Ablenkplatten der Bildröhre gegeben werden. Man baut solche Oszillografen mit Ablenkempfindlichkeiten von 50 . . . 150 V/cm. Potentialdifferenzen im Meßsystem und Einstreuungen in der Größenordnung von einigen Volt beeinflussen bei diesen Oszillografen den zu messenden Vorgang nur wenig. Werden Oszillografen mit Verstärker verwendet, so sind meist zusätzliche Erdungs- und Abschirmungsmaßnahmen erforderlich.

Das zu messende Signal wird auf dem Weg von den Klemmen des Prüflings bis zum Oszillografen verfälscht, und zwar im allgemeinen um so mehr, je höhere Frequenzkomponenten darin enthalten sind. Für die Messung schnell veränderlicher Stoßspannungen ist daher eine Prüfung des Übertragungsverhaltens des Meßsystems erforderlich.

Als Maß für die Wiedergabetreue wird in der Hochspannungstechnik die Sprungantwort des gesamten Meßsystems herangezogen. Eine charakteristische Größe der Sprungantwort ist die Antwortzeit T. Sie kann bei bekannten elektrischen Eigenschaften des Teilers berechnet oder mit Nieder- oder Hochspannung experimentell bestimmt werden. In diesem Versuch wird das bei 1.3.7 beschriebene Verfahren zur Bestimmung von T unter Verwendung einer Testfunkenstrecke mit genau bekannter Stoßkennlinie angewendet.

*b) Stoßkennlinien*

Wird eine Anordnung mit Stoßspannungen einer bestimmten Spannungsform und höherem Scheitelwert als für einen Durchbruch erforderlich beansprucht, so spricht man von überschießenden Stoßspannungen. Je höher bei einer solchen Prüfung der Scheitelwert $\hat{U}$ der ohne Abschneiden auftretenden vollen Stoßspannung ist, um so kürzer wird die Zeit $t_d$ bis zum Durchschlag des Prüflings. Diese Zusammenhänge werden durch die für eine gegebene Anordnung und Spannungsform charakteristische Stoßkennlinie $U_d = f(t_d)$ beschrieben, wobei mit $U_d$ der höchste Wert der vor dem Durchschlag aufgetretenen Spannung bezeichnet wird; $t_d$ ist die Zeit zwischen Nennbeginn (Punkt $0_1$ in Bild 1.3-2) und dem Beginn des Spannungszusammenbruchs. Zu einer Stoßkennlinie sind stets die eingestellte Form der Stoßspannung und die Polarität anzugeben, die der Kennlinie zugrunde liegen.

Nach 3.3 kommt es nur dann zum Durchschlag einer Funkenstrecke, wenn die Spannung länger als die Summe von statistischer Streuzeit $t_s$ und Aufbauzeit $t_a$ oberhalb der statischen Einsetzspannung $U_e$ bleibt. Da die Stirnzeit einer Blitzstoßspannung gegebener Form unabhängig vom Scheitelwert $\hat{U}$ ist, erhöht sich mit zunehmendem Scheitelwert die Steilheit des Spannungsanstiegs. Bei größerer Steilheit kann also die Spannung während der Verzugszeit $t_v$ weiter über den Wert $U_e$ hinaus ansteigen; hierdurch erklärt sich die Zunahme von $U_d$ bei stärker überschießender Spannung.

Streuzeit und Aufbauzeit sind jedoch nicht unabhängig von der beanspruchenden Spannung. Für Anordnungen mit homogenem oder nur schwach inhomogenem elektrischen Feld (Beispiel: Kugelfunkenstrecke) nehmen $t_s$ und $t_a$ mit wachsender Überspannung $\hat{U}/U_e$ sehr schnell ab. Bei einer Anordnung mit stark inhomogenem Feld (Beispiel: Stabfunkenstrecke) bestimmt die Aufbauzeit den gesamten Zeitverzug und nimmt auch bei hohen Überspannungen, verglichen mit dem homogenen Feld, nur langsam ab. Entsprechend ist der Abfall der Stoßkennlinie bei kurzen Durchschlagszeiten für Anordnungen mit inhomogenem Feld stärker ausgeprägt als für Anordnungen mit homogenem Feld.

Die experimentelle Ermittlung der Stoßkennlinie einer bestimmten Elektrodenanordnung erfordert eine große Anzahl von Teilmessungen bei verschiedenen Spannungsverläufen. Von mehreren Autoren wurde daher versucht, anhand physikalisch begründeter Ansätze Stoßkennlinien rechnerisch zu ermitteln. Untersuchungen haben ergeben, daß solche Ansätze nur in begrenzten Fällen Gültigkeit haben können [*Wiesinger* 1966; *Hövelmann* 1966]. Dennoch ist eine solche Berechnung der Stoßkennlinie unter gewissen einschränkenden Annahmen und in einem bestimmten Bereich der Durchschlagszeiten sinnvoll und bietet die Möglichkeit der Umrechnung einer an ähnlichen Anordnungen gemessenen Stoßkennlinie.

Zur Berechnung der Stoßkennlinie von Anordnungen mit homogenem oder schwach inhomogenem elektrischen Feld hat sich eine Annahme als brauchbar erwiesen, die davon ausgeht, daß für eine gegebene Funkenstrecke die „Aufbaufläche", d.h. die Spannungs-Zeit-Fläche F oberhalb der statischen Durchbruchsspannung $U_e$ auch bei unterschiedlicher Spannungsform konstant bleibt [*Kind* 1958]:

$$F = \int_{t_e}^{t_d} [u(t) - U_e]\, dt = \text{const}$$

## 3.8. Versuch „Stoßspannungs-Meßtechnik"

Die untere Integrationsgrenze ist hierbei durch $u(t_e) = U_e$ bestimmt. In Bild 3.8-1 sind diese Zusammenhänge für eine Beanspruchung mit Keilstoßspannungen verschiedener Anstiegssteilheiten dargestellt.

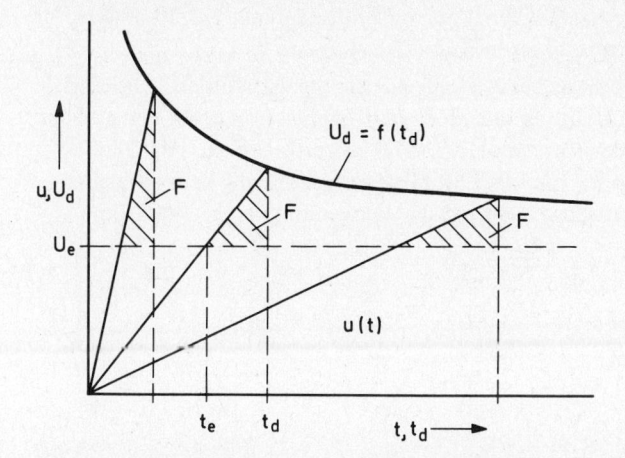

**Bild 3.8-1** Aufbaufläche und Stoßkennlinie

Ist die Aufbaufläche einer Anordnung durch Messung mit einem bestimmten Spannungsverlauf bekannt, so läßt sich die Durchschlagsspannung für jede andere Spannungsform berechnen, was im Fall der Keilstoßspannung besonders einfach wird. Man erhält für diesen Fall mit der Anstiegssteilheit S:

$$F = \frac{1}{2} \frac{(U_d - U_e)^2}{S}$$

$$U_d = U_e + \sqrt{2FS}$$

Für die in 1.3.7 erwähnte Testfunkenstrecke ergibt sich beispielsweise eine Aufbaufläche von $F \approx 2$ kV μs.

Bisher wurden die statistischen Schwankungen der Verzugszeit vernachlässigt. In Wirklichkeit ergibt sich nicht eine Stoßkennlinie, sondern ein Stoßkennlinienband, dessen obere Grenze einer Durchschlagswahrscheinlichkeit von 100 % entspricht und Streuzeitkennlinie heißt. Die untere Begrenzung wird Aufbauzeitkennlinie genannt und entspricht einer Durchschlagswahrscheinlichkeit von 0 %.

Um bei überschießenden Stoßspannungen eine wirksame Isolationskoordination zu gewährleisten, muß die Stoßkennlinie eines Überspannungsschutzgerätes bei allen Steilheiten der Spannung unterhalb der Stoßkennlinie des zu schützenden Gerätes liegen. Dies ist bei Verwendung von Überspannungsableitern im allgemeinen gewährleistet. Wird jedoch anstelle eines Ableiters eine Stabfunkenstrecke als Pegelfunkenstrecke eingesetzt ist der Schutz des Gerätes in Frage gestellt. Das Stoßkennlinienband der Stabfunkenstrecke steigt mit der Spannungssteilheit stark an, während die experimentell allerdings nur an einfachen Modellen bestimmbare Aufbauzeitkennlinie einer Innenisolation bis zu sehr großen Spannungssteilheiten flach verlaufen kann.

156                                                               3. Hochspannungspraktikum

### 3.8.2. Durchführung

*a) Aufbau und Untersuchung einer zweistufigen Stoßanlage*

Mit den Bauteilen des Hochspannungsbaukastens ist eine zweistufige Stoßspannungsanlage nach Schaltung a zur Erzeugung einer positiven Stoßspannung 1,2/50 aufzubauen. Das empfohlene Raumschaltbild ist in Bild 3.8-2 dargestellt.

Die verwendeten Elemente sind bereits bei Versuch 3.3 angegeben worden. Abgesehen von der durch die zweistufige Ausführung erforderlichen doppelten Anzahl der meisten Bauteile sind zusätzlich zwei Ladewiderstände RV = 50 kΩ erforderlich. Als Oszillograf ist ein KO mit einer Bandbreite von etwa 50 MHz geeignet. Falls kein spezieller Stoßspannungsoszillograf zur Verfügung steht, ist die Verwendung einer Meßkabine (siehe 2.2) zu empfehlen.

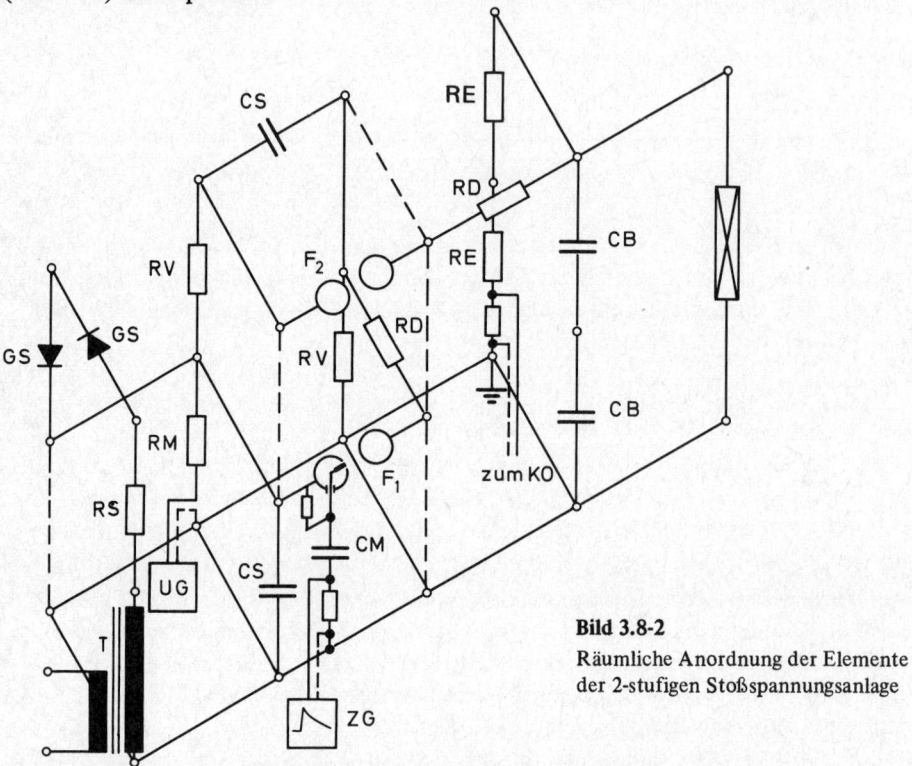

Bild 3.8-2
Räumliche Anordnung der Elemente der 2-stufigen Stoßspannungsanlage

Der Stoßgenerator wird durch einen Zündimpuls auf $F_1$ ausgelöst. Der Entladewiderstand 2 RE = 19 kΩ, der in dieser Schaltung parallel zum Prüfobjekt liegt, wird als hochspannungsseitiger Widerstand eines ohmschen Spannungsteilers verwendet (Teiler I). Die am niederspannungsseitigen Widerstand dieses Teilers auftretende Spannung wird über ein koaxiales, mit seinem Wellenwiderstand Z = 75 Ω abgeschlossenes Meßkabel dem KO zugeführt. Dieses Kabel ist durch ein hochwertiges Verzögerungskabel von 70 m Länge um eine Laufzeit von 340 ns verlängert. Am Eingang des Verzögerungskabels wird der Auslöseimpuls für die Zeitablenkung des KO abgenommen.

3.8. Versuch „Stoßspannungs-Meßtechnik" 157

Die einwandfreie Funktion des Stoßgenerators einschließlich der Auslösung des KO ist in einem größeren Schlagweitenbereich der Zündfunkenstrecke zu überprüfen. Anschließend sind zwei volle Stoßspannungen mit etwa 75 kV Stufenladespannung bei unterschiedlicher Zeitablenkung zu oszillografieren. Zusätzlich ist der Scheitelwert dieser Stoßspannung mit einer Kugelfunkenstrecke mit D = 100 mm zu messen.

Bei der Durchführung dieses Versuches wurde das in Bild 3.8-3 wiedergegebene Oszillogramm aufgenommen. Hieraus entnimmt man für die Zeitparameter

$T_s$ = 1,23 $\mu$s und $T_r$ = 45,6 $\mu$s

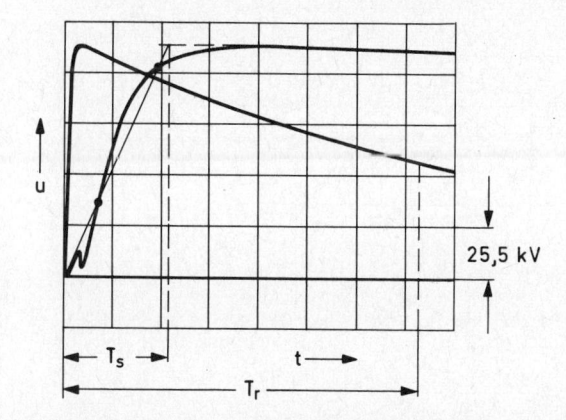

**Bild 3.8-3**
Oszillogramm der Stoßspannung
Zeitablenkung: 0,57 und 5,7 $\mu$s/Raster
Stufen-Ladespannung 75 kV
$T_s$ = 1,23 $\mu$s, $T_r$ = 45,6 $\mu$s

*b) Vergleich des Wiedergabeverhaltens zweier Stoßspannungsteiler*

Eine Kugelfunkenstrecke mit D = 100 mm und s = 30 mm ist als Testfunkenstrecke, wie in 1.3.7 beschrieben, zum Vergleich des Wiedergabeverhaltens zweier Spannungsteiler zu verwenden. Neben dem ohmschen Spannungsteiler I wird ein gedämpfter kapazitiver Spannungsteiler nach Bild 2.4-2 (Teiler II) untersucht, dessen Konstruktion in Abschnitt 2.4 beschrieben ist. Bei Benutzung des Teilers II erfolgt der Anschluß entsprechend Bild 1.3-10a.

Mit jedem Teiler ist bei Beanspruchung mit drei stark überschießenden Stoßspannungen der zeitliche Verlauf der Spannung an der Funkenstrecke in einem gemeinsamen Oszillogramm aufzunehmen. Dabei soll Teiler II parallel zur Funkenstrecke mit einer kurzen Zuleitung von etwa 1 m Länge und möglichst ohne Verzögerungskabel betrieben werden. Die Triggerung des KO geschieht dabei mittels einer Antenne oder direkt durch den Zündimpuls für den Stoßgenerator. In Bild 3.8-4 ist die „wahre" Stoßkennlinie für Normalbedingungen der hier verwendeten Testfunkenstrecke aufgetragen. Sie wurde nach dem bei 1.3.7 angegebenen Verfahren mit F = 1,06 kV $\mu$s berechnet.

Aus den Oszillogrammen ist die gemessene Durchschlagsspannung $(U_d)_{gem}$ der Testfunkenstrecke in Abhängigkeit von der Steilheit S des Spannungsanstiegs zu ermitteln. Dieser Anstieg ist im Bereich zwischen der gemessenen Durchschlagsspannung und der statischen Durchschlagsspannung $U_e$ = 85,5 kV der Funkenstrecke durch eine Gerade mit der Steilheit S möglichst gut anzunähern. Der Schnittpunkt dieser Geraden mit

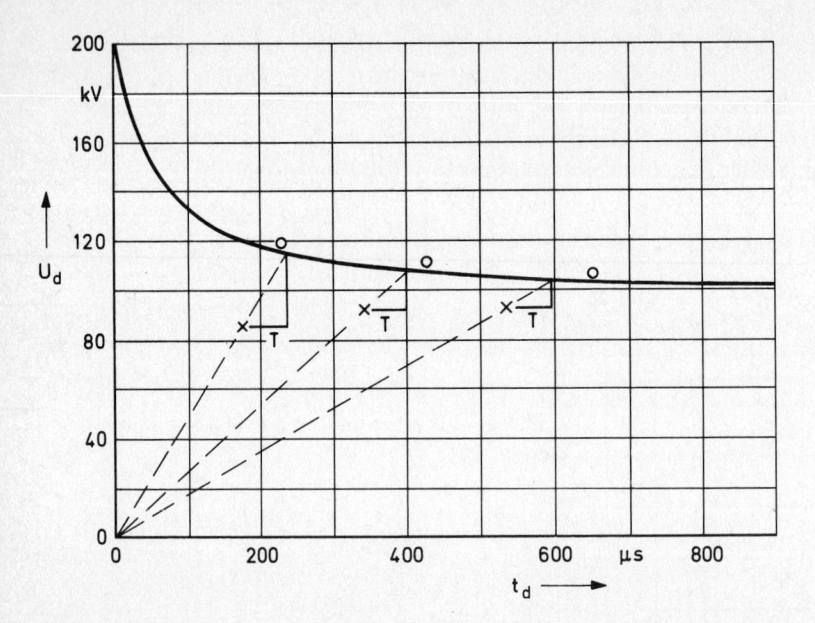

**Bild 3.8-4.** Stoßkennlinie der Testfunkenstrecke (100 mm φ, s = 30 mm) für pos. Keilstoßspannungen bei Normalbedingungen. x Meßpunkte mit Teiler I ermittelt bei d = 0,95, o Meßpunkte mit Teiler II

der Nullinie wird als Anfangspunkt der idealisierten gemessenen Keilstoßspannung bezeichnet. Die Zeit zwischen diesem Anfangspunkt und dem Spannungszusammenbruch ist die gemessene Durchschlagszeit $(t_d)_{gem}$ der idealisierten Keilstoßspannung.

Die Wertepaare $(U_d)_{gem}$ und $(t_d)_{gem}$ enthalten Amplituden- und Zeitfehler, und zwar insbesondere im Bereich großer Steilheiten. Die Steilheit S wird jedoch als richtig gemessen angenommen. Durch Vergleich der gemessenen Werte mit der Kennlinie in Bild 3.8-4 ist die Antwortzeit der beiden Spannungsmeßsysteme zu bestimmen.

Bei der Durchführung dieses Versuches ergaben sich für die beiden Teiler die in Bild 3.8-5 gezeigten Oszillogramme. Die statische Durchschlagsspannung der Testfunkenstrecke ist jeweils durch eine im Rücken abgeschnittene Stoßspannung bestimmt worden. Die den Oszillogrammen entnommenen Wertepaare für die bei d = 0,95 gemessenen und auf Normalbedingungen bezogenen Durchschlagsspannungen und Durchschlagszeiten wurden in Bild 3.8-4 eingetragen. Die zugehörigen „wahren" Punkte der Stoßkennlinie ergeben sich durch den Schnittpunkt einer Geraden mit der Steilheit S durch diese Meßpunkte. Die Antwortzeit T und der Spannungsfehler ST können direkt abgelesen werden.

Für das vorliegende Beispiel ergaben sich als Mittelwerte:

    Teiler I:    T = 60 ns

    Teiler II:   T ≈ 0    (Auswertung unsicher)

## 3.8. Versuch „Stoßspannungs-Meßtechnik"

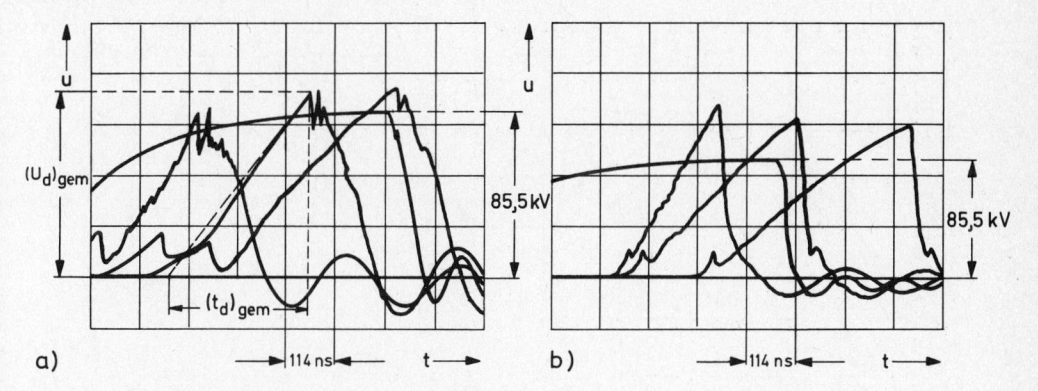

**Bild 3.8-5.** Oszillogramme des Spannungsverlaufs bei Beanspruchung einer Kugelfunkenstrecke in Luft mit s = 30 mm, Eichung durch $U_{d-50}$ = 85,5 kV
a) Ohmscher Teiler I
b) Gedämpfter kapazitiver Teiler II

### c) Aufnahme von Stoßkennlinien

Wie in 3.8.2b sind als Prüflinge wahlweise die Kugelfunkenstrecke mit s = 45 mm Schlagweite und ein Stützisolator mit Pegelfunkenstrecke nach Reihe 10 N (s = 86 mm) zu untersuchen. Auch hier sind wiederum die zeitlichen Verläufe von drei verschiedenen überschießenden Stoßspannungen je Prüfling aufzunehmen. Für diese Messung wurde eine Kugelfunkenstrecke gewählt, weil ihre Stoßkennlinie einen ähnlichen Verlauf aufweist wie die innere Isolierung von Hochspannungsgeräten.

Aus den Oszillogrammen ist die Durchschlagsspannung jeder der beiden untersuchten Anordnungen in Abhängigkeit von der Durchschlagszeit $t_d$ zu ermitteln. Diese ist vom Nennbeginn der Normstoßspannung 1,2/50 an zu zählen. Für die Messungen ist Teiler II zu benutzen.

Bei einer Durchführung des Versuches wurden die Oszillogramme in Bild 3.8-6 aufgenommen. Die Auswertung ergibt die Stoßkennlinie in Bild 3.8-7. Aus dem Schnittpunkt der Kennlinien für die Kugelfunkenstrecke und die Pegelfunkenstrecke entnimmt man einen Wert von 0,12 kV/µs als diejenige Steilheit, bis zu der noch ein Schutz durch die Pegelfunkenstrecke gegeben ist.

### 3.8.3. Ausarbeitung

Die Daten der Schaltelemente des einstufigen Ersatzschaltbildes für die Anordnung nach Bild 3.8-2 sowie der Ausnutzungsgrad $\eta$ sollen berechnet werden.

Bestimmung von $T_s$, $T_r$ nach 3.8.2a sowie $\hat{U}$ aus dem Oszillogramm, Bestimmung von $\eta$, Vergleich von $\hat{U}$ mit dem Ergebnis der Funkenstreckenmessung.

Die Antwortzeiten verschiedener Teiler nach 3.8.2b sind zu vergleichen.

Aufnahme der Stoßkennlinien nach 3.8.2c.

Schrifttum: *Strigel* 1955; *Schwab* 1969

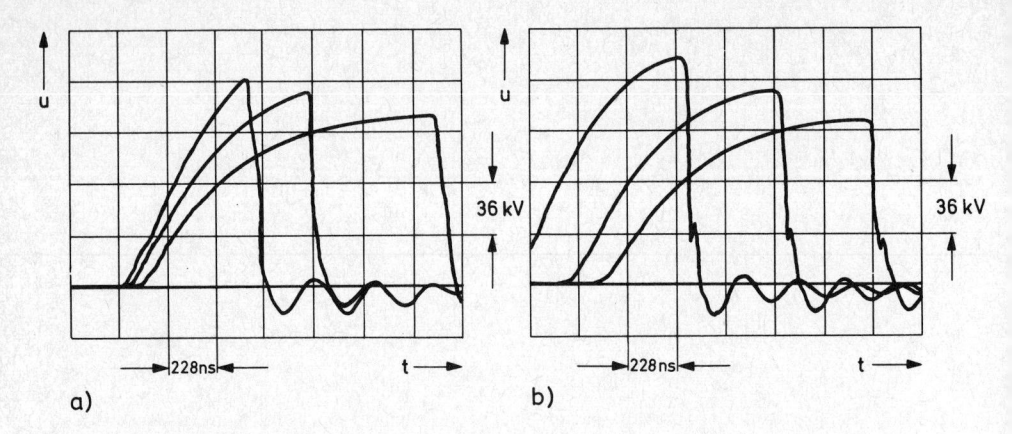

**Bild 3.8-6.** Oszillogramme des Spannungsverlaufs bei Beanspruchung verschiedener Prüflinge mit überschießender Stoßspannung
a) Kugelfunkenstrecke (s = 45 mm)
b) Pegelfunkenstrecke (s = 86 mm)

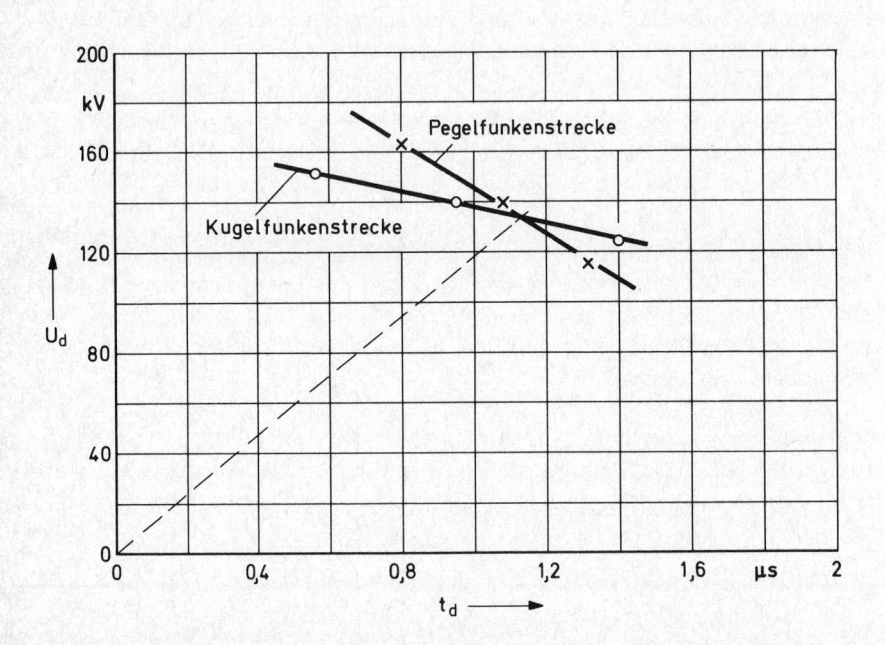

**Bild 3.8-7.** Stoßkennlinien einer Kugelfunkenstrecke (D = 100 mm, s = 45 mm) und einer Pegelfunkenstrecke (s = 86 mm)

## 3.9. Versuch „Transformatorprüfung"

Die Prüfung von technischen Erzeugnissen auf der Grundlage bestimmter Vorschriften dient dem Nachweis vereinbarter Eigenschaften. Leistungstransformatoren sind wichtige und teure Elemente von Hochspannungsnetzen, deren zuverlässige Beurteilung aufgrund von Hochspannungsprüfungen daher für die Betriebssicherheit der elektrischen Energieversorgung von besonderer Bedeutung ist.

Die in diesem Versuch behandelten Themen können in folgenden Stichworten zusammengefaßt werden:

Vorschriften für Hochspannungsprüfungen
Isolationskoordination
Durchschlagsprüfung von Isolieröl
Transformatorprüfung mit Wechselspannung
Transformatorprüfung mit Blitzstoßspannung

Vorausgesetzt werden Grundkenntnisse über den Aufbau von Drehstrom-Leistungstransformatoren und Kenntnis der Abschnitte

1.3. Erzeugung und Messung hoher Stoßspannungen
3.3. Versuch „Stoßspannungen".

### 3.9.1. Grundlagen

*a) VDE-Vorschriften und IEC-Empfehlungen*

Zur Beurteilung der Qualität elektrotechnischer Erzeugnisse und für den Handel mit ihnen sind verbindliche Richtlinien und Bestimmungen erforderlich. Diese werden auf nationaler Ebene in Deutschland von den Fachkommissionen des Verbandes Deutscher Elektrotechniker (VDE) erarbeitet und herausgegeben. Damit sie die Weiterentwicklung nicht hemmen, müssen die VDE-Vorschriften, entsprechend dem jeweiligen Stand der Technik, laufend überarbeitet und ergänzt werden. Sie enthalten neben den wichtigen Sicherheitsbestimmungen auch Anweisungen für die Durchführung von Prüfungen. Auf diese Weise entstanden anerkannte Regeln der Elektrotechnik, die bei Schadensfällen auch juristisch von Bedeutung sind.

Mit zunehmender Ausweitung des Handels auch über den nationalen Bereich hinaus ergab sich die Notwendigkeit, ähnliche Vorschriften auf internationaler Ebene herauszugeben. Wegen der großen Unterschiede, die sich unter anderem aus der historischen Entwicklung, den klimatischen Verschiedenheiten und den Maßsystemen ergaben, können internationale Vereinbarungen nur Rahmenempfehlungen sein. Sie werden von den Technischen Komitees der IEC erarbeitet. Für die wirtschaftliche Zusammenarbeit verschiedener Länder hat die Harmonisierung der nationalen Vorschriften eine große Bedeutung.

In VDE 0532 „Regeln für Transformatoren" sind neben Begriffserklärungen Bestimmungen über den Bau und die Prüfung von Transformatoren enthalten. Die in diesen und anderen Gerätevorschriften genannten Hochspannungsprüfungen orientieren sich an Bestimmungen, welche die Höhe der Prüfspannungen (VDE 0111) und die Erzeugung und Messung der Prüfspannungen (VDE 0433) betreffen.

## b) Isolationskoordination

Im Bereich der Hochspannungstechnik nehmen die „Leitsätze für die Bemessung und Prüfung der Isolation elektrischer Anlagen für Wechselspannungen von 1 kV und darüber" (VDE 0111) eine übergeordnete Stellung ein, weil in ihnen die Prüfspannungen einheitlich festgelegt sind. Hierbei werden zur Kennzeichnung der Isolation eines Betriebsmittels Reihenspannungen entsprechend den genormten Nennspannungen verwendet.

Eine jede Gefährdung ausschließende Ausführung der Isolierung ist bei äußeren Überspannungen aus wirtschaftlichen Gründen meist nicht möglich. Man wählt daher die Prüfspannung für Blitzstoßspannungen so, daß im Betrieb keine Durchschläge im Innern der Betriebsmittel oder über offene Trennstrecken auftreten. Zur Isolationskoordination ist es erforderlich, die Festigkeit der inneren Isolierung (oberer Stoßpegel) höher zu legen als die Durch- und Überschlagsspannung von Luftschlagweiten (unterer Stoßpegel). Ferner muß durch Überspannungsschutzgeräte die Höhe der auftretenden Überspannungen begrenzt werden (Schutzpegel). Für Blitzstoßspannungen wird die Spannungsform mit 1,2/50 festgelegt.

Eine Prüfung mit Schaltstoßspannungen zum Nachweis der Festigkeit gegenüber inneren Überspannungen hat für große Schlagweiten in Luft bei stark inhomogenem Feld besondere Bedeutung. Luftschlagweiten von Isolierungen für über 220 kV Betriebsspannung sollten daher einer entsprechenden Typenprüfung unterworfen werden. Prüfungen mit Schaltstoßspannung können aber auch als Stückprüfung und für Geräte mit niedrigerer Betriebsspannung anstelle einer Prüfung mit stark überhöhter Wechselspannung sinnvoll sein.

In Tabelle 3.9-1 sind als Beispiele einige Prüfspannungen und Schutzpegel für Betriebsmittel in Drehstromanlagen angegeben.

**Tabelle 3.9-1.** Prüfspannungen und Schutzpegel für Betriebsmittel in Drehstromanlagen mit nicht starr geerdetem Sternpunkt

| Reihenspannung kV | Prüfwechselspannung kV | Stoßpegel unterer kV | Stoßpegel oberer kV | Schutzpegel kV |
|---|---|---|---|---|
| 10 | 28 | 75 | 85 | 40 |
| 20 | 50 | 125 | 145 | 80 |
| 30 | 70 | 170 | 195 | 120 |
| 60 | 140 | 325 | 375 | 235 |
| 110 | 230 | 550 | 630 | 415 |
| 220 | 460 | 1050 | 1200 | 825 |

## c) Prüfung von Isolierölen

Leistungstransformatoren für hohe Spannungen enthalten große Mengen von Isolieröl zur Isolierung und Kühlung. Gute dielektrische Eigenschaften des Isolieröls sind daher eine wichtige Voraussetzung für eine einwandfreie Isolation solcher Transformatoren. Da die Durchschlagsfestigkeit des Isolieröls wesentlich von Zusammensetzung, Aufbe-

## 3.9. Versuch „Transformatorprüfung" 163

reitung und Alterungszustand abhängt, ist ihre Bestimmung ein wichtiger Teil der Hochspannungsprüfung von Transformatoren.

In VDE 0370 „Vorschriften für Transformatoren-, Wandler- und Schalteröle" ist unter genauer Angabe der Prüfungsdurchführungen eine Mindestqualität für Neu- oder Betriebsöle festgelegt. Das vollständige Prüfprogramm umfaßt unter anderem folgende Eigenschaften: Reinheit, Dichte, Viskosität, Durchschlagsspannung, dielektrischer Verlustfaktor und spezifischer Durchgangswiderstand.

Die Durchschlagsspannung ist bei Verwendung eines genormten Prüfgefäßes mit Wechselspannung von Netzfrequenz zu messen. Als Elektroden sind die in Bild 3.9-1 dargestellten Kugelkalotten mit einer Schlagweite von s = 2,5 mm zu wählen. Die Prüfspannung ist von Null an mit etwa 3 kV je s bis zum Durchschlag zu steigern. Mit jeder Ölprobe sind sechs Durchschlagsversuche durchzuführen. Der aus der 2. bis 6. Messung zu errechnende Mittelwert der Durchschlagsspannung darf bestimmte Mindestwerte nicht unterschreiten. Diese betragen für Neuöle in Transformatoren und Wandlern 50 kV, in Schaltgeräten 30 kV; für im Betrieb befindliche Geräte sind niedrigere Werte zugelassen.

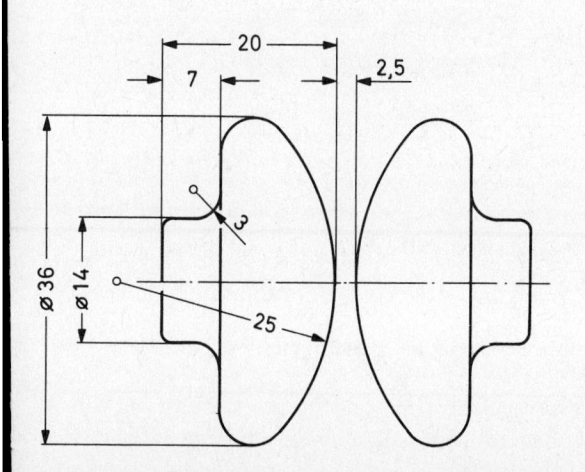

**Bild 3.9-1**
Elektroden für die Messung der Durchschlagsspannung von Isolierölen nach VDE 0370

### d) Prüfung von Drehstrom-Transformatoren mit Wechselspannung

Bei Hochspannungsgeräten mit Wicklungen hat man zwischen Wicklungs- und Windungsprüfung zu unterscheiden. Beide Prüfungen werden als Stückprüfungen durchgeführt.

Bei der Wicklungsprüfung mit der Prüfspannung $U_p$ wird entsprechend Bild 3.9-2 die Isolation zwischen allen Hochspannungswicklungen und den mit dem Kern verbundenen Unterspannungswicklungen geprüft. Bei einpolig isolierten Hochspannungswicklungen kann die Wicklungsprüfung am fertigen Gerät nur mit einer Spannung entsprechend der Isolation der erdseitigen Ausleitung durchgeführt werden.

Bei der Windungsprüfung (Prüfung mit induzierter Spannung) wird die Isolation der einzelnen Windungen gegeneinander geprüft. Dabei kann die Prüffrequenz erhöht werden, falls durch Eisensättigung die Stromaufnahme unzulässig groß wird. In Bild 3.9-3 sind zwei Schaltungen zur Windungsprüfung von Drehstromtransformatoren mit verschiedenen Schaltgruppen dargestellt. Die Prüfung ist bei zyklischer Vertauschung der Phasen durchzuführen, so daß jede Wicklung einmal die volle Prüfspannung $U_p$ erhält. Dabei erfolgt die Erregung durch den Anschluß zweier Klemmen der Ober- oder Unterspannungswicklung an eine einstellbare Wechselspannung.

**Bild 3.9-2**
Schaltung zur Wicklungsprüfung

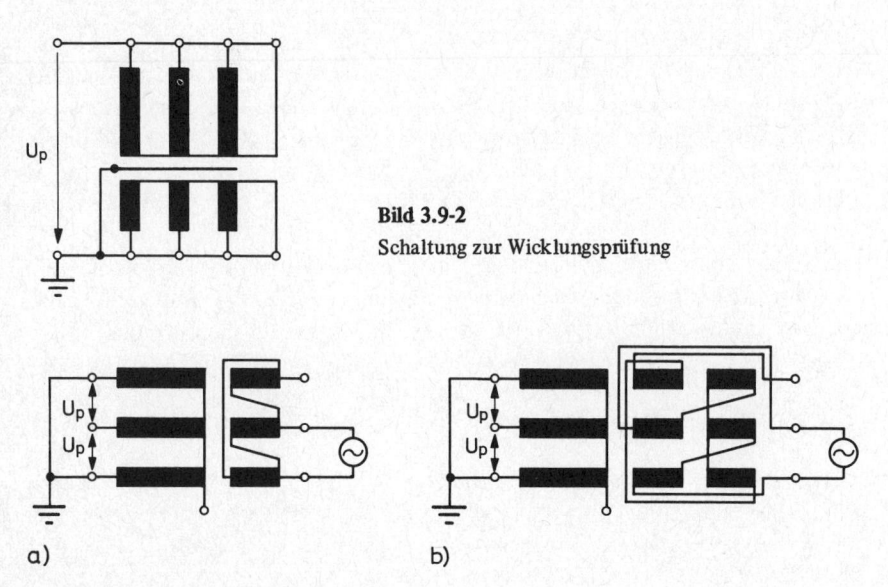

a)    b)

**Bild 3.9-3.** Schaltungen zur Windungsprüfung
a) Schaltgruppe Yd 5,  b) Schaltgruppe Yz 5

*e) Prüfung von Transformatoren mit Blitzstoßspannung*

Für Stoßspannungsprüfungen von Transformatoren ist vor allem eine Prüfung der Windungsisolation wichtig, da hierbei eine ungleichmäßige Spannungsverteilung entlang den Wicklungen zu befürchten ist (siehe auch Abschnitt 3.11). Die besondere Schwierigkeit dieser Prüfung liegt in der sicheren Feststellung auch kleiner und nur vorübergehend auftretender Teilschäden. Es muß auf jeden Fall vermieden werden, daß bei der Prüfung ein Schaden entsteht, der unerkannt bleibt und zur Ursache eines späteren Ausfalls im Betrieb wird. Stoßspannungsprüfungen von Transformatoren werden in der Regel als Typenprüfungen durchgeführt.

Eine 1949 von *R. Elsner* vorgeschlagene Meßschaltung zeigt Bild 3.9-4. Der bei schnellen Vorgängen vorwiegend kapazitiv auf die Unterspannungswicklung US übertragene Strom $i_c$ wird durch seinen Spannungsabfall am Meßwiderstand $R_i$ oszillografisch gemessen. Teildurchschläge in der Oberspannungswicklung OS verändern die durch den Stoß ausgelösten Schwingungen und machen sich außerdem durch Überlagerung einer höherfrequenten Schwingung bemerkbar. Fehler in der Oberspannungswicklung erkennt man durch Vergleich der Oszillogramme des Ladestromes bei der Prüfung mit einer genügend

3.9. Versuch „Transformatorprüfung"  165

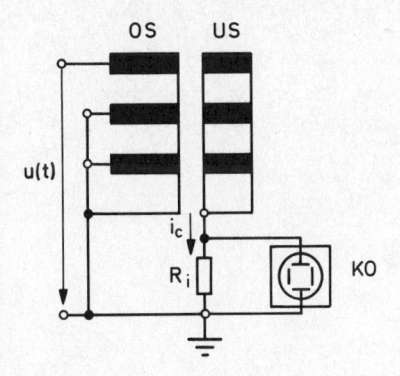

**Bild 3.9-4**
Schaltung zur Prüfung mit Blitzstoß-
spannung nach Elsner
OS Oberspannungswicklung,
US Unterspannungswicklung

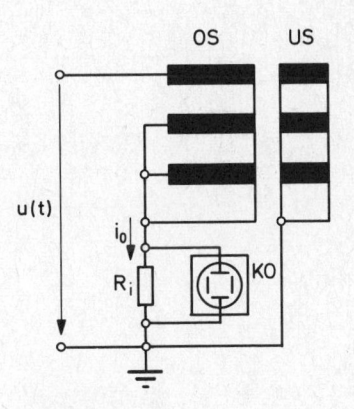

**Bild 3.9-5**
Schaltung zur Prüfung mit Blitzstoß-
spannung nach Hagenguth
OS Oberspannungswicklung,
US Unterspannungswicklung

kleinen Stoßspannung (Einstellstoß), die noch keine Fehler zur Folge hat, und einer Belastung mit der vollen Prüfstoßspannung (Prüfstoß).
Bild 3.9-5 zeigt eine 1944 von *J. H. Hagenguth* vorgeschlagene Meßschaltung. Hierbei wird der nach Erde abfließende Magnetisierungsstrom $i_0$ der gestoßenen Wicklung gemessen. Die Fehlererkennung erfolgt wieder durch Vergleich der so gewonnenen Oszillogramme von Einstellstoß und Prüfstoß.
Im allgemeinen werden diese Prüfungen mit vollen Stoßspannungen durchgeführt. In Sonderfällen kann mit dem Abnehmer zusätzlich die Prüfung mit abgeschnittenen Stoßspannungen vereinbart werden. Durch den schnellen Spannungszusammenbruch stellt diese Prüfung eine besonders hohe Beanspruchung der Isolierung dar.

### 3.9.2. Durchführung

*a) Durchschlagsprüfung eines Isolieröls nach VDE 0370*

Es ist eine Schaltung nach Bild 3.9-6 aufzubauen. Dabei werden folgende Schaltelemente verwendet:

T    Prüftransformator, Nennübersetzung 220 V/100 kV
CM   Meßkondensator, 100 pF
SM   Scheitelspannungs-Meßgerät (siehe 3.1).

Dem zu untersuchenden Transformator wird eine Ölprobe entnommen. Das zu prüfende Öl ist unter Vermeidung von Blasenbildung langsam (entlang eines Glasstabes) in das Prüfgefäß einzufüllen und soll vor Anlegen der Spannung 10 min im Prüfgefäß ruhig stehen. Die Spannung muß im Augenblick des Durchschlags abgeschaltet werden. Nach jedem Durchschlag ist eine Pause von etwa 2 min einzulegen und der Durchschlagsstrecke zwischen den Elektroden neues Öl dadurch zuzuführen, daß man ein Rührstäbchen vorsichtig durch den Zwischenraum hindurchführt.

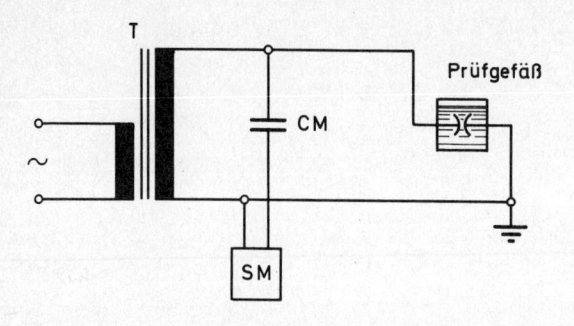

**Bild 3.9-6**
Schaltung zur Durchschlagsprüfung von Isolierölen

*b) Wechselspannungsprüfung eines Öltransformators nach VDE 0532*

An die Schaltung nach Bild 3.9-6 wird als Prüfling ein Öltransformator der Reihe 20 angeschlossen.

Die Hochspannungswicklung des Transformators ist, soweit durchführbar, den Prüfwechselspannungen zu unterziehen. Wie für die Wiederholung von Spannungsprüfungen an gebrauchten Transformatoren außerhalb der Garantiezeit vorgeschrieben, dürfen hier jedoch nur 70 % der Prüfspannungswerte nach VDE 0111 angelegt werden.

*c) Stoßspannungsprüfung eines Öltransformators nach VDE 0532*

Es ist eine einstufige Stoßanlage nach Bild 3.3-2, jedoch zur Erzeugung negativer Blitzstoßspannungen der Form 1,2/50 in VDE-Schaltung b aufzubauen. Als Prüfling ist der Drehstrom-Öltransformator von 3.9.2b anzuschließen und eine Stabfunkenstrecke mit einstellbarer Schlagweite s parallel zu schalten. Die Fehlererkennung soll mit Hilfe einer der in den Bildern 3.9-4 und -5 angegebenen Schaltungen (Richtwert $R_i = 75~\Omega$) und unter Verwendung eines Zweistrahl-Oszillografen (Bandbreite $\geqslant 1$ MHz) erfolgen. Ohne Prüfling ist die einwandfreie Funktion der Anlage für Ladegleichspannungen von $U_0 =$ 70 ... 130 kV einschließlich der oszillografischen Messung zu überprüfen. Die Messung des Scheitelwertes kann hier über $U_0$ erfolgen, wobei für den Ausnutzungsgrad $\eta$ ein konstanter Wert anzunehmen ist. Nun ist der Prüfling anzuschließen. Zum Nachweis des oberen und des unteren Stoßpegels sind folgende Prüfungen durchzuführen (hier jedoch als Wiederholungsprüfungen nur mit 70 % der Neuwerte):

2 Einstellstöße mit vollen Stoßspannungen mit 75 % der Werte des unteren Pegels
2 Stöße zur Prüfung mit abgeschnittenen Stoßspannungen mit den Werten des oberen Pegels
2 Kontrollstöße mit vollen Stoßspannungen mit 100 % des unteren Pegels

Hierbei sind Oszillogramme von Spannung und Strom aufzunehmen. Vor Anschluß des Prüflings ist die Schlagweite der Stabfunkenstrecke so einzustellen, daß ein Abschneiden der Stoßspannung bei dem oberen Stoßpegel nach etwa 2 ... 4 µs erfolgt (Richtwert für Reihenspannung 20 kV: s = 80 mm). Bei der Durchführung einer entsprechenden Prüfung wurden die in Bild 3.9-7 wiedergegebenen Oszillogramme aufgenommen. Sie zeigen durch die Übereinstimmung der Verläufe von a) und c), daß der Transformator der Prüfung bestanden hat.

## 3.9. Versuch „Transformatorprüfung"    167

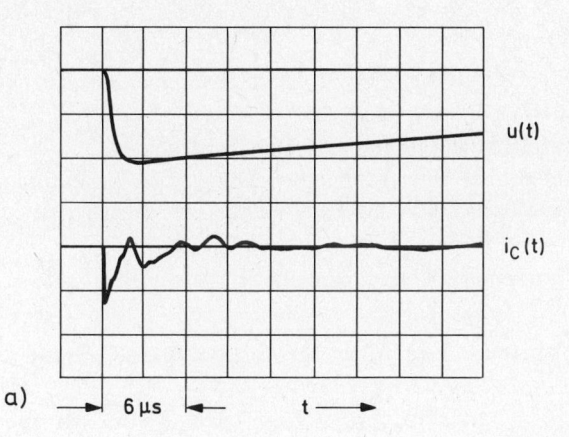

a) Einstellstoß

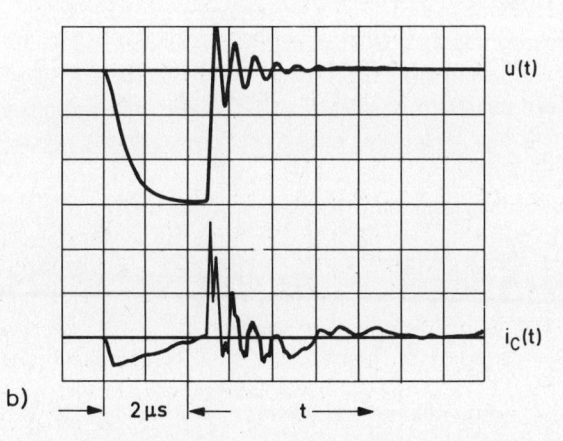

u(t)

i_C(t)

a)  ⊢ 6 µs ⊣   t →

b) Prüfung mit abgeschnittener Stoßspannung

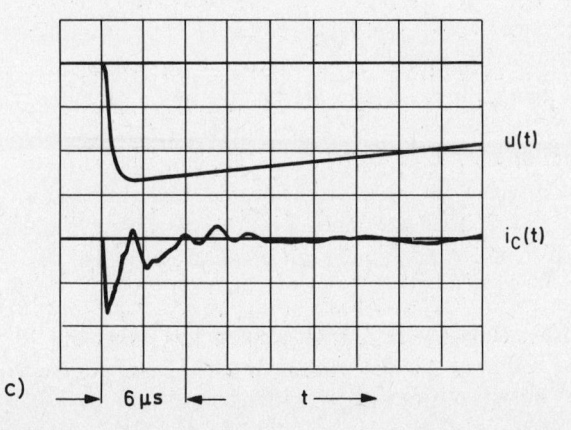

u(t)

i_C(t)

b)  ⊢ 2 µs ⊣   t →

c) Kontrolle mit voller Stoßspannung

u(t)

i_C(t)

**Bild 3.9-7**
Oszillogramme der Stoßspannungsprüfung eines Öltransformators der Reihe 20 nach Elsner

c)  ⊢ 6 µs ⊣   t →

**3.9.3. Ausarbeitung**

Die Durchschlagsspannung des bei 3.9.2a untersuchten Öls ist zu bestimmen. Ist das Öl für neue Transformatoren verwendbar?
Hat der Öltransformator die Wechselspannungsprüfung nach 3.9.2b bestanden?
Welche Spannung nimmt der Sternpunkt der Oberspannungswicklung eines Transformators bei einer Prüfung nach der Schaltung in Bild 3.9-3a an? Welche Prüffrequenz ist dabei etwa erforderlich?
Durch Vergleich der bei 3.9.2c aufgenommenen Oszillogramme ist festzustellen, ob die Prüfung bestanden ist.

Schrifttum: *Wellauer* 1954; *Strigel* 1955; *Sirotinski* 1965; *Heller, Veverka* 1968, *Greenwood* 1971

## 3.10. Versuch „Innere Überspannungen"

Nach Schalthandlungen sowie vorübergehenden Erd- und Kurzschlüssen in elektrischen Netzen können durch Ausgleichsvorgänge bedingte Überspannungen auftreten, die eine Gefährdung der Isolierung von Betriebsmitteln zur Folge haben. Neben diesen transienten Überspannungen können in Netzen mit nicht geerdetem Mittelpunkt auch stationäre Überspannungen entstehen. Von besonderer Bedeutung sind hierbei Netzschwingungen an Induktivitäten mit nichtlinearen Kennlinien.

Die in diesem Versuch behandelten Themen können in folgenden Stichworten zusammengefaßt werden:

Mittelpunktsverlagerung
Erdungsziffer
Magnetisierungskennlinie
Kippschwingungen
Subharmonische Schwingungen

Vorausgesetzt werden Grundkenntnisse über Mehrphasensysteme und über die Eigenschaften von Schwingkreisen.

**3.10.1. Grundlagen**

*a) Mehrphasennetze mit nicht geerdetem Mittelpunkt*

In Drehstrom-Hochspannungsnetzen mit nicht geerdetem Sternpunkt treten gegenüber Netzen mit geerdetem Sternpunkt zusätzliche Überspannungen auf. Sie entstehen bei Erdschluß eines Leiters oder angeregt durch Schaltvorgänge als Kippschwingungen und subharmonische Schwingungen. Die Ursachen für diese Erscheinungen sind in Induktivitäten mit nichtlinearem Verhalten zu suchen. Diese können z.B. als Hauptinduktivitäten von Spannungswandlern oder Transformatoren zusammen mit den Erdkapazitäten des Netzes Schwingkreise bilden.

Solche Überspannungserscheinungen treten in einem Zweiphasennetz mit isoliertem Mittelpunkt in entsprechender Weise wie in einem Drehstromnetz auf. Da eine zweiphasige Netznachbildung versuchstechnisch einfacher zu verwirklichen ist und die Vor-

## 3.10. Versuch „Innere Überspannungen"

gänge beim Entstehen der Überspannungen leichter überschaubar sind, wird bei dem hier besprochenen Versuch auf ein Zweiphasensystem zurückgegriffen. Bild 3.10-1 zeigt das für grundsätzliche Betrachtungen gültige Ersatzschaltbild eines zweiphasigen Netzes mit dem Transformator T, der Mittelpunktskapazität $C_0$, den Erdkapazitäten $C_{11}$ und einpolig isolierten Spannungswandlern $W_1$ und $W_2$ mit den Klemmenbezeichnungen U-X und u-x für die Primär- bzw. Sekundärwicklungen. Das Erdpotential ist mit E, der Mittelpunkt des Transformators mit Mp bezeichnet.

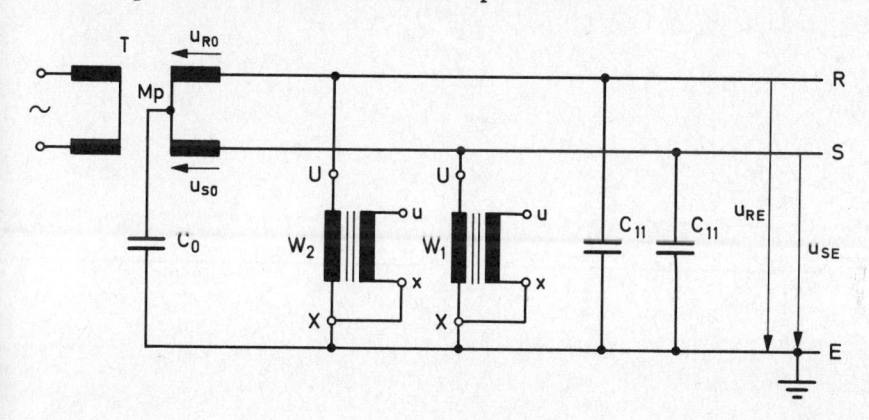

**Bild 3.10-1.** Vereinfachte Darstellung eines zweiphasigen Netzes mit nicht geerdetem Mittelpunkt
T Transformator $\quad C_{11}$ Erdkapazitäten
$C_0$ Mittelpunktskapazität $\quad W_1, W_2$ Spannungswandler

Im allgemeinen Betriebsfall wird das Potential von Mp durch die Größe der Erd- und Mittelpunktskapazitäten bestimmt. Im symmetrischen Belastungsfall und bei gleichen Erdkapazitäten $C_{11}$ besteht keine Potentialdifferenz zwischen Mittelpunkt Mp und Erde E. Für diesen Betriebsfall sind die Potentialverläufe und das Zeigerdiagramm in Bild 3.10-2 für ein Zweiphasensystem skizziert. Die Phasenspannungen sind gegeneinander um 180° phasenverschoben. An den Klemmen u-x der Spannungswandler können die Spannungen $u_{RO}$ und $u_{SO}$ gemessen werden. Bei einer Störung der Symmetrie des Systems ändern sich die Potentialverläufe. Die bei Erdschluß der Phase S auftretenden Spannungen sind in Bild 3.10-3 dargestellt. Die Transformatorspannungen $u_{RO}$ und $u_{SO}$ sind fest vorgegeben. Durch den Erdschluß erfolgt eine Verschiebung des Mittelpunktes Mp gegenüber der Erde E. An den Klemmen u-x des Spannungswandlers der Phase S mißt man den Wert Null, für die Phase R den Wert $u_{RO} - u_{SO}$.

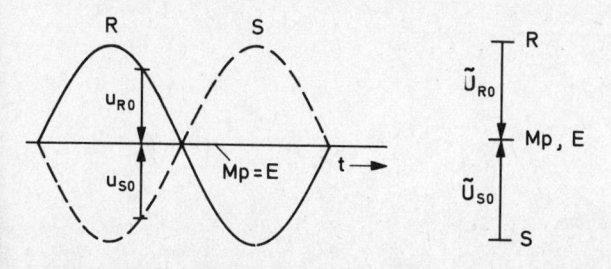

**Bild 3.10-2**
Potentialverläufe und Zeigerdiagramm eines symmetrischen zweiphasigen Netzes

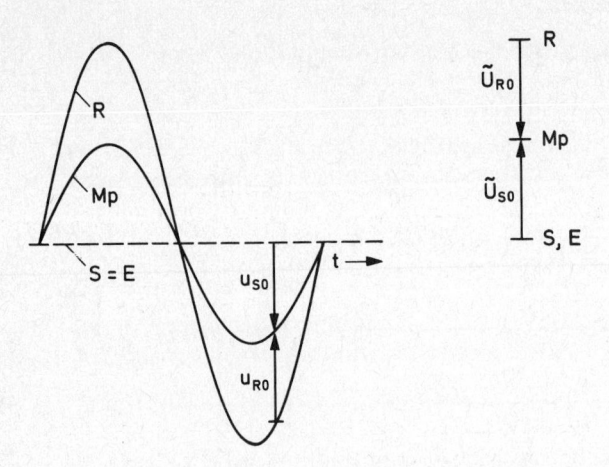

**Bild 3.10-3**
Potentialverläufe und Zeigerdiagramm eines zweiphasigen Netzes bei Erdschluß der Phase S

Im Erdschlußfall wird die Isolierung der gesunden Leiter gegen Erde und auch der Mittelpunkt in den Transformatoren gegen Erde erhöht beansprucht. Um ein Maß für diese Spannungserhöhungen zu haben, wurde die Erdungsziffer $\epsilon$ mit folgender Definition eingeführt (VDE 0111):

$$\epsilon = \frac{\text{Spannung der gesunden Leiter gegen Erde bei Erdschluß}}{\text{Verkettete Spannung}}$$

Für ein Mehrphasennetz mit nicht geerdetem Sternpunkt ist stets $\epsilon = 1$. Definitionsgemäß gilt ein Netz mit $\epsilon \leqslant 0{,}8$ als starr geerdet.
Das in Bild 3.10-1 skizzierte Netz mit freiem Mittelpunkt stellt mit den Kapazitäten $C_0$ und $C_{11}$ und den stromabhängigen Hauptinduktivitäten der Spannungswandler einen nichtlinearen Schwingkreis dar, der durch Schaltvorgänge oder Fehlerfälle je nach Größe von $C_0$ und $C_{11}$ zu Kippschwingungen und subharmonischen Schwingungen angeregt werden kann. Dabei tritt eine Schwingung des Mittelpunkts Mp gegenüber dem Erdpotential E auf.

*b) Kippschwingungen*

Zur näheren Untersuchung der Eigenschwingungen wird die in Bild 3.10-1 dargestellte Schaltung eines Zweiphasennetzes in das Ersatzschaltbild nach Bild 3.10-4 umgewandelt. Hierzu denke man sich das Netz als linearen aktiven Vierpol, an dessen Klemmen die Spannungswandler $W_1$ und $W_2$ angeschlossen werden. Mit der Theorie der Ersatzspannungsquelle ergibt sich für die Kapazität der zweiphasigen Ersatzschaltung:

$$C^* = C_0 + 2C_{11}$$

Die analoge Behandlung eines Drehstromnetzes ergibt als wirksame Ersatzkapazität zwischen Mp und E:

$$C^* = C_0 + 3C_{11}$$

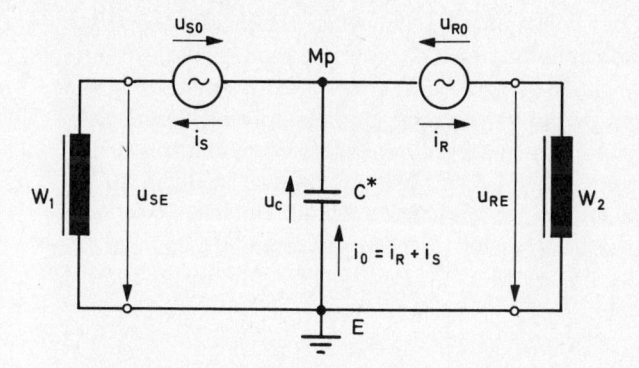

## 3.10. Versuch „Innere Überspannungen"

**Bild 3.10-4**
Ersatzschaltbild des zweiphasigen Netzes nach Bild 3.10-1
C* Mittelpunktskapazität der Ersatzschaltung
$W_1$, $W_2$ Spannungswandler

Die Spannungen $\widetilde{U}_S$ und $\widetilde{U}_R$ gehen aufgrund gleichen Betrages und entgegengesetzter Phasenlage unverändert in die Ersatzschaltung über. Bei Kenntnis der Elemente lassen sich die Ströme und Spannungen für den stationären Zustand näherungsweise berechnen [*Philippow* 1963].
Mit den im Ersatzschaltbild eingetragenen Strömen und Spannungen gelten die Maschengleichungen:

$$u_{RE} + \frac{1}{C^*} \int (i_R + i_S)\, dt = u_{RO}$$

$$u_{SE} + \frac{1}{C^*} \int (i_R + i_S)\, dt = u_{SO}$$

Das in Bild 3.10-4 dargestellte Netzwerk mit zwei nichtlinearen Elementen kann in vielfacher Weise Eigenschwingungen ausführen. Die Lösungen des Systems nichtlinearer Differentialgleichungen besitzen auch dann eine große Mannigfaltigkeit, wenn für die Kennlinien der beiden Induktivitäten nur grobe Näherungen angenommen werden [*Knudsen* 1953; *Philippow* 1963; *Hayashi* 1964]. Im folgenden sollen daher nur drei einfache Grenzfälle für die Ströme $i_R$ und $i_S$ betrachtet werden, für die anschauliche Lösungen angegeben werden können.

$i_R = -i_S$: Gegenphasige Ströme sind bei völlig symmetrischer Schaltung zu erwarten ($u_{RO} = -u_{SO}$). Die zwischen Mp und E wirksame Kapazität bleibt dauernd stromlos ($i_0 = 0$). Eigenschwingungen treten nicht auf. Dies ist der symmetrische Betriebsfall.

$i_R = i_S$: Bei gleichphasigen Strömen wird $i_0 = 2\, i_R$ und die erste Maschengleichung nimmt die Form an:

$$u_{RE} + \frac{1}{C} \int i_R\, dt = u_{RO}$$

Darin ist $C = \frac{1}{2} C^*$.

$i_R \gg i_S$: Bei starker Unsymmetrie beider Maschen wird $i_0 \approx i_R$ und es ergibt sich für die erste Maschengleichung die gleiche Form wie für $i_R = i_S$, jedoch mit $C = C^*$.

Tatsächlich wird die Bedingung der vollkommenen Symmetrie allein aufgrund unterschiedlicher Kennlinien der Wandlerinduktivitäten nur unzureichend erfüllt; es stellt sich ein um so höherer Strom $i_0$ ein, je stärker die Kennlinien der Eisenkerne voneinander abweichen. Hierdurch kann infolge von Spannungserhöhungen oder Schaltvorgängen die Schaltung zu Mittelpunktsschwingungen angeregt werden. Die Maschengleichung für die beiden zuletzt genannten Grenzfälle wird von dem in Bild 3.10-5 dargestellten Reihenschwingkreis erfüllt, der sich demzufolge für einfache Untersuchungen über das Schwingungsverhalten von Netzen mit nicht geerdetem Mittelpunkt eignet [*Knudsen* 1953; *Rüdenberg* 1953; *Philippow* 1963; *Hayashi* 1964; *Sirotinski* 1966].

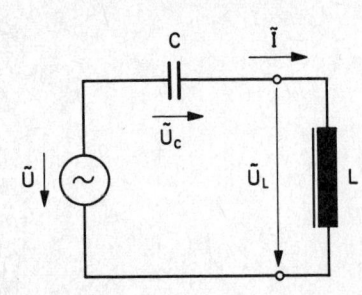

**Bild 3.10-5**
Ungedämpfter Reihenschwingkreis mit nichtlinearer Induktivität

Im folgenden sollen nur die Grundschwingungen des Stromes und der Spannung betrachtet werden. Dabei stellen der Zeiger $\tilde{U}$ die Netzspannung und $\tilde{U}_L$ die Spannung an der Induktivität L dar. Bei den Beträgen der Zeigergrößen handelt es sich um Effektivwerte. Hierauf wird im einzelnen nicht jedesmal hingewiesen.

Das Verhalten des einphasigen Schwingkreises soll an den Strom-Spannungs-Kennlinien in Bild 3.10-6 erläutert werden. Hierzu denke man sich den Stromkreis von Bild 3.10-5 an den Anschlußklemmen von L unterbrochen. Mögliche Ströme $\tilde{I}$ sind dadurch gekennzeichnet, daß die von der Schaltung gelieferte Spannung $\tilde{U}_{L1} = \tilde{U} - \tilde{U}_c = \tilde{U} - \tilde{I}/j\omega C$ mit der durch die Effektivwertkennlinie gegebenen Spannung $\tilde{U}_{L2}$ an der Induktivität L übereinstimmt.

Für die Arbeitspunkte A, B und C gilt daher:

$$\tilde{U}_{L1} = \tilde{U}_{L2} = \tilde{U}_L$$

Zur Veranschaulichung sind im Diagramm die Spannungen in den Arbeitspunkten als Zeiger mit eingetragen.

Eine Untersuchung der Stabilität der Arbeitspunkte kann nach dem Verfahren der virtuellen Auslenkung erfolgen. Bei einer gedachten Vergrößerung des Stromes in Punkt A wird $\tilde{U}_L + \tilde{U}_C > \tilde{U}$. Da die treibende Spannung $\tilde{U}$ kleiner ist als die Summe der bei dem erhöhten Strom an L und C auftretenden Spannungen, geht der Strom auf den alten Wert zurück. Zum gleichen Ergebnis führt eine gedachte Verkleinerung des Stromes, A ist daher ein stabiler Arbeitspunkt. In Punkt B dagegen ergibt sich bei jeder Auslenkung des Stromes ein Spannungsunterschied, der bestrebt ist, die Abweichung noch zu vergrößern. Der Zustand in B ist somit instabil.

## 3.10. Versuch „Innere Überspannungen"

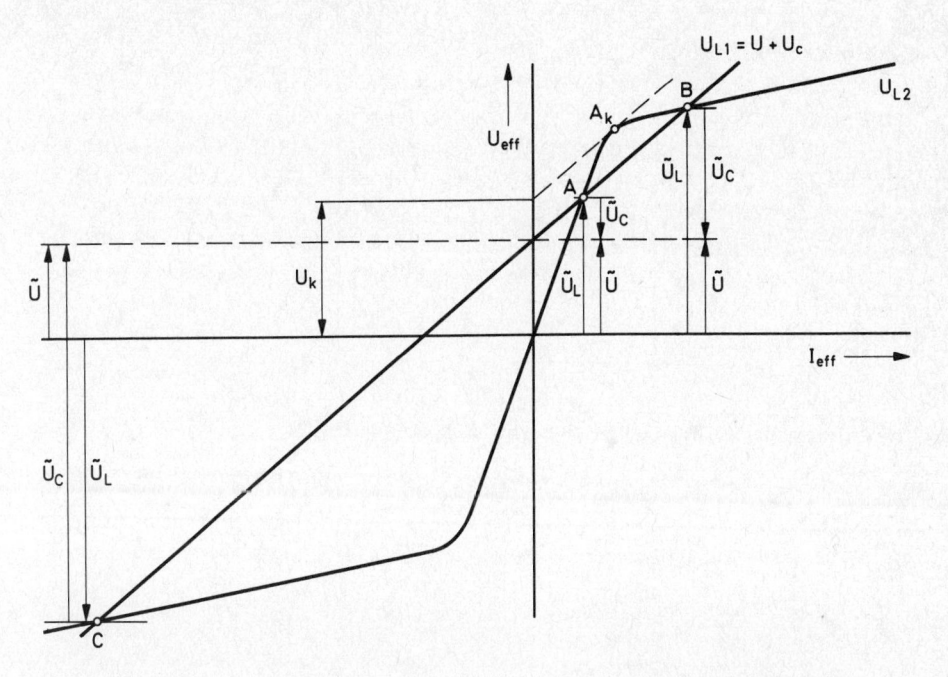

**Bild 3.10-6.** Grafische Ermittlung der Arbeitspunkte für den Schwingkreis nach Bild 3.10-5

Durch die gleichen Betrachtungen kann gezeigt werden, daß C wieder ein stabiler Betriebspunkt ist. Wegen der gegenüber A sehr viel höheren Strom- und Spannungswerte bedeutet ein Betrieb in Punkt C jedoch eine Gefährdung von Anlageteilen durch Überspannungen und thermische Überlastung.

Der Kippvorgang kann durch Schaltvorgänge eingeleitet werden, die z.B. ein kurzzeitiges Vergrößern der Netzspannung auf $U > U_k$ bewirken. Das Kippen kann auch durch Abschalten von Netzteilen und dem damit verbundenen Verkleinern der Erdkapazität $C_{11}$ ausgelöst werden; in diesem Fall wird die Kennlinie $\tilde{U}_{L1}$ in Bild 3.10-6 steiler. Die wichtigste Maßnahme zur Verhinderung von Kippschwingungen in Netzen ist eine Bedämpfung durch Widerstände im Sekundärkreis der Spannungswandler, vorzugsweise angeschlossen an in Reihe geschaltete Erdschlußwicklungen. Im einphasigen Ersatzschaltbild wirken solche Widerstände R parallel zu L. Dieses Ersatzschaltbild und das zugehörige Zeigerdiagramm zeigt Bild 3.10-7. Es gilt für die Beträge:

$$U^2 = \left(U_{L1} - \frac{I_L}{\omega C}\right)^2 + \left(\frac{U_{L1}}{R\omega C}\right)^2$$

$$= U_{L1}^2 \left(\frac{1+\alpha^2}{\alpha^2}\right) - 2 U_{L1} \frac{I_L}{\omega C} + \left(\frac{I_L}{\omega C}\right)^2$$

mit $\alpha = R\omega C$.

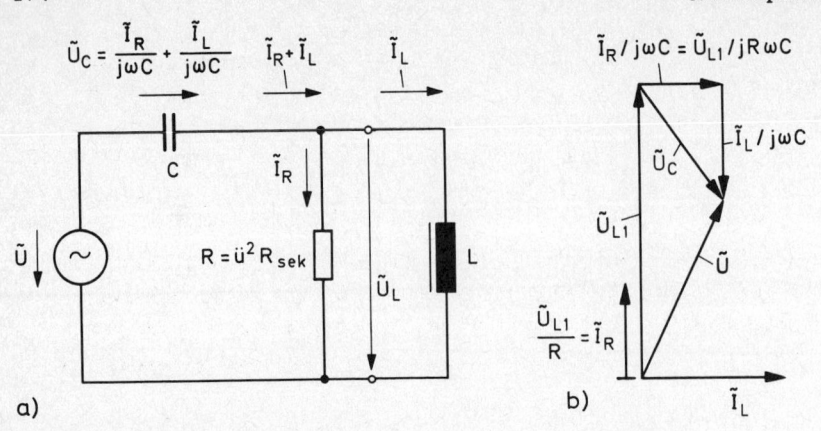

**Bild 3.10-7.** Gedämpfter Reihenschwingkreis mit nichtlinearer Induktivität
a) Ersatzschaltbild, b) Zeigerdiagramm

Die Auflösung dieser quadratischen Gleichung liefert:

$$U_{L1} = \frac{\alpha^2}{1+\alpha^2} \frac{I_L}{\omega C} \pm \sqrt{\frac{\alpha^2 \, U^2}{1+\alpha^2} - \frac{\alpha^2}{(1+\alpha^2)^2} \left(\frac{I_L}{\omega C}\right)^2}$$

Der Wurzelausdruck stellt eine Ellipse in der Strom-Spannungs-Ebene mit den Halbachsen $U\omega C \sqrt{1+\alpha^2}$ und $U\alpha \sqrt{1+\alpha^2}$ dar, der Ausdruck $\frac{\alpha^2}{1+\alpha^2} \frac{I_L}{\omega C}$ ist eine Gerade.
Die Summe der beiden Funktionen ist die in Bild 3.10-8 dargestellte gescherte Ellipse. Die Schnittpunkte A, B und C mit den stabilen Arbeitspunkten A und C sind wieder gekennzeichnet durch die Beziehung

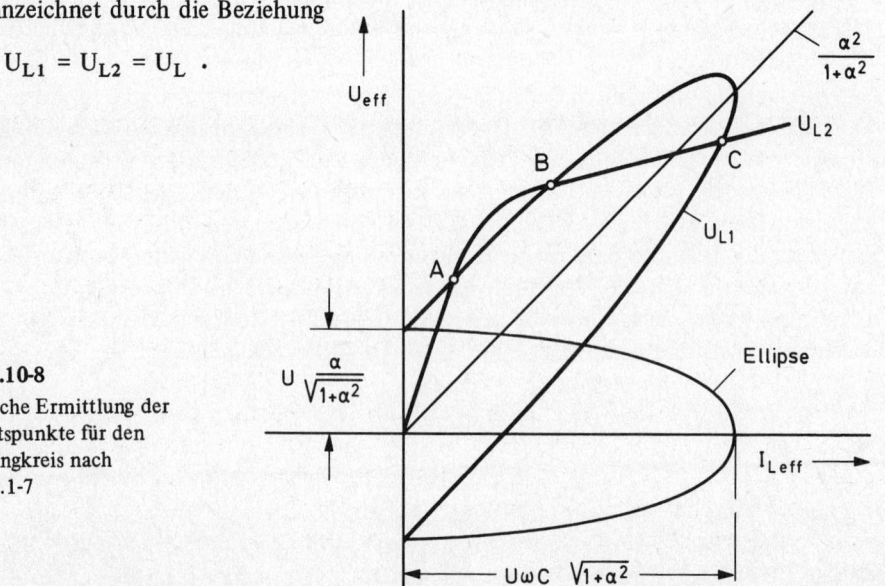

$$U_{L1} = U_{L2} = U_L \, .$$

**Bild 3.10-8**
Grafische Ermittlung der Arbeitspunkte für den Schwingkreis nach Bild 3.1-7

3.10. Versuch „Innere Überspannungen"   175

Für R → ∞ entartet die Ellipse in zwei Geraden mit der Steigung $1/\omega C$ und den Ordinatenschnittpunkten ± U. Mit abnehmendem R wird die Ellipse entsprechend höherer Bedämpfung kleiner und steigt weniger stark an, so daß schließlich nur noch ein stabiler Arbeitspunkt A verbleibt und keine Kippschwingungen mehr auftreten können.

*c) Subharmonische Schwingungen*

Eine weitere Folgeerscheinung nichtlinearer Induktivitäten in Mehrphasennetzen mit freiem Mittelpunkt ist das Auftreten von subharmonischen Schwingungen. Es handelt sich hier um stationäre Schwingungen, deren Frequenz ein ganzzahliger Bruchteil der Netzfrequenz ist. In 50 Hz-Netzen treten am häufigsten Frequenzen mit 25 und 16 2/3 Hz auf.

Obwohl die Erscheinungen sehr kompliziert und schwer berechenbar sind, soll hier versucht werden, eine im beschränkten Umfang auch quantitativ auswertbare anschauliche Erklärung der Vorgänge zu geben.

Wird der nichtlineare Kreis von Bild 3.10-7a an eine Gleichspannung geschaltet, so entsteht der im Oszillogramm 3.10-9 aufgenommene Verlauf des Stromes $i_L(t)$ in der Induktivität. Infolge der nichtlinearen Magnetisierungskennlinie des Wandlers ist die Induktivität L und damit auch die Periodendauer $1/f_e$ der Schwingung eine Funktion der Stromstärke.

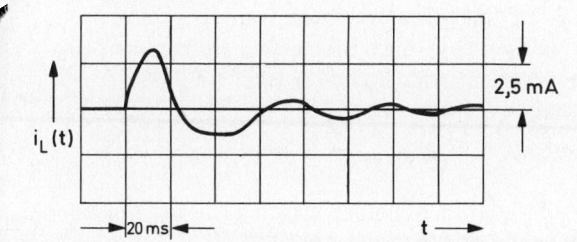

**Bild 3.10-9**
Eigenschwingungen des nichtlinearen Schwingkreises nach Bild 3.10-7

Solche unharmonischen Schwingungen können im Netz durch Schalthandlungen, kurzzeitige Erdschlüsse oder auch durch Kippvorgänge angeregt werden. Aufgrund der Dämpfung im Kreis klingt die Amplitude der Schwingung ab, und die Eigenfrequenz $f_e$ kann je nach Intensität der Anregung einen weiten Bereich durchlaufen. Eine Synchronisation der Unterschwingung mit der 50 Hz-Netzschwingung ist möglich, wenn $f_e$ den Wert von z.B. 25 Hz durchläuft und die beiden Schwingungen gleichzeitig eine günstige Phasenlage zueinander einnehmen. Im Oszillogramm 3.10-10 sind die nach dem Aussetzen eines Erdschlusses in Phase R entstandenen subharmonischen Schwingungen von 25 Hz des zweiphasigen Netzes von Bild 3.10-4 wiedergegeben.

Ebenso wie die Kippschwingungen verursachen die subharmonischen Schwingungen Überspannungen im Netz, die zu Betriebsstörungen, z.B. durch Überlastung von Spannungswandlern, führen können. Durch Einschalten von Widerständen an die Reihenschaltung von Erdschlußwicklungen einpoliger Spannungswandler lassen sich die unharmonischen Schwingungen meist so stark dämpfen, daß sie nicht mehr stationär auftreten.

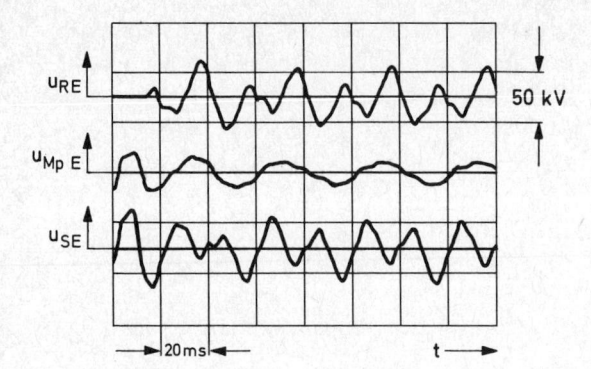

**Bild 3.10-10**
Zweite subharmonische
Schwingung im zweiphasigen
Netz ($f_{1/2}$ = 25 Hz)

### 3.10.2. Durchführung

*a) Versuchsaufbau*

Das in Bild 3.10-1 dargestellte Zweiphasennetz kann z.B. mit Hilfe eines Prüftransformators verwirklicht werden, der zwei symmetrische Hochspannungswicklungen besitzt (Bild 1.1-1b). Zur Erregung dient die übliche einstellbare einphasige Wechselspannung. In der Regel sind solche Prüftransformatoren jedoch nicht voll isoliert, ihr Mittelpunkt Mp muß daher mit der auf Erdpotential liegenden Niederspannungswicklung verbunden sein. Da bei diesen Versuchen aber gerade Potentialverlagerungen von Mp untersucht werden sollen, müssen solche Transformatoren über einen besonderen Isoliertransformator gespeist werden. Im Rahmen dieses Versuchs wurden verwendet:

T  Prüftransformator 220 V/2 × 50 kV, 5 kVA
   Isoliertransformator 220/220 V, 50 kV

Als Hochspannungsinduktivitäten mit nichtlinearer Kennlinie eignen sich zwei gleiche einpolig isolierte induktive Spannungswandler. Es wurden verwendet:

$W_1, W_2$  Spannungswandler $\dfrac{25000}{\sqrt{3}} \,/\, \dfrac{100}{\sqrt{3}}$ V

Vor den eigentlichen Versuchen ist die Kennlinie $U_{eff} = f(I_{eff})$ der Wandler aufzunehmen, da diese für die Konstruktion der Diagramme benötigt wird. Bei diesen Messungen muß der von der Sinusform stark abweichende Strom mit einem echten Effektivwertmesser gemessen werden; hierfür eignet sich z.B. ein Instrument mit Dreheisenmeßwerk.

Zur Nachbildung der zwischen Mp und E wirksamen Kapazität $C = C_0 + 2\,C_{11}$ können z.B. die Bauelemente CB und CM des Hochspannungsbaukastens verwendet werden. Die zu untersuchenden Vorgänge verlaufen verhältnismäßig langsam, so daß für die oszillografische Messung eine Bandbreite von 8 kHz ausreichend ist. Verwendet wurde ein Vierstrahl-Kathodenstrahloszillograf mit Speicherröhre, der an einen kapazitiven Spannungsteiler mit CM = 100 pF als Oberkondensator und an die Sekundärklemmen der Spannungswandler angeschlossen wurde.

## 3.10. Versuch „Innere Überspannungen"

### b) Erdschlußüberspannungen im Zweiphasennetz

Mit den beschriebenen Elementen wird eine Schaltung in Anlehnung an Bild 3.10-1 aufgebaut. Zwischen Mp und E wird als konzentrierte Kapazität nur CM angeschlossen. Bei symmetrischem Betrieb mit einer Phasenspannung $U_{RE} = U_{SE} = 10$ kV werden durch vorübergehende Erdung einer Phase oder durch Kurzschließen der Sekundärwicklung eines Wandlers Erdschlüsse nachgebildet. Die Spannungen

$$u_{MpE}, u_{RE}, u_{SE} \text{ und } u_{RS}$$

werden oszillografiert.

Bei einer Durchführung des Versuches ergaben sich die in Bild 3.10-11 dargestellten Verläufe für einen Erdschluß der Phase R. Wie zu erkennen ist, treten an Mp und S erhebliche transiente und stationäre Überspannungen auf.

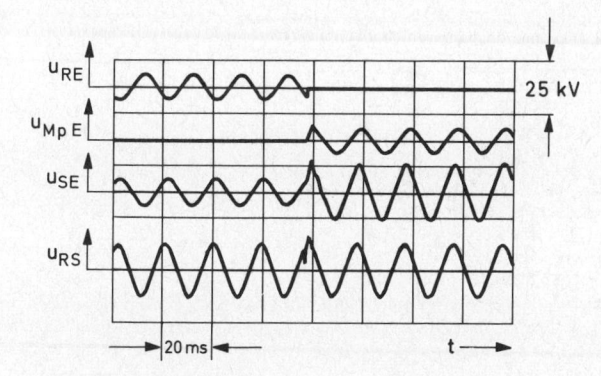

**Bild 3.10-11**
Spannungsverläufe bei einem Erdschluß der Phase R im zweiphasigen Netz

### c) Kippschwingungen im Zweiphasennetz

In der Nachbildung eines Zweiphasennetzes wird zwischen Mp und E eine zusätzliche konzentrierte Kapazität von 1000 ... 3000 pF eingeschaltet. Die Spannung ist allmählich unter oszillografischer Beobachtung bis zum Einsetzen der Kippspannungen zu steigern.

Danach wird eine Spannung, kleiner als diejenige, die zum Kippen führt, eingestellt und das Kippen durch den aussetzenden Erdschluß einer Phase eingeleitet.

Die Oszillogramme von Bild 3.10-12 zeigen die wichtigsten Spannungsverläufe während des Einsetzens der Kippschwingungen. Das Kippen wird hier durch Veränderung der Mittelpunktskapazität hervorgerufen.

### d) Kippschwingungen im Reihenschwingkreis

Für diese Untersuchungen soll das Zweiphasennetz durch einen Reihenschwingkreis nach Bild 3.10-5 nachgebildet werden. Bild 3.10-13 zeigt die verwendete Schaltung. Als Prüftransformator T wird zweckmäßig das oben als T bezeichnete Gerät gewählt, wobei jedoch nur eine Hochspannungswicklung angeschlossen wird. Ein Isoliertransformator ist nicht mehr erforderlich. Für die Kapazität C eignet sich ein Wert von 1000 ... 2000 pF.

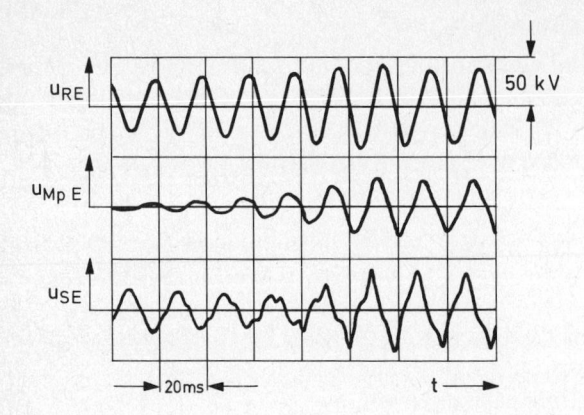

**Bild 3.10-12**
Kippschwingungen im zweiphasigen Netz

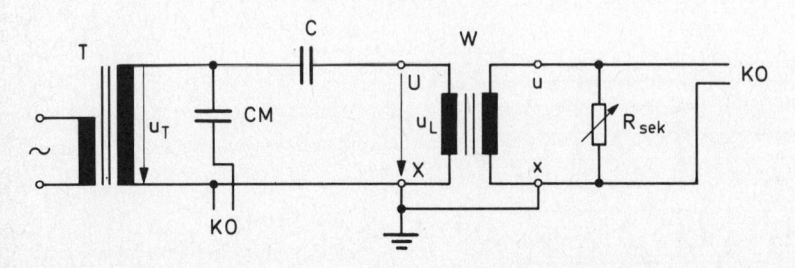

**Bild 3.10-13.** Versuchsaufbau zur Messung von Kippschwingungen und subharmonischen Schwingungen

In dieser Schaltung sind bei allmählicher Steigerung der Erregung die Transformator- und die Wandlerspannung kurz vor und nach dem Kippen zu ermitteln. Schließlich ist diejenige Größe des im Sekundärkreis der Wandler angeschlossenen Belastungswiderstandes $R_{sek}$ zu ermitteln, mit der sich die Kippschwingungen wieder beseitigen lassen.

*e) Subharmonische Schwingungen*

Zur Erzeugung subharmonischer Schwingungen muß die Ersatzkapazität C der Schaltung von Bild 3.10-4 wesentlich vergrößert werden. Bei geeigneter Wahl von C können durch vorübergehendes Kurzschließen der Sekundärwicklung des Wandlers Unterschwingungen angeregt werden. Der Übergang vom Normalbetrieb in den Resonanzzustand soll für beide Fälle auf dem Speicheroszillografen festgehalten werden. Außerdem ist zu zeigen, daß sich die Unterschwingungen durch eine ausreichende Belastung der Sekundärwicklung des Wandlers mit dem Widerstand $R_{sek}$ verhindern lassen.

Bei einer Durchführung des Versuches wurden bei einer Transformatorspannung von 17 kV und einer Kapazität von C = 13000 pF die im Bild 3.10-10 wiedergegebenen subharmonischen Schwingungen mit 25 Hz festgestellt. Im Reihenschwingkreis nach Bild 3.10-13 konnten bei C = 7000 pF und $U_T$ = 10 kV subharmonische Schwingungen von 16 2/3 Hz erregt werden.

### 3.10.3. Ausarbeitung

Die Wandlerkennlinie $U_{eff} = f(I_{eff})$ ist auf Millimeterpapier darzustellen. Mit den für den Versuch 3.10.2d gültigen Netzdaten soll anhand der grafischen Konstruktion von Bild 3.10-6 die Kippspannung $U_k$ ermittelt und mit dem Meßwert verglichen werden. Hierbei ist eine Erdkapazität, die sich aus den Kapazitäten von Transformator, Wandler und Zuleitungen zusammensetzt, von 100 ... 300 pF zu berücksichtigen.

Mit dem bei 3.10.2d ermittelten Widerstand $R_{sek}$ ist die Strom-Spannungs-Ellipse nach Bild 3.10-8 zu berechnen, in das Diagramm von a) einzuzeichnen und kurz zu diskutieren.

*Beispiel:* Die Ermittlung der Kippspannung $U_k$ erfolgt anhand der Darstellung nach Bild 3.10-6. Hierfür wird die einphasige Versuchsschaltung nach Bild 3.10-13 mit der Theorie von Thevenin in das Ersatzschaltbild nach 3.10-5 umgerechnet: Aus der Forderung nach gleichen Kapazitäten ergibt sich

$$C = C_{11} + C_0$$

und aus der Forderung nach gleichen Leerlaufspannungen

$$U = \frac{C_0}{C_0 + C_{11}} U_T.$$

Mit dieser Angabe kann die Neigung der Geraden $(1/\omega C)I_{eff}$ errechnet werden. Der Ordinatenschnittpunkt der Geraden durch $A_k$ liefert die Kippspannung $U_k$ der Ersatzschaltung, die, multipliziert mit dem Faktor $\dfrac{C_{11} + C_0}{C_0}$, den zu vergleichenden Wert mit der experimentell ermittelten Kippspannung darstellt.

Die Konstruktion der Strom-Spannungs-Ellipse ist ebenfalls mit der beschriebenen Umrechnung anhand von Bild 3.10-8 durchzuführen.

Mit Hilfe der Potentialverläufe nach Bild 3.10-10 sind die stationären Potentialverläufe bei überlagerter zweiter subharmonischer Schwingung an den Wandlern und an der Mittelpunktskapazität zu konstruieren.

Schrifttum: *Rüdenberg* 1953; *Roth* 1959; *Lesch* 1959; *Sirotinski* 1966

## 3.11. Versuch „Wanderwellen"

Eine zeitliche Änderung der elektrischen Zustände an einem Ort einer räumlich ausgedehnten Anlage teilt sich den übrigen Anlagenteilen in Form von elektrischen Wanderwellen mit. Wenn die Zustandsänderung sich in einer Zeit abspielt, die in der Größenordnung der Laufzeiten liegt, muß die endliche Ausbreitungsgeschwindigkeit berücksichtigt werden. Dies gilt stets für Netzwerke zur Energieübertragung mit langen Leitungen, wenn äußere oder innere Überspannungen mit Spannungsänderungen im Bereich von Mikrosekunden bis zu Millisekunden auftreten. Im Laborbetrieb mit extrem großen Strom- und Spannungsänderungen im Bereich von Nanosekunden ist oft auch der nur einige Meter ausgedehnte räumliche Aufbau einer Schaltung sowie der Geräte unter wanderwellentheoretischen Gesichtspunkten zu betrachten.

Die in diesem Versuch durch Messungen an Niederspannungsmodellen untersuchten Themen können in folgenden Stichworten zusammengefaßt werden:

Blitzüberspannungen
Schaltüberspannungen
Überspannungsableiter
Schutzbereich
Wellen in Wicklungen
Stoßspannungsverteilung

Vorausgesetzt werden Grundkenntnisse über die Ausbreitung elektromagnetischer Wellen auf Leitungen.

### 3.11.1. Grundlagen

Das differentielle Leitungselement einer verlustlosen homogenen Leitung kann durch den Induktivitätsbelag $L'$ und den Kapazitätsbelag $C'$ beschrieben werden. Bezeichnet man mit $u(x, t)$ und $i(x, t)$ Spannung und Strom am Ort x zur Zeit t, so lauten die Lösungen der Differentialgleichungen [z.B. *Unger* 1967]:

$$u(x, t) = u_v(x - vt) + u_r(x + vt)$$
$$Z\, i(x, t) = u_v(x - vt) - u_r(x + vt)$$

Hierin sind

$$Z = \sqrt{\frac{L'}{C'}} \quad \text{der Wellenwiderstand und}$$

$$v = \sqrt{\frac{1}{L'\, C'}} \quad \text{die Ausbreitungsgeschwindigkeit.}$$

$u_v$ und $u_r$ sind Wanderwellen, die sich in positiver oder negativer x-Richtung mit der Geschwindigkeit v ausbreiten und deren zeitlicher Verlauf bei verlustfreien Leitungen nur durch die Anfangs- oder Randbedingungen bestimmt wird.

v kann maximal die Lichtgeschwindigkeit c erreichen. Es gelten die Richtwerte:

Freileitungen $v \approx 300$ m/µs $\approx c$; $Z \approx 500\ \Omega$
Kabel $v \approx 150$ m/µs ; $Z \approx 50\ \Omega$

Aus den obigen Lösungen ergibt sich durch Addition:

$$u = 2\, u_v - Z\, i$$

## 3.11. Versuch „Wanderwellen"

Diese Gleichung soll für die Berechnung der Spannung $u_2$ an einer Stoßstelle mit der Eingangsimpedanz $Z_2$ am Ende einer homogenen Leitung angewandt werden (Bild 3.11-1a). Für $u = u_2$ und $i = i_2$ ergibt sich ein Ausdruck, der durch das Wellenersatzschaltbild von Bild 3.11-1b wiedergegeben wird.

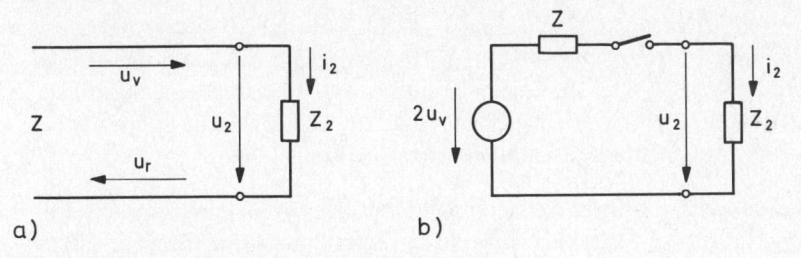

**Bild 3.11-1.** Homogene, mit $Z_2$ abgeschlossene Leitung
a) Schaltbild, b) Wellenersatzschaltbild

Beim Eintreffen der Welle an der Stoßstelle ist der Schalter zu schließen. Ist in einem System $\tau_{min}$ die kleinste auftretende Laufzeit für Reflexionen, die zur Stoßstelle zurücklaufen, so gilt das Wellenersatzschaltbild für Zeiten $t \leq 2\,\tau_{min}$.

Führt man den Reflexionsfaktor $r = u_r/u_v$ ein, so gilt:

$$u_2 = u_v + u_r = u_v(1 + r) = \frac{Z_2}{Z + Z_2} \, 2\,u_v$$

$$r = \frac{Z_2 - Z}{Z_2 + Z}$$

Das Wellenersatzschaltbild eignet sich vor allem zur Bestimmung von Strom und Spannung am Ende einer elektrisch „langen" oder generatorseitig angepaßten Leitung.

### a) Entstehung von Wanderwellen

*Wanderwellen infolge Blitzentladung.* Die Stirnzeiten der entstehenden Wanderwellen liegen im Bereich von µs, die Rückenhalbwertzeiten in der Größenordnung von 100 µs. Beim direkten Einschlag in ein Leiterseil wird die Leitung plötzlich mit einer starken Energiequelle verbunden. Man kann annehmen, daß der Blitzstrom $i_B$ eingeprägt ist und mit Werten zwischen 10 und 20 kA/µs ansteigt. Durch den einfließenden Blitzstrom laufen von der Einschlagstelle ausgehend Strom- und Spannungswellen entlang des Leiterseiles.

Für den in Bild 3.11-2 dargestellten Fall gilt für die an der Einschlagstelle auftretende Spannung:

$$u = \frac{1}{2} Z\, i_B$$

**Bild 3.11-2**
Entstehung von Wanderwellen bei einem Blitzeinschlag

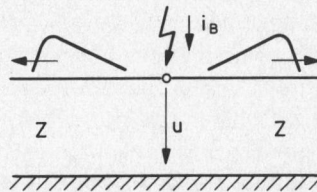

Für Freileitungen errechnet sich die Steilheit der entstehenden Überspannung zu

$$S = \frac{du}{dt} = \frac{1}{2} Z \frac{di_B}{dt} = 2{,}5 \ldots 5 \text{ MV}/\mu s \ .$$

50 % aller Blitze erreichen einen Scheitelwert > 20 kA, und nur 10 % aller Blitze haben einen maximalen Strom > 60 kA. Durch Überschläge an den Isolatorketten der nächsten Freileitungsmasten wird die Spannungshöhe dieser Blitzstoßspannungen auf einen dem Isolationspegel entsprechenden Wert begrenzt. Dieser Wert liegt etwa bei dem 2 bis 5fachen des Scheitelwertes der Betriebsspannung.

Bei direktem Einschlag in das Erdseil oder in den Mast einer Freileitung kann infolge des Erdungswiderstandes der Mast kurzzeitig ein so hohes Potential annehmen, daß es zu einem rückwärtigen Überschlag vom Mast in einen der Leiter kommt. Die Gefahr des Auftretens rückwärtiger Überschläge ist daher besonders groß bei ungünstigen Erdungsverhältnissen.

Ferner können äußere Überspannungen durch einen indirekten Einschlag entstehen. Dabei entlädt sich die Gewitterwolke durch einen Blitz in der Nähe einer Freileitung. Die vor der Entladung auf der Leitung influenzierte Ladung breitet sich dann nach der Blitzentladung in Form von Wanderwellen entlang der Leitung aus. Die Amplituden der Wellen infolge von indirekten Einschlägen sind vergleichsweise gering (bis etwa 100 kV), aber dennoch für Niederspannungsnetze sowie Telefonanlagen gefährlich.

*Wanderwellen infolge von Schalthandlungen.* Die durch Schalthandlungen bedingten inneren Überspannungen haben in Höchstspannungsnetzen besondere Bedeutung. Die Amplituden dieser Schaltstoßspannungen betragen nur etwa das 2 bis 3fache des Scheitelwertes der Betriebsspannung. Da jedoch die elektrische Festigkeit von inhomogenen Elektrodenanordnungen in Luft bei großen Schlagweiten gegenüber Schaltstoßspannungen sehr gering ist, bestimmen diese bei hohen Nennspannungen ($\geq 400$ kV) weitgehend die Bemessung der Luftschlagweiten. Die Stirnzeiten liegen im Bereich von einigen 100 $\mu$s, die Rückenhalbwertzeit im ms-Bereich.

Bei Schalthandlungen, die im Zusammenhang mit Kurz- oder Erdschlüssen durchgeführt werden, sowie bei der Abschaltung von leerlaufenden Transformatoren und von Kapazitäten (leerlaufende Kabel und Freileitungen, Kondensatorbatterien) können besonders hohe Überspannungen entstehen.

*Wanderwellen im Labor- und Prüfbetrieb.* Bei Durchschlagsvorgängen entstehen oft sehr steile Strom- und Spannungsänderungen. Hierdurch werden Wanderwellen auf Leitungen und in Meßkabeln ausgelöst, die zu Störungen bei der Messung und zur Gefährdung von Geräteteilen führen können. Auch bei Beanspruchung von elektrischen Geräten mit steilen Stoßspannungen entstehen Wanderwellen. Die Spannungsverteilung in räumlich ausgedehnten Isolierungen wird von dem Auftreten von Wanderwellen beeinflußt. Wanderwellenvorgänge spielen auch in Hochspannungsgeneratoren eine Rolle, die Reflexionsvorgänge zur Erzeugung von Hochspannungsimpulsen ausnutzen (siehe Abschnitt 1.3.4).

## 3.11. Versuch „Wanderwellen"

### b) Begrenzung von Überspannungen durch Ableiter

Mit Hilfe von Überspannungsableitern kann die Spannung am Einbauort begrenzt werden. Ableiter für hohe Spannungen werden als Reihenschaltung aus einer Vielfachfunkenstrecke F und einem stromabhängigen Widerstand R (i) nach Bild 3.11-3a ausgeführt. Wird die Spannung an den Klemmen größer als die Ansprechspannung $U_A$ der Funkenstrecke, so wird die Klemmenspannung auf den Spannungsabfall am Widerstand $U_R = i\,R(i)$ begrenzt. Die Klemmenspannung u eines Ableiters und den Strom i bei der Begrenzung einer Stoßspannung zeigt Bild 3.11-3b. Ein Ableiter vermag nur an seinen Klemmen eine in allen Fällen zuverlässige Begrenzung der Spannung auf $U_A$ zu gewährleisten. In bestimmter Entfernung können auch höhere Spannungen auftreten. Die Leitungslänge vor oder hinter dem Ableiter, innerhalb welcher eine bestimmte zulässige Überspannung $U_{zul}$ bei gegebener Wellenform nicht überschritten wird, nennt man Schutzbereich a.

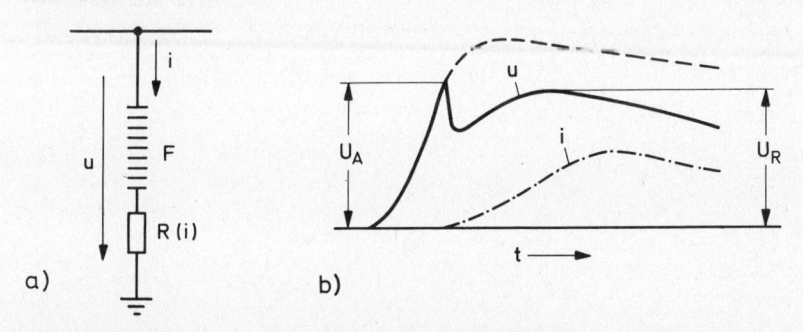

**Bild 3.11-3.** Begrenzung von Überspannungen durch Ableiter
a) Ersatzschaltbild eines Überspannungsableiters
b) Zeitliche Verläufe von Spannung und Strom am Ableiter

Bei Rechteckwellen wird die volle Amplitude bis zum Ableiter selbst auftreten; ein sicherer Schutz gegen Wanderwellen von beiden Seiten gewährt daher nur der Einbau von zwei Ableitern. Das dazwischenliegende Leitungsstück ist dann voll geschützt.

In Wirklichkeit darf man annehmen, daß Wanderwellen nur mit einer endlichen Spannungssteilheit S auftreten. Der sich für Keilwellen ergebende Schutzbereich soll anhand von Bild 3.11-4 abgeleitet werden. Ein Ableiter sei im Zuge einer homogenen Leitung in Punkt 2 eingebaut; bei t = 0 erreicht die Wellenspitze diesen Einbauort. Die Entfernung a zwischen den Punkten 1 und 2 legt die Welle in der Zeit $\tau = a/v$ zurück. Bei $t = U_A/S$ spricht der Ableiter bei $U_A$ an, und es entsteht eine rücklaufende Welle, deren Form z.B. mit Hilfe des Wellenersatzschaltbildes ermittelt werden kann. Bei linearem Anstieg der einlaufenden Welle und idealem Verhalten des Ableiters ist die Reflexion im Punkt 2 eine mit $-S$ ansteigende Keilwelle. Erst wenn nochmals der Zeitabschnitt $\tau$ verstrichen ist, beginnt bei $t = \dfrac{U_A}{S} + \tau$ im Punkt 1 eine spannungsbegrenzende Wirkung. In diesem Zeitpunkt hat die Spannung $u_1$ den Wert:

$$u_1 = U_A + 2\,S\,\tau$$

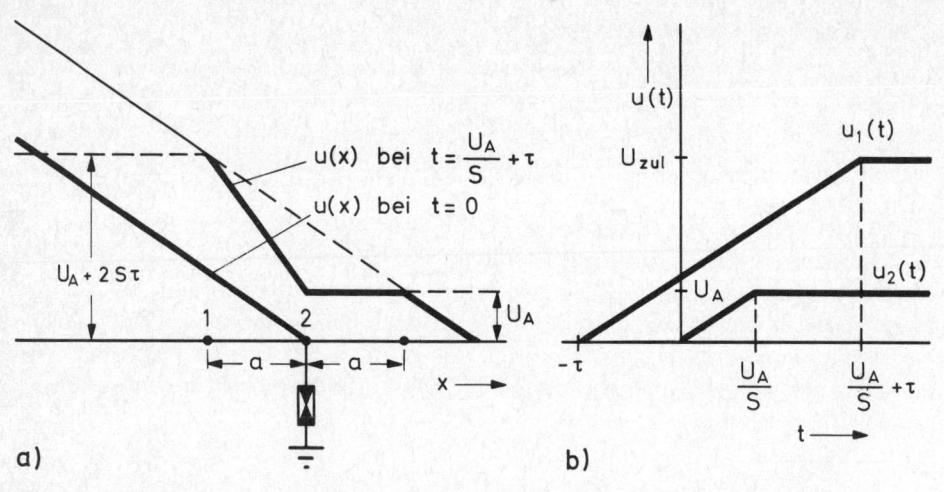

**Bild 3.11-4.** Ermittlung des Schutzbereiches eines Ableiters beim Auftreffen einer Keilwelle
a) u = f(x),  b) u = f(t)

Da $u_1 \leqslant U_{zul}$ sein soll, erhält man für den Schutzbereich:

$$a = \frac{U_{zul} - U_A}{2S} v$$

*c) Wanderwellen in Transformatorwicklungen*

*Aufstellung eines Ersatzschaltbildes.* Ein technisch wichtiger Sonderfall der Wanderwellenausbreitung ist das Einlaufen einer Stoßspannung in eine Transformatorwicklung. Während bei niedrigen Frequenzen die Spannungsverteilung in einer Wicklung durch den alle Windungen durchsetzenden magnetischen Fluß linear ist, wird sie bei höheren Frequenzen, wie sie im Spektrum einer Stoßspannung enthalten sind, auch durch die Kapazitäten bestimmt. In erster Näherung kann man mit dem 1915 von *K. W. Wagner* angegebenen Ersatzschaltbild nach Bild 3.11-5 für eine Hochspannungswicklung rechnen. Dabei sind mit L und C Induktivität und Kapazität eines Wicklungselements und mit $C_e$ die zugehörige Erdkapazität bezeichnet.

Eine an die Hochspannungsklemme gelegte Stoßspannung $u_0(t)$ wird mit endlicher Geschwindigkeit entlang den einzelnen Windungen zum Wicklungsende laufen, dort reflektiert werden usw. Diesem Vorgang überlagert sich jedoch eine Welle, die auf

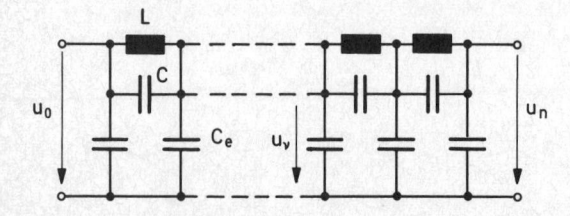

**Bild 3.11-5**

Ersatzschaltbild einer Transformatorwicklung bei Stoßspannungsbeanspruchung

## 3.11. Versuch „Wanderwellen"

kürzerem Wege läuft, nämlich vor allem über kapazitive Kopplungen zwischen einzelnen Wicklungsteilen. Die auf diese Weise entstehenden Schwingungen innerhalb der Wicklung bewirkt eine zeitlich veränderliche, ungleichmäßige Spannungsverteilung, wodurch einzelne Teile der Isolierung gefährlich überbeansprucht werden können.

*Berechnung und Beeinflussung der Spannungsverteilung.* Im Augenblick des Auftreffens einer Welle (t = 0) bestimmen die Kapazitäten allein die Spannungsverteilung in der Wicklung. Für die Berechnung der Anfangsverteilung bei kleinen Wellen kann daher L = ∞ angenommen werden. Es kann gezeigt werden, daß für den einfachen Fall des Auftreffens einer Rechteckwelle der Höhe $U_0$ auf die geerdete Wicklung ($u_n$ = 0) nach Bild 3.11-5 die Beziehung gilt:

$$U_\nu = U_0 \frac{\sinh (n - \nu) \alpha}{\sinh n \alpha} \quad \text{mit} \quad \alpha = \sqrt{\frac{C_e}{C}}$$

Der mit durchgehenden Linien gezeichnete Teil der kapazitiven Ersatzschaltung von Bild 3.11-6a entspricht den Voraussetzungen für die in Bild 3.11-6b mit (C, $C_e$) gekennzeichnete Spannungsverteilung.

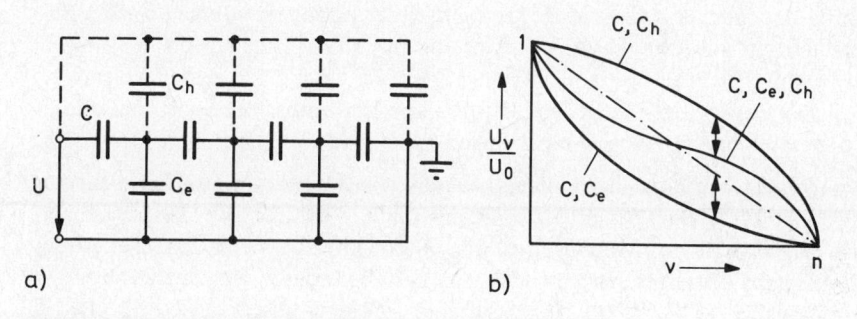

**Bild 3.11-6.** Stoßspannungsverteilung einer Transformatorwicklung
a) Ersatzschaltbild mit wirksamen Windungs- und Verkettungskapazitäten
b) Spannungsverteilung beim Auftreffen einer Welle

Meist besteht außer zur Erde auch eine kapazitive Kopplung zur Hochspannungselektrode, die in Bild 3.11-6a durch die Elemente $C_h$ berücksichtigt ist.

Die kapazitive Anfangsspannungsverteilung läßt sich bei gleichzeitiger Berücksichtigung von $C_e$ und $C_h$ nicht mehr einfach berechnen. Für nicht zu große Abweichungen von der linearen Verteilung kann die resultierende Verteilung näherungsweise nach Bild 3.11-6b dadurch bestimmt werden, daß die für ein bestimmtes $\nu$ durch $C_e$ allein bewirkende Abweichung von der linearen Verteilung von dem mit $C_h$ allein bewirkten Wert abgezogen wird [*Philippow* 1966].

Durch den Aufbau des Transformators können die Kapazitäten verändert und dadurch die Spannungsverteilung günstig beeinflußt werden. Eine Vergrößerung von C relativ zu $C_e$ bewirkt eine Linearisierung. Dieses kann durch die Wicklungsart erreicht werden, beispielsweise durch eine Lagenwicklung oder eine verschachtelte Wicklung. Eine andere

Möglichkeit ist die Anbringung von großflächigen Elektroden (Schilde) am hochspannungsseitigen Eingang der Wicklung, die die Verkettungskapazitäten $C_h$ vergrößern. Der von den Erdkapazitäten aufgenommene Strom fließt dann zum Teil über die Hochspannungskapazitäten $C_h$. Eine lineare Spannungsverteilung im Transformator ergibt sich, wenn in jedem Wicklungselement der über $C_h$ fließende Strom gleich dem Strom über $C_e$ ist.

Je weniger die Anfangsverteilung von der linearen Endverteilung abweicht, um so gleichmäßiger ist nicht nur die Beanspruchung der Wicklung in der Spannungsstirn, vielmehr vermindert sich hierdurch auch die Amplitude der anschließenden Ausgleichsvorgänge. Wicklungen mit linearer Anfangsverteilung werden daher oft als schwingungsfrei bezeichnet. Eine besonders harte Beanspruchung entsteht bei einer Prüfung mit abgeschnittener Stoßspannung wegen der dabei auftretenden sehr raschen Spannungsänderungen.

### 3.11.2. Durchführung

#### a) Modelluntersuchungen bei Niederspannung

Wanderwellenuntersuchungen in Netzen und insbesondere an Transformatorwicklungen werden häufig mit Modellen ausgeführt. Man verwendet hierzu meist einen Generator, der Stoßspannungen mit einstellbarem Verlauf und mit einem Scheitelwert vor einigen 100 V mit bestimmter Pulsfolgefrequenz von z.B. 50 Hz abgibt. Für diesen Versuch steht ein solcher Repetitions-Stoßgenerator[1]) RG zur Verfügung. Bei Synchronisation zwischen Generator und Oszillograf erhält man ein stehendes Bild auf dem KO-Schirm.

Mit solchen Generatoren können wirkliche Leistungstransformatoren vor ihrem Einbau in den Kessel zur Ermittlung der Stoßspannungsverteilung gestoßen werden, es können jedoch auch für den Entwurf Messungen an einem Modell erfolgen. In ähnlicher Weise ist es auch möglich, Leitungen nachzubilden, wofür Kabel oder Vierpolketten verwendet werden können.

Als Leitungsmodell wurde der einfacheren Verwirklichung wegen für diesen Versuch ein koaxiales Verzögerungskabel mit Z = 1500 Ω und v = 4,0 m/µs gewählt.

Als Modell eines Überspannungsableiters eignet sich eine Schaltung mit Zenerdiode. Die Zenerspannung von etwa 30 V entspricht der Restspannung des Ableiters.

Für die Messungen steht ein Kathodenstrahloszillograf mit zwei Strahlen und einer Bandbreite von ≥ 10 MHz zur Verfügung.

#### b) Wanderwellen auf Leitungen

Eine Freileitung ist nach Bild 3.11-7 durch zwei Kabelstücke K1 und K2 mit einer Laufzeit von je $\tau/2$ nachzubilden.

Der Leitungsanfang ist mit dem Wellenwiderstand des Kabels abgeschlossen, wobei die Ausgangsklemmen 0 – 0' des angeschlossenen Repetitions-Stoßgenerators RG als durch eine große Kapazität kurzgeschlossen betrachtet werden können. Am Generator wird mit angeschlossener Belastung eine Stoßspannung 1,2/50 eingestellt. Für verschiedene

---
[1]) Hersteller: Emil Haefely & Cie AG, Basel

## 3.11. Versuch „Wanderwellen"

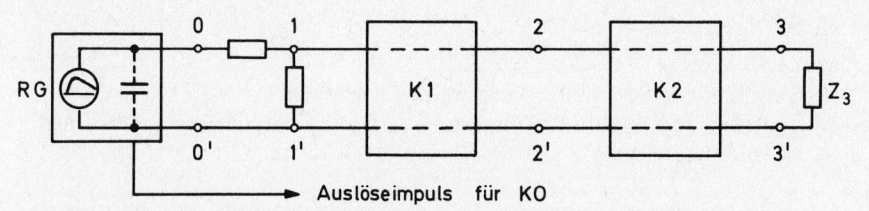

**Bild 3.11-7.** Niederspannungsmodell für Wanderwellenuntersuchungen an Leitungen
RG Repetitions-Stoßgenerator
K1, K2 Kabelstücke mit v = 4 m/µs, Länge je 12 m

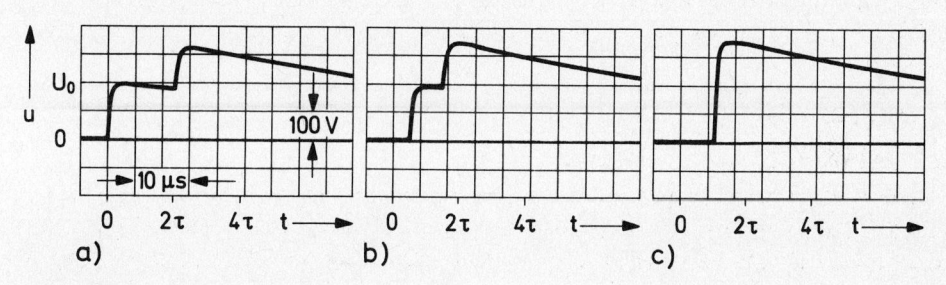

**Bild 3.11-8.** Oszillogramme der Spannungsverläufe bei dem Leitungsmodell nach Bild 3.11-7 für $Z_3 \to \infty$
a) Messung an den Klemmen 1-1'
b) Messung an den Klemmen 2-2'
c) Messung an den Klemmen 3-3'

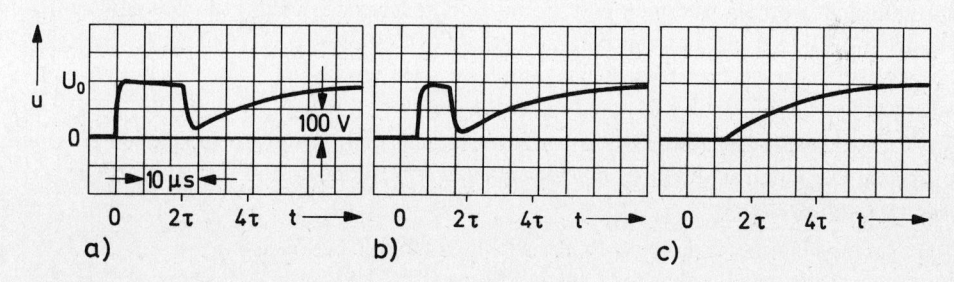

**Bild 3.11-9.** Oszillogramme der Spannungsverläufe für $Z_3 = C$
a) Messung an den Klemmen 1-1'
b) Messung an den Klemmen 2-2'
c) Messung an den Klemmen 3-3'

Betriebsfälle werden die Spannungsverläufe an den Klemmen 1 – 1', 2 – 2' und 3 – 3' oszillografiert. Die Messung ist für verschiedene Leitungsabschlüsse an den Klemmen 3 – 3' durchzuführen. Als Beispiel seien die Verläufe in Bild 3.11-8 für eine leerlaufende Leitung ($Z_3 = \infty$) und die Verläufe in Bild 3.11-9 für eine Leitung, die mit einer Kapazität abgeschlossen ist, wiedergegeben.

*c) Schutz durch Überspannungsableiter*

In der Schaltung von Bild 3.11-7 ist an der Stelle 2 − 2' das Modell eines Überspannungsableiters anzuschließen. Die Potentialverläufe an den Klemmen 1 − 1', 2 − 2' und 3 − 3' sind zu oszillografieren. Dabei ist die Leitung im Leerlauf zu betreiben ($Z_3 \to \infty$). Als Beispiel seien die Verläufe in Bild 3.11-10 wiedergegeben.

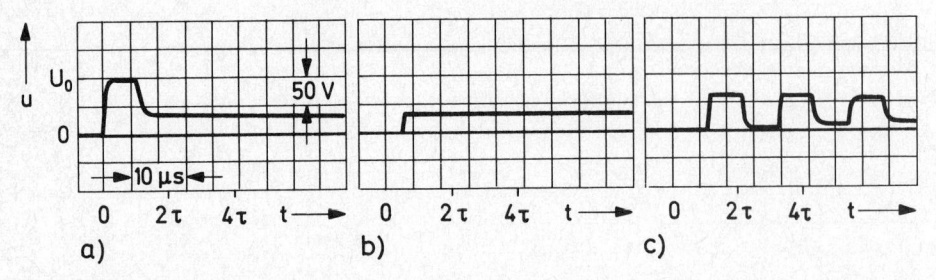

**Bild 3.11-10.** Oszillogramme der Spannungsverläufe beim Einbau eines Überspannungsableiters an der Stelle 2-2' ($Z_3 \to \infty$)
a) Messung an den Klemmen 1-1'
b) Messung an den Klemmen 2-2'
c) Messung an den Klemmen 3-3'

*d) Stoßspannungsverteilung in Transformatorwicklungen*

Für diese Untersuchungen ist ein Transformatormodell mit auswechselbarer Hochspannungswicklung aufgebaut worden. Bei gleicher Windungszahl und Außenabmessungen können auf diese Weise Hochspannungswicklungen mit sehr unterschiedlichem Verhalten untersucht werden. Im einen Fall ist die Hochspannungswicklung als Spulenwicklung (Bild 3.11-11a), im anderen Fall als Lagenwicklung (Bild 3.11-11b) ausgeführt. Die beiden Wicklungen besitzen Meßanzapfungen nach jeweils 10 % der Gesamtwindungszahl von 1800. Die Niederspannungswicklung wird mit Erde verbunden.

Der Repetitions-Stoßgenerator RG ist unmittelbar mit dem Transformatormodell zu verbinden. Die Potentialverläufe an verschiedenen Anzapfungen sind für verschiedene Fälle zu oszillografieren:

I   Hochspannungswicklung als Spulenwicklung (Bild 3.11-12)
II  Hochspannungswicklung als Lagenwicklung (Bild 3.11-13)

### 3.11.3. Ausarbeitung

Die Längen einer wirklichen Freileitung bzw. eines wirklichen Kabels, die der bei 3.11.2b untersuchten Nachbildung entsprechen, sind zu bestimmen. Wie groß ist das Verhältnis der Amplituden der vom Repetitions-Stoßgenerator erzeugten Spannung und der bei 1 − 1' in die Leitung einlaufenden Spannung?

Für die bei 3.11.2b untersuchten Fälle sind zum Vergleich mit den aufgenommenen Oszillogrammen die idealisierten Verläufe für eine rechteckförmige Spannung und ein ideales Kabel aufzuzeichnen.

## 3.11. Versuch „Wanderwellen"

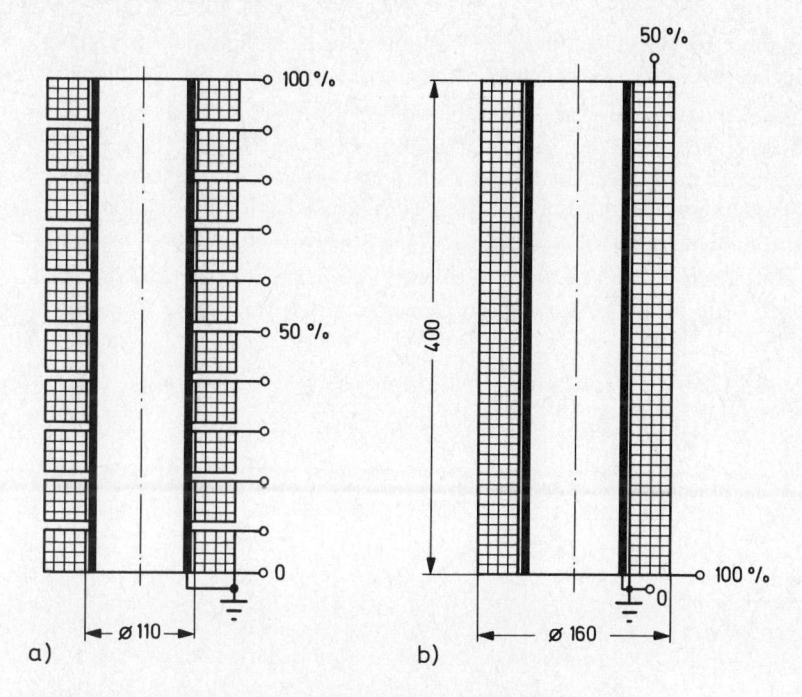

**Bild 3.11-11.** Transformatormodell für Wanderwellenuntersuchungen
a) Hochspannungswicklung als Spulenwicklung ausgebildet
b) Hochspannungswicklung als Lagenwicklung ausgeführt

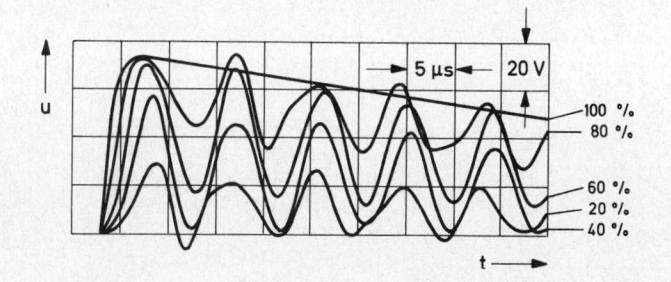

**Bild 3.11-12**

Potentialverläufe des Transformatormodells mit Spulenwicklung bei Stoßspannungsbeanspruchung

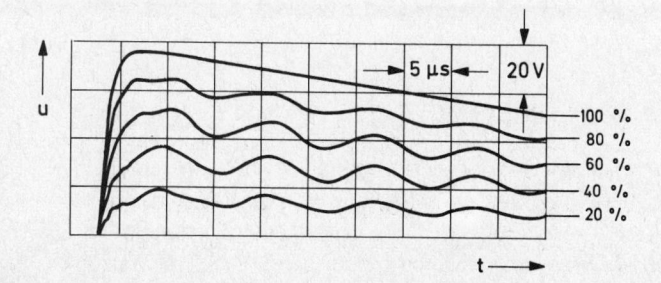

**Bild 3.11-13**

Potentialverläufe des Transformatormodells mit Lagenwicklung bei Stoßspannungsbeanspruchung

Für die Oszillogramme der Messungen nach 3.11.2c mit dem Ableitermodell sind idealisierte Verläufe anzugeben und mit den Meßergebnissen zu vergleichen. Der Schutzbereich a für eine angenommene zulässige Spannung am Leitungsende von $U_{zul} = 40$ V ist zu berechnen.

Aus den Oszillogrammen zu 3.11.2d ist für die Fälle I und II Ort, Zeitpunkt und Höhe der maximalen Spannungsbeanspruchung zwischen zwei Meßstellen zu bestimmen.

Für den Fall I ist die Spannungsverteilung in der Transformatorwicklung $u = f(\nu)$ ($\nu$ in %) für die Zeitpunkte $t = 1,5$ μs und $t = 15$ μs ($t = 0$ bei Eintreffen der Welle) grafisch aufzutragen (Bild 3.11-14). Wo liegt zu diesen Zeiten die maximale Beanspruchung in der Wicklung?

Schrifttum: *Bewley* 1951; *Strigel* 1955; *Rüdenberg* 1962; *Sirotinski* 1965; *Philippow* 1966; *Heller, Veverka* 1968, *Greenwood* 1971

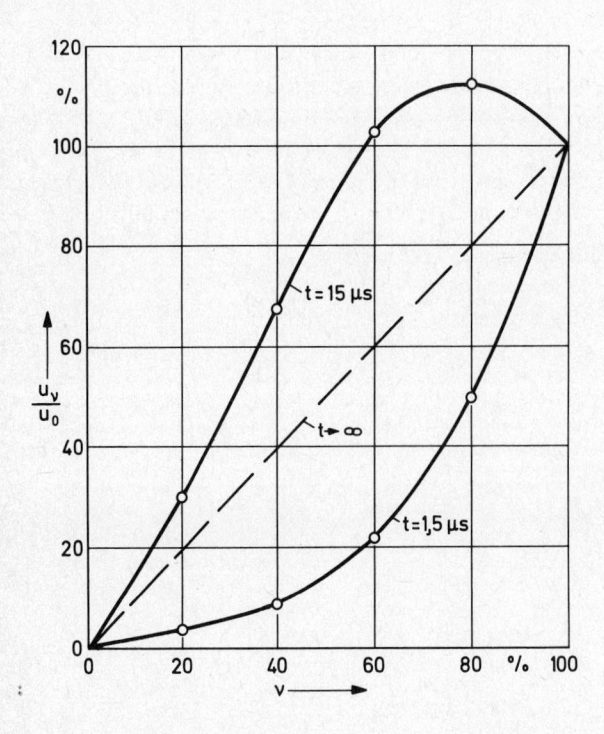

**Bild 3.11-14**
Spannungsverteilung in einem Transformatormodell mit Spulenwicklung zu verschiedenen Zeiten t nach Auftreffen einer Wanderwelle

## 3.12. Versuch „Stoßströme und Lichtbögen"

Zeitlich rasch veränderliche hohe Ströme sind für viele Gebiete der Naturwissenschaft und Technik aufgrund ihrer magnetischen, mechanischen und thermischen Wirkung von Bedeutung. Treten hohe Ströme in Verbindung mit Lichtbögen auf, entsteht eine starke Energiekonzentration, die auch zu Zerstörungen führen kann. Beispiele hierfür

## 3.11. Versuch „Wanderwellen"

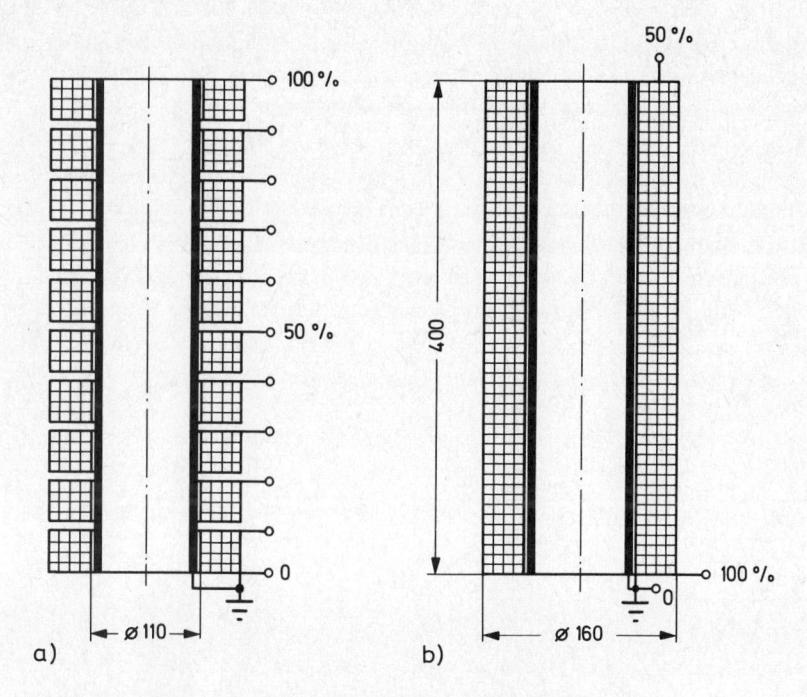

**Bild 3.11-11.** Transformatormodell für Wanderwellenuntersuchungen
a) Hochspannungswicklung als Spulenwicklung ausgebildet
b) Hochspannungswicklung als Lagenwicklung ausgeführt

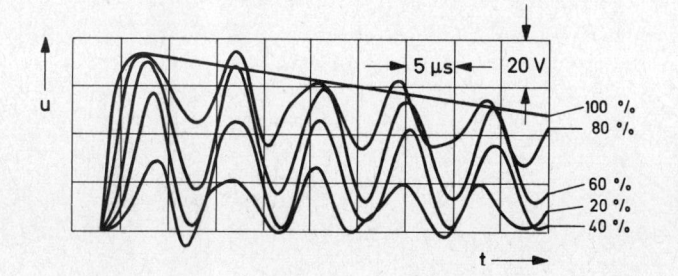

**Bild 3.11-12**

Potentialverläufe des Transformatormodells mit Spulenwicklung bei Stoßspannungsbeanspruchung

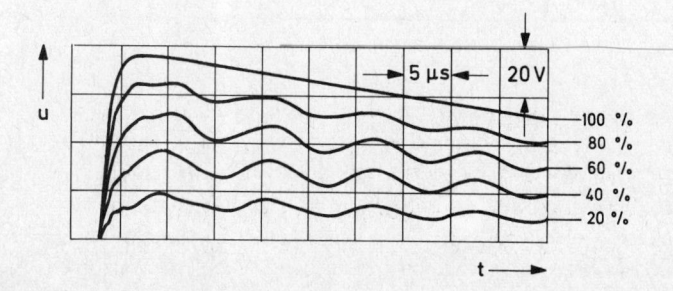

**Bild 3.11-13**

Potentialverläufe des Transformatormodells mit Lagenwicklung bei Stoßspannungsbeanspruchung

Für die Oszillogramme der Messungen nach 3.11.2c mit dem Ableitermodell sind idealisierte Verläufe anzugeben und mit den Meßergebnissen zu vergleichen. Der Schutzbereich a für eine angenommene zulässige Spannung am Leitungsende von $U_{zul}$ = 40 V ist zu berechnen.

Aus den Oszillogrammen zu 3.11.2d ist für die Fälle I und II Ort, Zeitpunkt und Höhe der maximalen Spannungsbeanspruchung zwischen zwei Meßstellen zu bestimmen.

Für den Fall I ist die Spannungsverteilung in der Transformatorwicklung u = f($\nu$) ($\nu$ in %) für die Zeitpunkte t = 1,5 µs und t = 15 µs (t = 0 bei Eintreffen der Welle) grafisch aufzutragen (Bild 3.11-14). Wo liegt zu diesen Zeiten die maximale Beanspruchung in der Wicklung?

Schrifttum: *Bewley* 1951; *Strigel* 1955; *Rüdenberg* 1962; *Sirotinski* 1965; *Philippow* 1966; *Heller, Veverka* 1968, *Greenwood* 1971

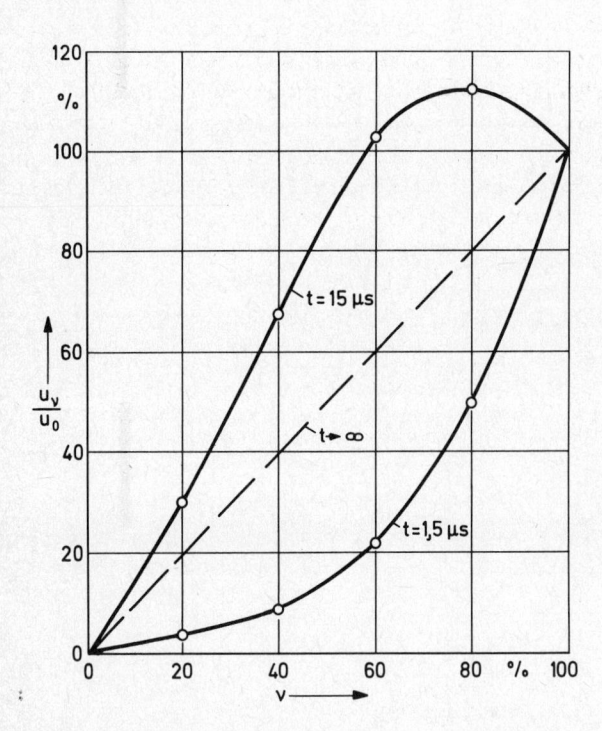

**Bild 3.11-14**
Spannungsverteilung in einem Transformatormodell mit Spulenwicklung zu verschiedenen Zeiten t nach Auftreffen einer Wanderwelle

## 3.12. Versuch „Stoßströme und Lichtbögen"

Zeitlich rasch veränderliche hohe Ströme sind für viele Gebiete der Naturwissenschaft und Technik aufgrund ihrer magnetischen, mechanischen und thermischen Wirkung von Bedeutung. Treten hohe Ströme in Verbindung mit Lichtbögen auf, entsteht eine starke Energiekonzentration, die auch zu Zerstörungen führen kann. Beispiele hierfür

## 3.11. Versuch „Wanderwellen"

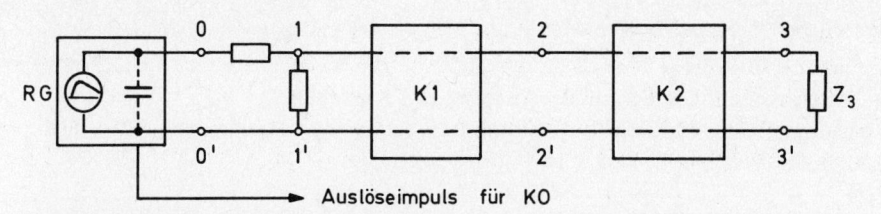

**Bild 3.11-7.** Niederspannungsmodell für Wanderwellenuntersuchungen an Leitungen
RG Repetitions-Stoßgenerator
K1, K2 Kabelstücke mit v = 4 m/µs, Länge je 12 m

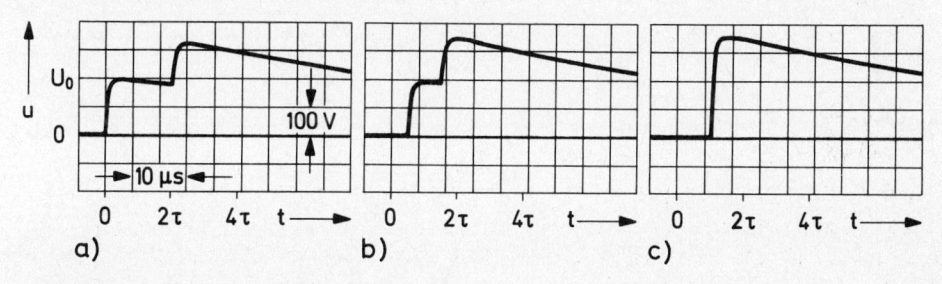

**Bild 3.11-8.** Oszillogramme der Spannungsverläufe bei dem Leitungsmodell nach Bild 3.11-7 für $Z_3 \to \infty$
a) Messung an den Klemmen 1-1'
b) Messung an den Klemmen 2-2'
c) Messung an den Klemmen 3-3'

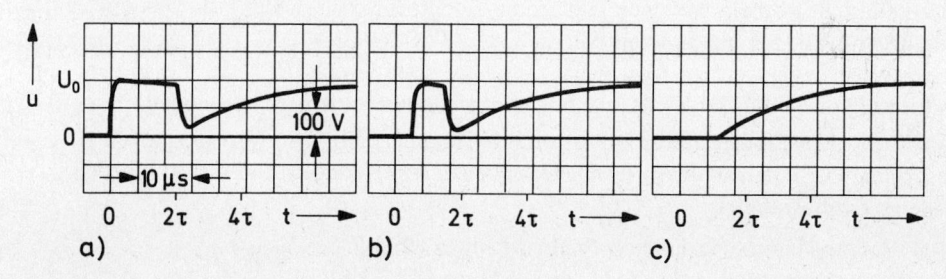

**Bild 3.11-9.** Oszillogramme der Spannungsverläufe für $Z_3 = C$
a) Messung an den Klemmen 1-1'
b) Messung an den Klemmen 2-2'
c) Messung an den Klemmen 3-3'

Betriebsfälle werden die Spannungsverläufe an den Klemmen $1-1'$, $2-2'$ und $3-3'$ oszillografiert. Die Messung ist für verschiedene Leitungsabschlüsse an den Klemmen $3-3'$ durchzuführen. Als Beispiel seien die Verläufe in Bild 3.11-8 für eine leerlaufende Leitung ($Z_3 = \infty$) und die Verläufe in Bild 3.11-9 für eine Leitung, die mit einer Kapazität abgeschlossen ist, wiedergegeben.

*c) Schutz durch Überspannungsableiter*

In der Schaltung von Bild 3.11-7 ist an der Stelle 2 − 2′ das Modell eines Überspannungsableiters anzuschließen. Die Potentialverläufe an den Klemmen 1 − 1′, 2 − 2′ und 3 − 3′ sind zu oszillografieren. Dabei ist die Leitung im Leerlauf zu betreiben ($Z_3 \to \infty$). Als Beispiel seien die Verläufe in Bild 3.11-10 wiedergegeben.

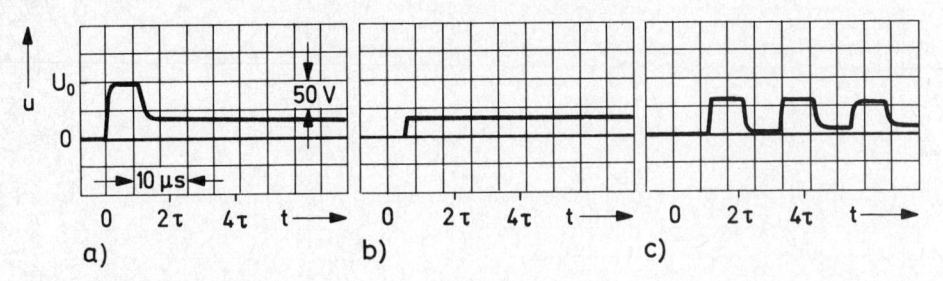

**Bild 3.11-10.** Oszillogramme der Spannungsverläufe beim Einbau eines Überspannungsableiters an der Stelle 2-2′ ($Z_3 \to \infty$)
a) Messung an den Klemmen 1-1′
b) Messung an den Klemmen 2-2′
c) Messung an den Klemmen 3-3′

*d) Stoßspannungsverteilung in Transformatorwicklungen*

Für diese Untersuchungen ist ein Transformatormodell mit auswechselbarer Hochspannungswicklung aufgebaut worden. Bei gleicher Windungszahl und Außenabmessungen können auf diese Weise Hochspannungswicklungen mit sehr unterschiedlichem Verhalten untersucht werden. Im einen Fall ist die Hochspannungswicklung als Spulenwicklung (Bild 3.11-11a), im anderen Fall als Lagenwicklung (Bild 3.11-11b) ausgeführt. Die beiden Wicklungen besitzen Meßanzapfungen nach jeweils 10 % der Gesamtwindungszahl von 1800. Die Niederspannungswicklung wird mit Erde verbunden.

Der Repetitions-Stoßgenerator RG ist unmittelbar mit dem Transformatormodell zu verbinden. Die Potentialverläufe an verschiedenen Anzapfungen sind für verschiedene Fälle zu oszillografieren:

I   Hochspannungswicklung als Spulenwicklung (Bild 3.11-12)
II  Hochspannungswicklung als Lagenwicklung (Bild 3.11-13)

### 3.11.3. Ausarbeitung

Die Längen einer wirklichen Freileitung bzw. eines wirklichen Kabels, die der bei 3.11.2b untersuchten Nachbildung entsprechen, sind zu bestimmen. Wie groß ist das Verhältnis der Amplituden der vom Repetitions-Stoßgenerator erzeugten Spannung und der bei 1 − 1′ in die Leitung einlaufenden Spannung?

Für die bei 3.11.2b untersuchten Fälle sind zum Vergleich mit den aufgenommenen Oszillogrammen die idealisierten Verläufe für eine rechteckförmige Spannung und ein ideales Kabel aufzuzeichnen.

3.12. Versuch „Stoßströme und Lichtbögen"

sind Blitzströme oder Kurzschlußströme in Hochspannungsnetzen. Die in diesem Versuch behandelten Themen können in folgenden Stichworten zusammengefaßt werden:

Entladekreis mit kapazitivem Energiespeicher
Stoßstrommessung
Kraftwirkungen im magnetischen Feld
Wechselstromlichtbogen
Lichtbogenlöschung

Vorausgesetzt wird die Kenntnis des Abschnitts
1.4. Erzeugung und Messung von Stoßströmen.

### 3.12.1. Grundlagen

*a) Kraftwirkungen im magnetischen Feld*

Die Kraftwirkungen im magnetischen Feld sollen an einer Transformatoranordnung nach Bild 3.12-1 gezeigt werden. Lage und Abmessungen der äußeren von Strom $i_1(t)$ durchflossenen Wicklung 1 seien unveränderlich, und es soll nur die auf die kurzgeschlossene innere Wicklung 2 wirkende Kraft betrachtet werden. Radiale Kräfte $\vec{F}_r$ suchen den Durchmesser, axiale Kräfte $\vec{F}_a$ die Länge der inneren Wicklung zu verringern. Bei vollkommen symmetrischer Anordnung (a = 0) hebt sich die Überlagerung aller radialen und axialen Kräfte gerade auf, die Anordnung befindet sich im labilen Gleichgewicht. Ist die innere Wicklung dagegen axial verschoben (a $\neq$ 0), so entsteht eine resultierende Axialkraft $\vec{F}$, welche die Unsymmetrie zu vergrößern sucht.

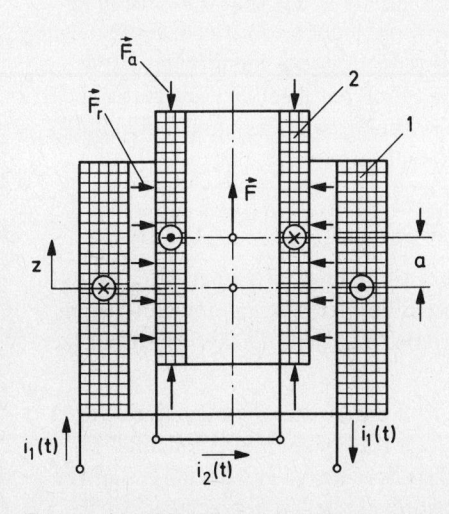

**Bild 3.12-1**
Transformatoranordnung
1 Primärwicklung
2 Sekundärwicklung

Die an den Klemmen der äußeren Wicklung meßbare Induktivität L der Anordnung vergrößert sich mit Zunahme von a von dem Wert für a = 0 auf den Wert für die völlig entfernte innere Wicklung. Entsprechend ändert sich auch die magnetische Energie

$$W = \frac{1}{2} L\, i_1^2 \,.$$

Es gilt für die resultierende auf den Schwerpunkt der inneren Wicklung wirkende Kraft:

$$F(z) = \frac{dW}{dz} = \frac{1}{2} i_1^2 \frac{dL}{dz} + \frac{1}{2} L \cdot \frac{d(i_1^2)}{dz}$$

Oft ist der Stromimpuls von so kurzer Dauer, daß die Rückwirkung der Bewegung auf die Größe der Kraft keine Rolle spielt. In diesem Fall bleibt die Induktivität der Anordnung wegen z = a während der Stromeinwirkungsdauer konstant. Die Anfangsgeschwindigkeit $v_0$ der inneren Wicklung mit der Masse m läßt sich dann wie folgt nach dem Impulssatz berechnen:

$$v_{0\,(z=a)} = \frac{1}{m} \int_0^\infty F\,dt = \frac{1}{2m} \left[ \left(\frac{dL}{dz}\right)_{(z=a)} \cdot \int_0^\infty i_1^2\,dt + L \cdot \frac{d}{dz}\left(\int_0^\infty i_1^2\,dt\right)_{(z=a)} \right]$$

Die der inneren Wicklung durch den Stromimpuls zugeführte kinetische Energie beträgt dann:

$$W_{kin} = \frac{1}{2} m v_0^2$$

Die sichere Beherrschung der in elektrischen Stromkreisen auftretenden mechanischen Kräfte bestimmt u.a. die Kurzschlußfestigkeit von Transformatoren. Diese Kräfte können auch zur Umformung metallischer Werkstoffe verwendet werden, wobei das zu formende Werkstück der kurzgeschlossenen inneren Wicklung des Transformatormodells entspricht. Eine weitere Nutzanwendung sind elektrodynamische Antriebe. Hierzu eignen sich besonders solche Anordnungen, bei denen die Änderung der Induktivität bei der Bewegung der zu beschleunigenden Masse möglichst groß ist. Auch bei der betrachteten Transformatoranordnung ergibt sich eine Antriebswirkung, wenn die innere Wicklung durch einen beweglichen Leiter, z.B. durch ein Metallrohr, ersetzt wird.

*b) Wechselstromlichtbogen*

Lichtbögen sind eine für die elektrische Energietechnik sehr wichtige Art der Gasentladung (siehe 3.7.1c). Sie treten u.a. in Schaltgeräten bei der Abschaltung von Strömen auf, wo sie eine plötzliche Unterbrechung des Stromes und damit gefährliche Überspannungen verhindern.

Wie in der schematischen Darstellung von Bild 3.12-2 angedeutet, besitzen Lichtbögen zwei Raumladungsgebiete vor den Elektroden, die als Kathoden- und Anodenfall bezeichnet werden. Ihre Länge liegt in Luft bei Normaldruck in der Größenordnung von $10^{-6}$ m und sie haben einen nahezu konstanten Spannungsbedarf von etwa je 10 V. Wegen ihrer größeren Beweglichkeit übernehmen die Elektronen im wesentlichen den Stromtransport. Sie entstehen an der Kathode durch Glühemission infolge Aufheizens des Kathodenfußpunktes durch auftreffende Ionen und durch Feldemission.

Bei großen Lichtbogenlängen s bestimmt der Spannungsbedarf der Bogensäule die gesamte Brennspannung $u_b$. Die Bogensäule besteht aus Plasma, in dem die Trägerverluste

## 3.12. Versuch „Stoßströme und Lichtbögen" 

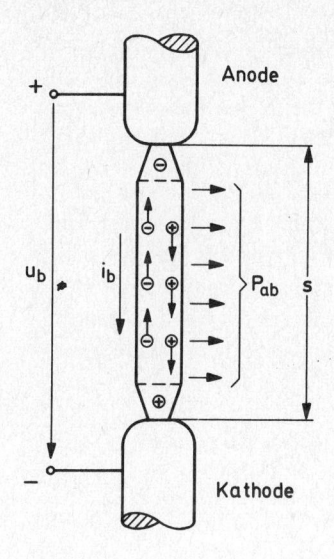

**Bild 3.12-2**
Schematische Darstellung eines Lichtbogens

infolge Rekombination und Diffusion durch Thermoionisation gedeckt werden. Dieser Vorgang erfordert hohe Temperaturen. Die Säulentemperatur liegt im Bereich von 6000 bis 12000 K. Demzufolge können Lichtbögen nur bei ausreichend hoher Energiezufuhr bestehen. Stationäre Lichtbögen erfordern einen Mindeststrom von etwa 1 A. Sie werden entweder durch Kontakttrennung oder durch einen Durchschlagsvorgang gezündet. Reicht der von der Stromquelle eingespeiste Strom für die Existenz eines Lichtbogens nicht aus, kommt es entweder zu der wesentlich stromschwächeren Glimmentladung oder zur vollständigen Stromunterbrechung.

Die dem Lichtbogen zugeführte Leistung beträgt

$$P_{zu} = i_b \, u_b$$

Die Wärmeabfuhr $P_{ab}$ erfolgt nur bei kurzen Bögen über die Elektroden, sonst vorwiegend durch Wärmeleitung, Konvektion und Strahlung von der Bogensäule aus. Sie läßt sich durch das Elektrodenmaterial (Kohle, Metall) und durch das Kühlmedium der Bogensäule (Luft, Öl) beeinflussen. Berücksichtigt man noch die im Lichtbogen gespeicherte Wärmemenge Q, so erhält man die Leistungsbilanz:

$$i_b \, u_b - P_{ab} = \frac{dQ}{dt}$$

Bei Vernachlässigung der Wärmekapazität (Q = 0) ergibt sich als Gleichung der Lichtbogenkennlinie:

$$u_b = \frac{P_{ab}}{i_b}$$

In vielen Fällen ist der einfache Ansatz $P_{ab}$ = const brauchbar, woraus sich ein hyperbolischer Verlauf für die Abhängigkeit der Brennspannung vom Strom ergibt. Die Kühlung des Lichtbogens kann auch eine näherungsweise dem Strom proportionale Wärmeabfuhr bewirken. Die Brennspannung bleibt dann etwa konstant. Dieser Fall liegt z.B. bei sehr kurzen Abständen metallischer Elektroden vor, da die in den Fallgebieten mit konstantem Spannungsbedarf umgesetzte Energie über die Elektroden abgeleitet wird.

In Bild 3.12-3 sind die Brennspannungen für die beiden Grenzfälle $P_{ab}$ = const und $P_{ab} \sim i_b$ für den Fall eines sinusförmigen Stromverlaufs gestrichelt eingezeichnet. Ein stationärer Wechselstromlichtbogen muß nach jedem Nulldurchgang des Stromes neu zünden, außerdem kann die im Lichtbogen gespeicherte thermische Energie nicht vernachlässigt werden. Der Brennspannungsbedarf entspricht daher mehr den ausgezogen gezeichneten Verläufen. Der Spannungswert $U_Z$ wird als Zündspitze, der Spannungswert $U_L$ als Löschspitze bezeichnet.

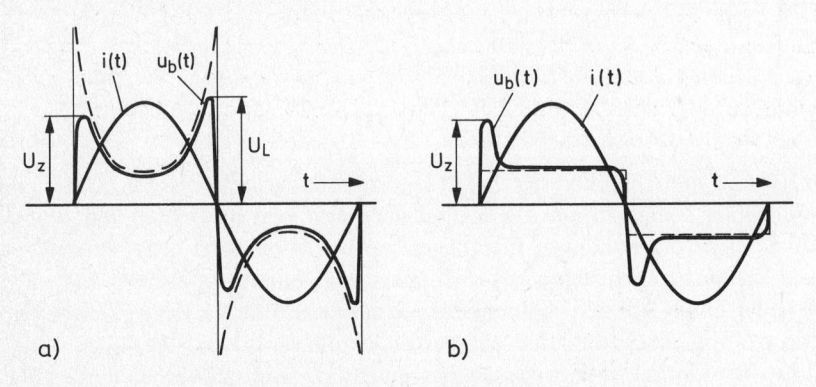

**Bild 3.12-3.** Zeitlicher Verlauf von Strom und Spannung eines Lichtbogens
a) $P_{ab}$ = const, b) $P_{ab} \sim i(t)$

## c) Lichtbogenlöschung

Ob ein Wechselstromlichtbogen nach dem Nullwerden des Stroms wieder zündet, hängt von den Eigenschaften der Lichtbogensäule und des Stromkreises ab. Entscheidend ist die Schnelligkeit der Entionisierung der Lichtbogenstrecke und die beim Unterbrechen des Stroms an der Entladungsstrecke entstehende Einschwingspannung. Die Entionisierung kann hauptsächlich durch die Kühlung des Lichtbogens beeinflußt werden. Der Verlauf der Einschwingspannung wird experimentell bestimmt oder unter Vernachlässigung des Einflusses der Lichtbogenstrecke berechnet [*Slamecka* 1966].

Eine sichere Unterbrechung von Wechselstromlichtbögen soll außer bei Schaltgeräten auch in den Funkenstrecken von Überspannungsableitern erfolgen. Hierbei wird der Lichtbogen jedoch im Gegensatz zu Schaltgeräten nicht durch die Unterbrechung eines metallischen Strompfades eingeleitet, sondern durch einen Durchschlag infolge Überschreitung der Ansprechspannung. Der dabei entstehende Wechselstromlichtbogen wird vom Netz gespeist und muß von der Funkenstrecke mit Sicherheit unterbrochen werden. Andernfalls wird der Ableiter überlastet und zerstört.

3.12. Versuch „Stoßströme und Lichtbögen" 195

Zur wirksamen Kühlung des Lichtbogens werden Ableiterfunkenstrecken durch eine Reihenschaltung vieler Teilstrecken mit geringer Schlagweite unter Verwendung großflächiger Elektroden mit großer Kühlwirkung ausgeführt. Besonders gute Löscheigenschaften werden erzielt, wenn der Lichtbogen zusätzlich durch magnetische Ablenkung gekühlt wird.

### 3.12.2. Durchführung

*a) Strommessung im Entladekreis mit kapazitivem Energiespeicher*

Die Versuchsschaltung ist in Bild 3.12-4 dargestellt. Ein Stoßkondensator C mit einer Kapazität von 7,5 $\mu$F wird über einen Ladewiderstand $R_L$ auf eine Gleichspannung $U_0$ geladen, die über einen Meßwiderstand $R_m$ gemessen werden kann. Der stark gezeichnete Entladekreis wird möglichst niederinduktiv, z.B. mit Bandleitern, aufgebaut. Die verwendete Zündfunkenstrecke F kann nach Bild 2.4-7 ausgeführt werden und wird von einem Zündgerät ZG (siehe Bild 2.4-6) über einen zur Potentialtrennung vorgesehenen Zündtransformator ZT ausgelöst. Der durch die Prüfanordnung P fließende Strom i wird über den Meßwiderstand $R_i$ gemessen.

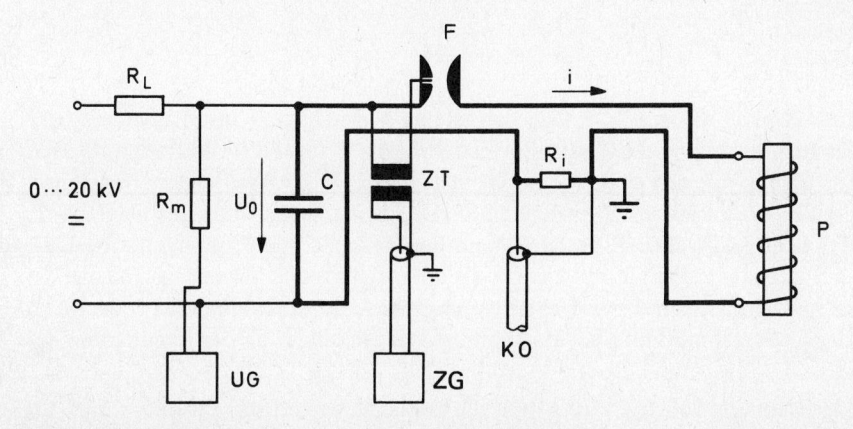

**Bild 3.12-4.** Stoßstromkreis mit kapazitivem Energiespeicher

Bild 3.12-5 zeigt einen koaxial aufgebauten Meßwiderstand zur Strommessung im Zuge einer Bandleitung 1, deren Flachkupferleiter durch Kunststoff-Folien gegeneinander isoliert sind. Der Strom fließt über den Befestigungsring 2 und das Abschirmgehäuse 3 zum Widerstandselement 4, das zwischen den Kontaktscheiben 5 und 6 angeordnet ist. Über den Schraubanschluß 7 der oberen Kontaktscheibe gelangt der Strom wieder in den Bandleiter. Die beiden Kontaktscheiben werden durch das Isolierrohr 8 distanziert. Die dem Strom proportionale Meßspannung wird an der Anschlußbuchse 9 abgegriffen. Um die Induktivität des Meßwiderstands gering zu halten, muß der Abstand zwischen Gehäuse 3 und Widerstandselement 4 möglichst klein sein.

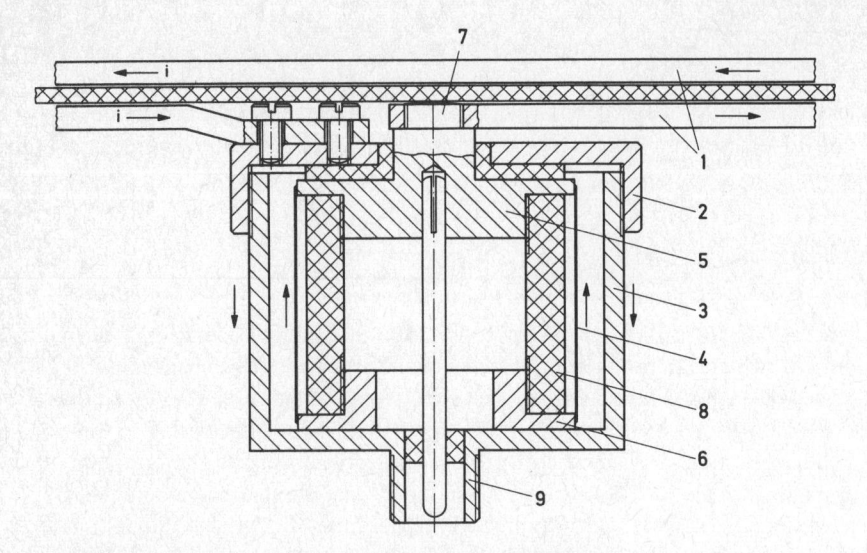

**Bild 3.12-5.** Koaxialer Meßwiderstand im Zuge einer Bandleitung
1  Bandleitung                 5 und 6 Kontaktscheibe
2  Befestigungsring            7  Gewindeanschluß
3  Abschirmgehäuse             8  Isolierdistanzrohr
4  Widerstandselement          9  Anschlußbuchse

Als Prüfanordnung soll die in Bild 3.12-6 dargestellte Versuchsspule untersucht werden. Der Entladestrom wird der zylindrischen Primärwicklung 1 zugeführt, deren Induktivität bei einer Ausführung mit den angegebenen Abmessungen bei 25 Windungen etwa 26 $\mu$H beträgt. Damit sie aufgrund der auftretenden Kräfte nicht zerstört wird, ist die Wicklung in einem Isolierstoffgehäuse, bestehend aus den Teilen 2 und 3 untergebracht. Das koaxial zu 1 angeordnete Metallrohr 4 wirkt als kurzgeschlossene Sekundärwicklung. Das Rohr ist auf dem Isolierkörper 5 axial verschiebbar. Die Anschlußenden 6 der Primärwicklung werden mit Hilfe der Bandleitungsverspannung 7 an die Bandleitung 8 angeklemmt.

Bei einer Ladespannung von $U_0$ = 20 kV ist der zeitliche Verlauf des Stromes i für folgende drei Fälle zu oszillografieren:

Versuchsspule P durch Kurzschlußbügel ersetzt,
Sekundärwicklung 2 der Versuchsspule in der im Bild 3.12-6 gezeichneten Lage (a = 0),
Versuchsspule ohne Sekundärwicklung.

Bei einer Durchführung dieses Versuches ergaben sich die drei in Bild 3.12-7 wiedergegebenen Oszillogramme. Da die Kapazität C bekannt ist, kann man aus der Periodendauer die gesamte Induktivität des Kreises und durch Differenzbildung die einzelner Anlagenteile bestimmen. Es ergaben sich folgende Werte:

Induktivität der Anlage: 0,238 $\mu$H
Induktivität der Versuchsanordnung mit Sekundärwicklung: 11,5 $\mu$H
Induktivität der Versuchsanordnung ohne Sekundärwicklung: 25,9 $\mu$H

3.12. Versuch „Stoßströme und Lichtbögen"  197

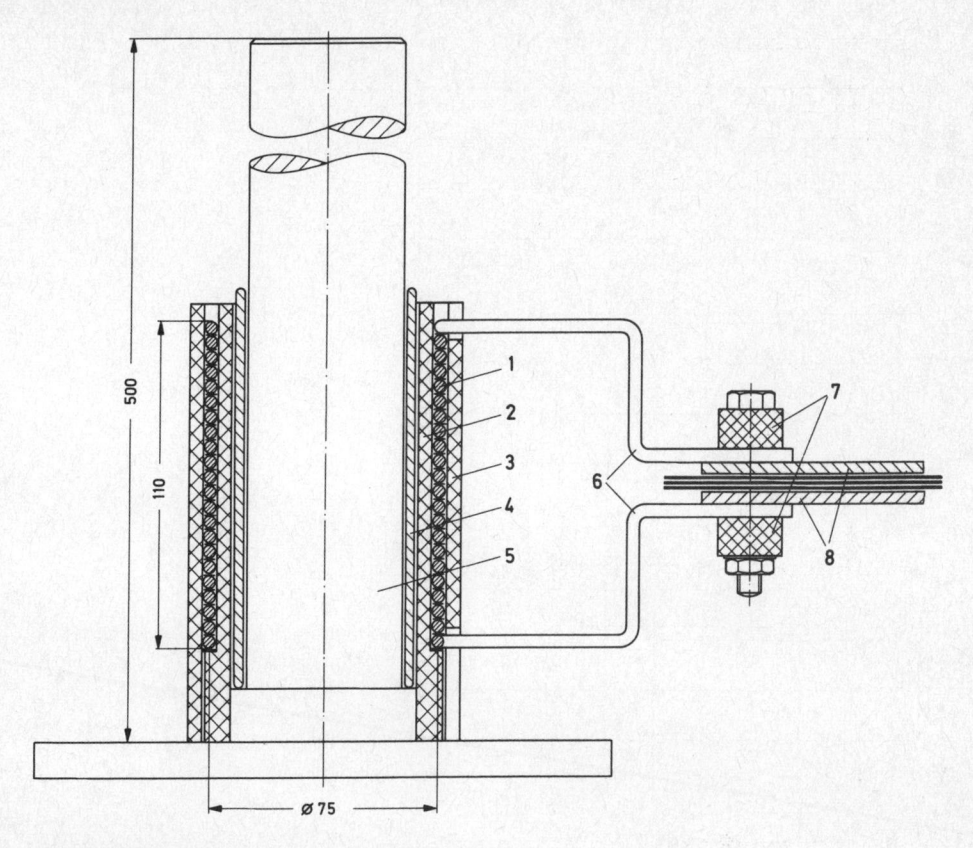

**Bild 3.12-6.** Versuchsspule für Stoßstromuntersuchungen
1 Primärwicklung. 24 Windungen 6 mm² Cu
2 und 3 Isolierstoffgehäuse
4 Sekundärwicklung
5 Isolierkörper
6 Anschlußenden
7 Bandleitungsverspannung
8 Bandleitung

*b) Untersuchung elektrodynamischer Kräfte*

In der gleichen Schaltung soll die Versuchsanordnung nach Bild 3.12-6, deren Sekundärwicklung durch ein Isolierrohr um a = 6 cm nach oben verschoben ist, vom Entladestrom durchflossen werden. Dabei erfährt die Sekundärwicklung eine Beschleunigung nach oben, die einen bestimmten Hub H zur Folge hat. Für eine passend gewählte Ladespannung $U_0$ ist festzustellen, welcher Hub erreicht wird. Gleichzeitig ist das Stromoszillogramm aufzunehmen.

Bei der Durchführung dieses Versuches ergab sich im gesamten Stromverlauf keine Frequenzänderung. Daraus folgt, daß die örtliche Verschiebung der Sekundärwicklung praktisch erst dann einsetzt, wenn der Strom bereits abgeklungen ist; es liegen also die Bedingungen eines Impulsantriebes vor. Bei der untersuchten Anordnung ergab sich bei einer Ladespannung $U_0$ = 16,5 kV ein Hub von H = 20 cm. Dabei betrug die Masse

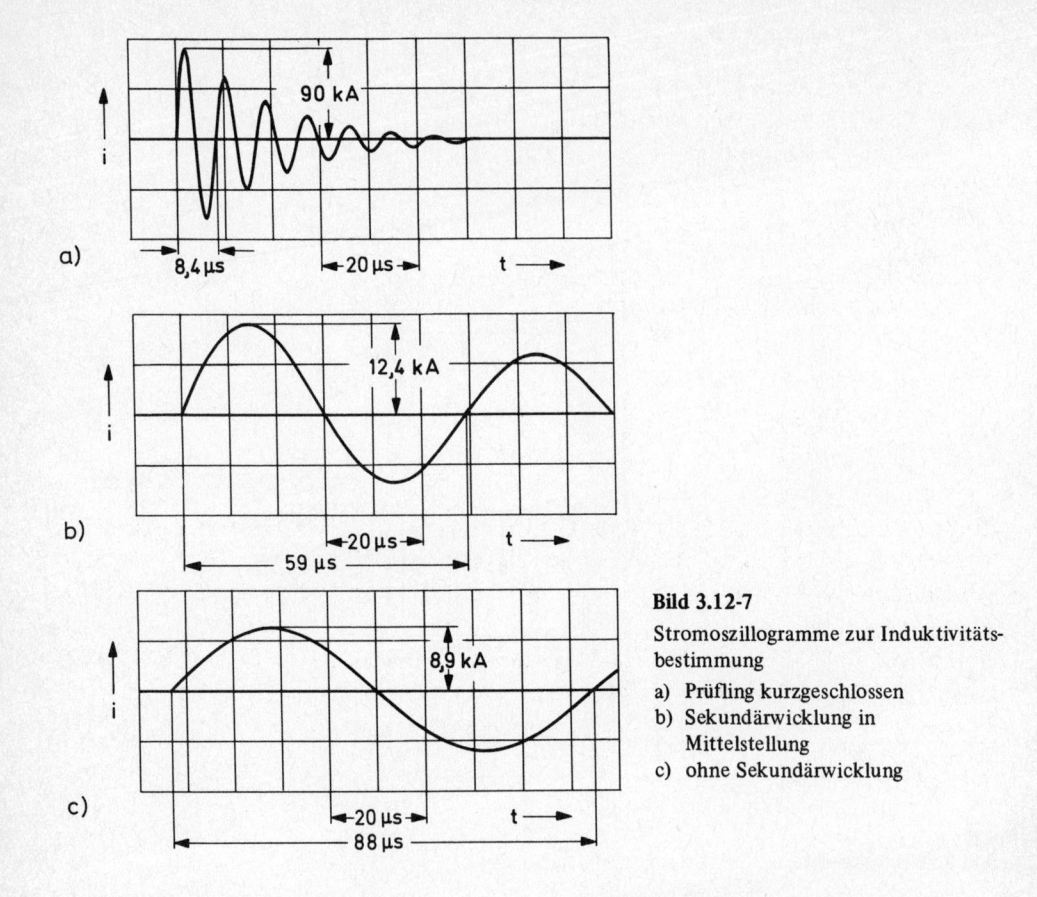

**Bild 3.12-7**
Stromoszillogramme zur Induktivitätsbestimmung
a) Prüfling kurzgeschlossen
b) Sekundärwicklung in Mittelstellung
c) ohne Sekundärwicklung

des beschleunigten Rohres 283 g. Durch Gleichsetzung von potentieller und kinetischer Energie errechnet sich hieraus eine Anfangsgeschwindigkeit von $v_0$ = 1,98 m/s.

## c) Der stationäre Wechselstromlichtbogen

Für diesen Versuch ist die Schaltung nach Bild 3.12-8 ohne den gestrichelten Teil aufzubauen. Der Wechselstromlichtbogen soll aus dem Niederspannungsnetz gespeist werden. Aus Gründen der Sicherheit sollte ein Trenntransformator T mit der Übersetzung 220/220 V vorgesehen werden. Die Versuchsanordnung besteht aus zwei zylindrischen Elektroden 1 und 2 mit dem Durchmesser d. Mit Hilfe der erdseitigen Elektrode läßt sich der Abstand s einstellen und eine Lichtbogenentladung durch Kontakttrennung zünden. Der Strom kann mit der Induktivität $L_K \approx$ 50 mH und dem Widerstand $R_K$ = 0 ... 20 Ω eingestellt werden, wobei Werte bis 10 A erreichbar sein sollten. Die Lichtbogenspannung $u_b$ wird am Widerstand $R_{u_b}$ eines Spannungsteilers, der Lichtbogenstrom $i_b$ über einen Meßwiderstand $R_{i_b}$ gemessen.

Bei Verwendung von Kohleelektroden mit d = 8 mm und s = 5 mm sind $u_b$ und $i_b$ als Funktion der Zeit zu oszillografieren; der Lichtbogen wird durch Kontakttrennung ein-

## 3.12. Versuch „Stoßströme und Lichtbögen" 

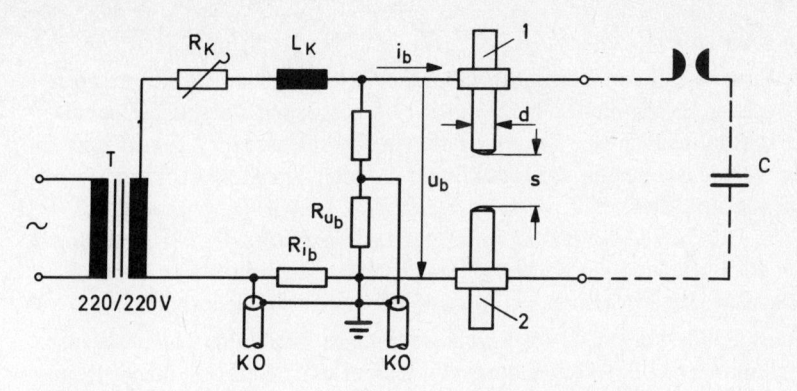

**Bild 3.12-8.** Schaltung zur Untersuchung von Wechselstromlichtbögen
1, 2 Elektroden

geleitet. Durch veränderliche Beblasung des Lichtbogens mit Luft und gleichzeitiger Beobachtung des Verlaufes von $u_b$ soll die Auswirkung der Kühlung auf die Lichtbogenspannung qualitativ betrachtet werden. Weiterhin ist die Lichtbogenkennlinie $u_b = f(i_b)$ zu oszillografieren.

Bei einer Durchführung des Versuches ergaben sich in ruhender Luft die in Bild 3.12-9 dargestellten Verläufe. Bei Beblasung des Lichtbogens traten zunächst Zünd- und Löschspitze deutlich hervor, bis es schließlich zum Erlöschen des Lichtbogens kam.

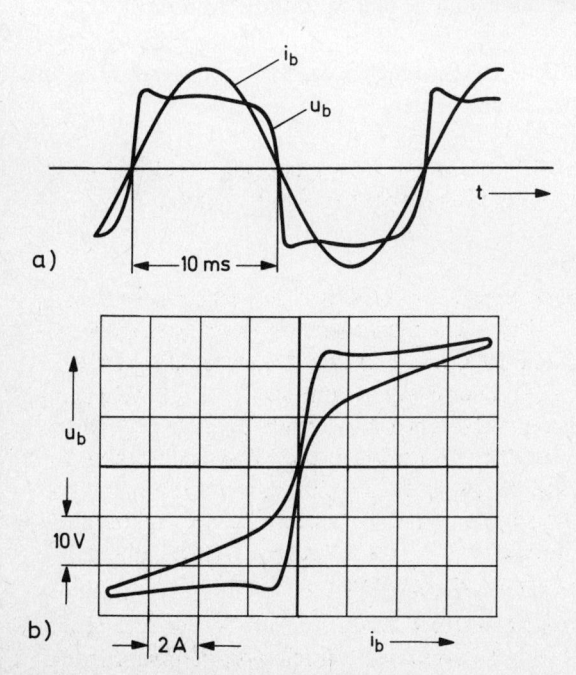

**Bild 3.12-9**
Oszillogramme von Strom und Spannung am stationären WS-Lichtbogen, Kohleelektroden.
s = 5 mm
a) zeitlicher Verlauf
b) dynamische Lichtbogenkennlinie

*d) Arbeitsprüfung einer Ableiterfunkenstrecke*

Für diese Untersuchungen soll der Wechselstromlichtbogen durch eine Stoßstromentladung gezündet werden. Hierzu dient der in Bild 3.12-8 gestrichelt dargestellte Schaltungsteil; er steht symbolisch für eine Schaltung zur Stoßstromerzeugung gemäß Bild 3.12-4. Bei diesen Versuchen schützt die Induktivität $L_K$ den Transformator vor Überspannungen. Zunächst sind Kohleelektroden zu verwenden. Die Schlagweite s ist so einzustellen, daß die Durchschlagsspannung unter der Ladespannung des Kondensators C liegt. Der durch die Entladung des Kondensators gezündete Lichtbogen ist zu beobachten. Anschließend ist dieser Versuch mit Messingelektroden zu wiederholen.

Bei einer Durchführung des Versuches ergab sich ein sicheres Zünden des Lichtbogens durch den Stoßstromkreis nur bei Verwendung von Kohleelektroden. Der Bogenstrom betrug etwa 10 A, die Schlagweite 4 mm. Bei Messingelektroden mußte der Elektrodenabstand auf etwa 0,2 mm verringert werden, um überhaupt einen stationären Lichtbogen zu erreichen.

### 3.12.3. Ausarbeitung

Aus den bei 3.12.2a aufgenommenen Stromoszillogrammen ist die Induktivität der Versuchsspule mit und ohne Sekundärwicklung zu ermitteln.

Der Wirkungsgrad der bei den Untersuchungen nach 3.12.2b erreichten mechanischen Bewegung ist zu berechnen. Hierzu ist das Verhältnis von potentieller Energie der Sekundärwicklung zur kapazitiv gespeicherten Energie im Stoßkondensator zu bilden.

Aus den bei 3.12.2c aufgenommenen Verläufen von $i_b$ und $u_b$ soll die Abhängigkeit $P_b = f(t)$ konstruiert werden.

Das bei 3.12.2d festgestellte unterschiedliche Löschverhalten von Elektrodenanordnungen mit Kohle- und Messingelektroden ist zu diskutieren.

# Anhang 1
## Sicherheitsvorschriften für Hochspannungsversuche

Versuche mit hohen Spannungen können eine besondere Gefährdung für die beteiligten Personen darstellen, wenn die Sicherheitsvorkehrungen unzureichend sind. Um einen Hinweis auf die erforderlichen Sicherheitsmaßnahmen zu geben, werden im folgenden als Beispiel die Sicherheitsvorschriften des Hochspannungsinstituts der TU Braunschweig angeführt. Diese ergänzen die zuständigen VDE-Bestimmungen und sollen soweit wie irgend möglich eine Personengefährdung ausschließen. Eine genaue Befolgung wird deshalb jedem, der am Institut arbeitet, zur Pflicht gemacht. Unter Hochspannung ist hier jede Spannung größer 250 V gegen Erde zu verstehen (VDE 0100).

**Grundregel:** Vor dem Betreten einer Hochspannungsanlage muß sich jeder durch Augenschein davon überzeugen, daß alle Leiter, die Hochspannung annehmen können und im Berührungsbereich liegen, geerdet und daß alle Hauptzuleitungen unterbrochen sind.

### Absperrung

Alle Hochspannungsanlagen müssen gegen unbeabsichtigtes Eindringen in den Gefahrenbereich abgesichert sein. Zweckmäßig erfolgt dies durch metallische Absperrgitter. Bei der Aufstellung der Gitter sollten bei Spannungen bis 1 MV folgende Mindestabstände von den Hochspannung führenden Teilen nicht unterschritten werden:

| | |
|---|---|
| bei Wechsel- und Gleichspannungen | 50 cm je 100 kV |
| bei Stoßspannungen | 20 cm je 100 kV |

Dabei ist unabhängig von der Höhe und der Art der Spannung ein Mindestabstand von 50 cm einzuhalten. Bei Spannungen über 1 MV, insbesondere bei Schaltstoßspannungen, können die genannten Werte unzureichend sein, und es müssen besondere Schutzmaßnahmen getroffen werden.

Die Absperrgitter sind zuverlässig leitend miteinander zu verbinden, zu erden und mit Schildern „Hochspannung. Vorsicht! Lebensgefahr!" zu versehen. Es ist verboten, während des Betriebes leitende Gegenstände durch die Absperrung in die Anlage zu stecken.

### Verriegelung

Bei Hochspannungsanlagen ist jede Tür mit Sicherheitsschaltern zu versehen, die das Öffnen der Tür erst dann gestatten, wenn alle Hauptzuleitungen zur Versuchsanlage unterbrochen sind.

Anstelle einer direkten Unterbrechung können die Sicherheitsschalter auch auf das Nullspannungsrelais eines Leistungsschalters wirken, der beim Öffnen der Tür alle Hauptzuleitungen zur Anlage unterbricht. Solche Leistungsschalter dürfen erst dann wieder eingeschaltet werden können, wenn die Tür geschlossen ist. Bei direkten Einspeisungen aus einem Hochspannungsnetz (z.B. 10 kV-Stadtnetz) müssen die Hauptzuleitungen vor Betreten der Versuchsanlage zusätzlich durch einen offenen Trennschalter sichtbar unterbrochen werden.

Der Schaltzustand einer Anlage muß durch eine rote Lampe „Anlage eingeschaltet" *und* durch eine grüne Lampe „Anlage ausgeschaltet" angezeigt werden.

Wird die Absperrung beim Auf- und Abbau der Anlage oder bei größeren Umbauten unterbrochen, so sind alle für das Betreten der Anlage vorgeschriebenen Vorbedingungen zu erfüllen. Hierbei ist besonders auf eine sichere Unterbrechung der Hauptzuleitungen zu achten. An Trennschaltern oder sonstigen Unterbrechungsstellen und an dem zur Anlage gehörenden Schaltpult sind Schilder „Nicht schalten! Gefahr vorhanden!" anzubringen.

**Erdung**

Eine Hochspannungsanlage darf erst dann betreten werden, wenn alle hochspannungsführenden Teile im Berührungsbereich geerdet sind. Das Erden darf nur mit einem Leiter vorgenommen werden, der innerhalb der Absperrung geerdet ist. Das Anbringen der Erdleitungen auf die zu erdenden Teile erfolgt mit Hilfe von Isolierstangen. Erdungsschalter mit sichtbarer Schaltstellung sind ebenfalls zulässig. Die Erdung bei Leistungsanlagen mit direkter Einspeisung aus dem Hochspannungsnetz erfolgt über Erdungstrenner. Die Erdung darf erst nach Abschalten der Stromquelle erfolgen, sie darf erst dann wieder aufgehoben werden, wenn sich niemand mehr innerhalb der Absperrung befindet oder wenn mit dem Enterden die Anlage verlassen wird. Alle metallischen Teile der Anlage, die nicht betriebsmäßig Spannung führen, müssen zuverlässig und mit ausreichendem Querschnitt von mindestens 1,5 mm$^2$ Cu geerdet sein. Bei Versuchsanlagen mit direkter Einspeisung aus dem Hochspannungsversorgungsnetz sind die Erdverbindungen unter besonderer Berücksichtigung der auftretenden dynamischen Kräfte zu verlegen.

**Schaltung und Versuchsaufbau**

Sofern die Anlage nicht über fertig verschaltete Pulte gespeist wird, müssen sich in allen Zuleitungen zu den Niederspannungskreisen von Hochspannungstransformatoren an gut sichtbarer Stelle außerhalb des Absperrgitters deutlich gekennzeichnete Trennschalter befinden. Sie müssen vor dem Erden und vor dem Betreten der Anlage geöffnet werden.

Alle Leitungen müssen so verlegt werden, daß keine Leitungsenden herabhängen. Niederspannungsleitungen, die bei Durch- oder Überschlägen Hochspannung annehmen können und aus dem abgegrenzten Raum herausführen, z.B. Meßkabel, Steuer- und Versorgungskabel, müssen innerhalb der Absperrung in geerdeter Hülle verlegt sein.

Alle Anlagenteile müssen fest aufgestellt oder aufgehängt werden, so daß sie beim Betrieb nicht umfallen oder durch Leitungen umgerissen werden können.

Bei allen Anlagen für Forschungszwecke ist außerhalb der Absperrung an sichtbarer Stelle das Schaltbild der Anlage anzubringen.

Eine Versuchsanlage darf erst dann in Betrieb genommen werden, wenn eine von der Institutsleitung beauftragte Person den Schaltungsaufbau überprüft und die Erlaubnis zur Inbetriebnahme gegeben hat.

## Durchführung der Versuche

Jeder, der Versuche im Institut durchführt, ist selbst für die ihm zur Verfügung gestellte Anlage und die damit durchgeführten Experimente verantwortlich. Bei Versuchen während der Dienstzeit sollte im Hinblick auf die eigene Sicherheit angestrebt werden, daß sich eine zweite Person im Versuchsraum aufhält. Ist dies nicht möglich, dann sollte wenigstens einer zweiten Person der Beginn und das Ende der Versuchszeit mitgeteilt werden.

Außerhalb der Dienstzeit muß bei Arbeiten mit Hochspannung eine zweite mit den Versuchsanlagen vertraute Person im gleichen Raum anwesend sein.

Werden Arbeiten an einer Anlage von mehreren Personen vorgenommen, so muß allen bekannt sein, wer bei einem bestimmten Versuch Schalthandlungen vornimmt. Vor dem Einschalten von Hochspannungsanlagen ist entweder durch kurze Hupsignale oder durch den Ruf „Achtung! Ich schalte ein!" zu warnen. Dies ist besonders wichtig für lautstarke Versuche, damit Nahestehende ihr Gehör schützen können. Wenn erforderlich, kann die erfolgte Abschaltung durch einmaligen langen Hupton oder durch den Ruf „Ausgeschaltet!" bekanntgegeben werden.

## Explosions- und Feuergefahr, Strahlenschutz

Bei Versuchen mit Öl und anderen leicht entflammbaren Stoffen ist wegen der Explosions- und Feuergefahr besondere Vorsicht nötig. In jedem Raum, in dem mit derartigen Stoffen gearbeitet wird, müssen geeignete Feuerlöscher gebrauchsfertig und griffbereit vorhanden sein. Leicht entflammbare Abfallstoffe, wie z.B. Papier oder gebrauchte Putzwolle, sind stets sofort in metallischen Behältern unterzubringen. Beim Umgang mit Strahlungsquellen sind besondere Vorschriften zu beachten.

## Unfallversicherung

Jeder, der im Institut arbeitet, muß gegen Unfall versichert sein.

## Verhalten bei Unfällen

Maßnahmen im Falle eines elektrischen Unfalls mit Bewußtlosigkeit:

1. Sofort Anlage allpolig abschalten. Solange nicht abgeschaltet ist, darf der Verunglückte auf keinen Fall berührt werden.
2. Falls Bewußtlosigkeit des Verunglückten vorliegt, schnellste Benachrichtigung des Rettungsdienstes, Tel. ♦♦♦. Sofort Wiederbelebungsversuche durch künstliche Beatmung, Mund-zu-Mund-Beatmung oder Brustmassage. Diese Maßnahmen müssen gegebenenfalls bis zum Beginn einer Operation fortgesetzt werden (nur 6 bis 8 Minuten Zeit bis zur direkten Herzmassage).
3. Auch bei Unfall ohne Bewußtlosigkeit empfiehlt es sich, den Verunglückten zunächst ruhig zu legen und einen Arzt zu Rate zu ziehen.

# Anhang 2
## Berechnung der Kurzschlußimpedanz von Transformatoren in Kaskadenschaltung

Im allgemeinen Fall besitzen die Stufen einer Kaskadenschaltung nach Bild 1.1-2 drei Wicklungen, deren Potentiale voneinander unabhängig sind. Diese Bedingung wird von der Ersatzschaltung in Bild A2-1 erfüllt, in der jeder Wicklung eine Impedanz $\widetilde{Z}_E$, $\widetilde{Z}_H$ oder $\widetilde{Z}_K$ zugeordnet ist, die einem idealen Dreiwicklungstransformator mit den entsprechenden Windungszahlen $N_E$, $N_H$ oder $N_K$ vorgeschaltet ist. Die Umpedanzen bestimmen sich aus den rechnerisch oder experimentell ermittelten Ergebnissen der 3 Kurzschlußversuche zwischen je 2 Wicklungen [z.B. *Siemens* 1960].

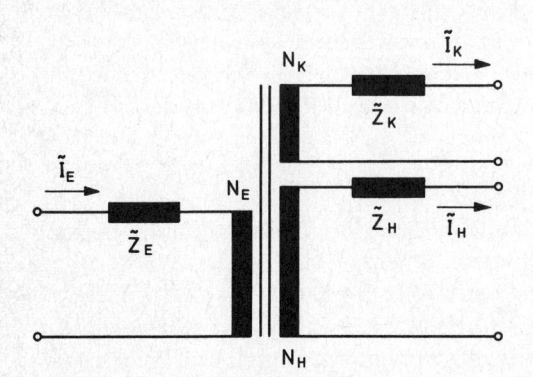

**Bild A2-1**
Ersatzschaltbild einer Stufe einer Kaskadenschaltung

Für jede Stufe gilt, daß bei Vernachlässigung des Magnetisierungsstroms die Summe der Durchflutungen aller Wicklungen gleich Null sein muß:

$$N_E \widetilde{I}_E - N_H \widetilde{I}_H - N_K \widetilde{I}_K = 0$$

Das Berechnungsverfahren soll am Beispiel einer dreistufigen Kaskade gezeigt werden, wobei zur besseren Übersichtlichkeit die Verluste vernachlässigt werden sollen:

$$\widetilde{Z}_E = j\,X_E;\ \widetilde{Z}_H = j\,X_H;\ \widetilde{Z}_K = j\,X_K$$

Ferner wird angenommen, daß für alle Stufen das Verhältnis der Windungszahlen

$$N_E/N_H = N_K/N_H$$

gleich ist.

Mit den getroffenen Annahmen ergibt sich das in Bild A2-2a gezeichnete Ersatzschaltbild. Die eingezeichneten Ströme und die gestrichenen Reaktanzen sind auf die Windungszahl $N_H$ der jeweiligen Hochspannungswicklung bezogen.

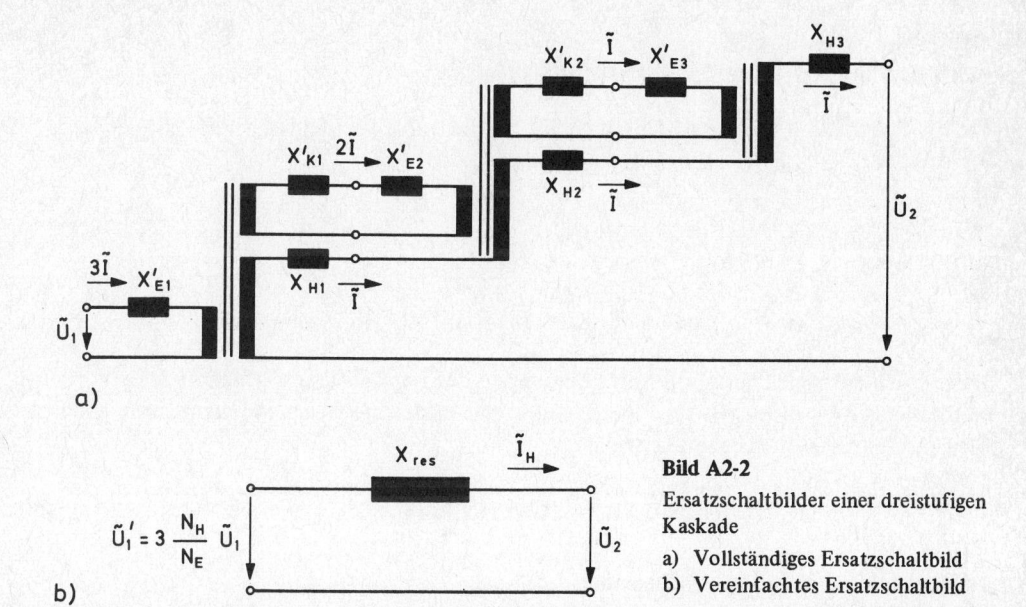

Berechnung der Kurzschlußimpedanz von Transformatoren in Kaskadenschaltung

**Bild A2-2**
Ersatzschaltbilder einer dreistufigen Kaskade
a) Vollständiges Ersatzschaltbild
b) Vereinfachtes Ersatzschaltbild

Für die gesamte Kaskade soll nun ein Ersatzschaltbild nach Bild A2-2b aufgestellt werden. Die resultierende Kurzschlußreaktanz $X_{res}$ erhält man aus der Forderung nach gleicher Leistung:

$$I_H^2 \, X_{res} = \sum_{\nu=1}^{3} (I_{E\nu}^{'2} \, X_{E\nu}' + I_{K\nu}^{'2} \, X_{K\nu}' + I_{H\nu}^2 \, X_{H\nu})$$

Daraus folgt sofort:

$$X_{res} = X_{H1} + X_{H2} + X_{H3} + X_{K2}' + X_{E3}' + 4(X_{K1}' + X_{E2}') + 9\, X_{E1}'$$

Für die gleichen Vereinfachungen erhält man als Kurzschlußreaktanz einer n-stufigen Kaskade

$$X_{res} = \sum_{\nu=1}^{n} [X_{H\nu} + \nu^2 (X_{E(n+1-\nu)}' + X_{K(n-\nu)}')]$$

mit $X_{K_0}' = 0$.

Dieses Verfahren ist nicht an die hier zur besseren Übersicht getroffenen Vereinfachungen gebunden, es kann vielmehr auch leicht auf unterschiedliche Übersetzungen und auf die Berücksichtigung der Wirkwiderstände erweitert werden. Es eignet sich auch für die Berechnung der Kurzschlußimpedanz von Spannungswandlern in Kaskadenschaltung.

## Anhang 3
### Berechnung einstufiger Stoßspannungskreise

Für die Schaltung b nach Bild 1.3-3b gelten mit den dort verwendeten Bezeichnungen die Ansätze:

$$U_0 - \frac{1}{C_s} \int_0^t (i_e + i_d)\, dt = i_e\, R_e = i_d\, R_d + u(t)$$

$$i_d = C_b \frac{du(t)}{dt} \quad \text{mit } u(t=0) = 0$$

Diese Differentialgleichung soll unter Benutzung der Laplace-Transformation gelöst werden. Als Formelzeichen für Funktionen in der Bildebene (p-Ebene) werden die entsprechenden Großbuchstaben verwendet:

$$\frac{U_0}{p} - \frac{1}{pC_s} [J_e + pC_b U] = J_e\, R_e = U(pR_d C_b + 1)$$

Nach $U = U(p)$ aufgelöst erhält man:

$$U(p) = \frac{U_0}{R_d C_b} \frac{1}{p^2 + bp + c}$$

Dabei sind:

$$b = \frac{1}{R_e C_s} + \frac{1}{R_d C_s} + \frac{1}{R_d C_b}$$

$$c = \frac{1}{R_d C_b R_e C_s}$$

Die beiden Wurzeln der quadratischen Gleichung des Nennerpolynoms lauten:

$$p_{1,2} = \frac{b}{2}\left(-1 \pm \sqrt{1 - \frac{4c}{b^2}}\right)$$

Sie sind stets $< 0$ und reell. Die Rücktransformation in die t-Ebene liefert:

$$u(t) = \frac{U_0}{R_d C_b} \frac{1}{p_1 - p_2} (e^{p_1 t} - e^{p_2 t})$$

$$u(t) = \frac{U_0}{R_d C_b} \frac{T_1 T_2}{T_1 - T_2} (e^{-t/T_1} - e^{-t/T_2})$$

Dabei wurden die Zeitkonstanten $T_1 = -1/p_1$ und $T_2 = -1/p_2$ eingeführt.
Die allgemeine Lösung kann wesentlich vereinfacht werden, wenn die in der Regel gut erfüllte Näherung

$$R_e C_s \gg R_d C_b$$

beachtet wird. Daraus folgen die Beziehungen:

$$b \approx \frac{1}{R_d}\left(\frac{C_s + C_b}{C_s C_b}\right) \text{ und } \frac{4c}{b^2} \ll 1$$

Damit geht der Wurzelausdruck bei $p_{1,2}$ gegen den Wert $\left(1 - \frac{2c}{b^2}\right)$, und es folgt

$$p_1 \approx -\frac{c}{b} = -\frac{1}{R_e(C_s + C_b)}; \qquad T_1 = R_e(C_s + C_b)$$

und

$$p_2 \approx \frac{c}{b} - b \approx -b = -\frac{1}{R_d}\left(\frac{C_s + C_b}{C_s C_b}\right) \qquad T_2 = R_d\left(\frac{C_s C_b}{C_s + C_b}\right)$$

# Anhang 4
# Berechnung der Impedanz von Flächenleitern

In Hochspannungsanlagen werden häufig rasch veränderliche hohe Ströme über ausgedehnte Flächenleiter geführt. Bei der Bemessung solcher Leitersysteme entsteht die Aufgabe, die auftretenden Spannungsabfälle oder die hierfür verantwortlichen Impedanzen zu bestimmen. Hierzu bedarf es jedoch zunächst einer Vereinbarung darüber, was als Impedanz gelten soll. Dies soll anhand von Bild A4-1 geschehen.

Man betrachte nach a) als Beispiel für ein offenes System ein zum Kreiszylinder geformtes Leiterband, über das entsprechend den eingetragenen Pfeilen ein Wechselstrom $\tilde{I}$ geführt wird. Auf der kürzesten Verbindung zwischen den Punkten 1 und 2 würde wegen des umschlossenen magnetischen Flusses auch dann eine Spannung $\tilde{U}_1$ zu messen sein, wenn das Band ein idealer Leiter wäre. Maßgebend für die Impedanz des Bandleiters kann daher sinnvoll nur diejenige Spannung $\tilde{U}$ sein, die bei einer Leitungsführung des Spannungsmessers entsprechend einer Mantellinie gemessen wird:

$$\tilde{Z} = \frac{\tilde{U}}{\tilde{I}}$$

Für praktische Fälle kann $\tilde{U}$ aber auch als diejenige Spannung angesehen werden, um welche die Spannung $\tilde{U}_1$ größer ist als im Fall eines idealen Leiters.

Bei geschlossenen Systemen wie bei dem zylindrischen Topf nach Bild A4-1b tritt außerhalb kein magnetisches Feld auf, weshalb die Leitungsführung zur Bestimmung der Spannung $\tilde{U}$ zwischen zwei Punkten 1 und 2 beliebig ist. Dabei ist jedoch zu beachten, daß bei hohen Kreisfrequenzen $\omega = 2\pi f$ die Stromdichte an der äußeren Oberfläche des z.B. als Metallfolie ausgeführten plattenförmigen Flächenleiters sehr gering wird und dann von außen kein Potentialunterschied mehr meßbar ist. Dieser Fall tritt ein, wenn die Eindringtiefe

$$\delta = \frac{1}{\sqrt{\pi \mu \kappa f}}$$

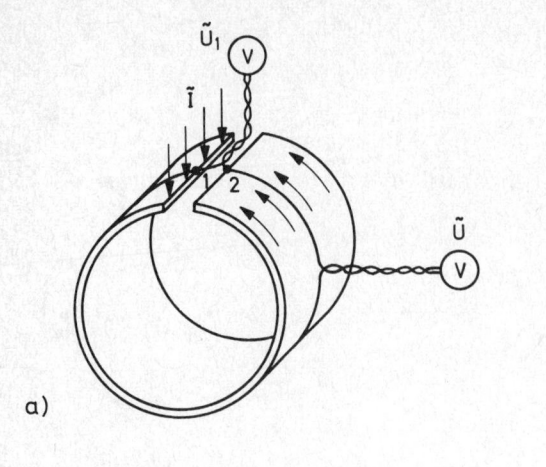

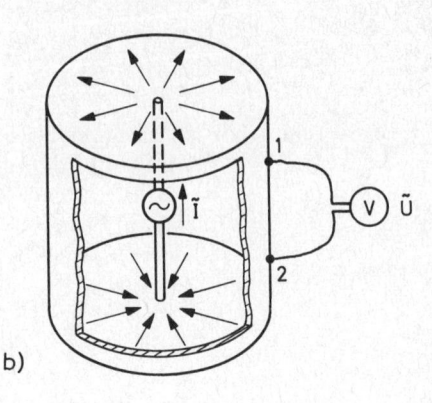

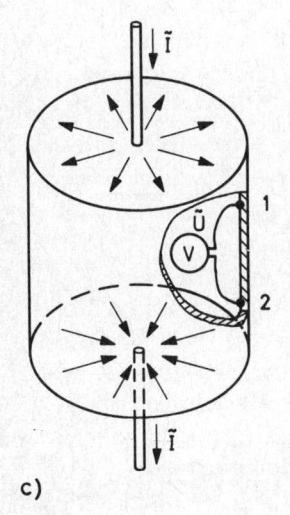

**Bild A4-1**
Modelle zur Definition der Impedanz von Flächenleitern
a) Offenes System
b) System mit koaxialem innerem Rückleiter
c) System mit äußerem Rückleiter

klein gegen die Dicke w des Plattenflächenleiters ist. Dabei sind mit $\mu = \mu_0 \mu_r$ die Permeabilität und mit $\kappa$ die spezifische Leitfähigkeit bezeichnet. Als Richtwerte für Kupfer und Eisen ($\mu_r = 200$) seien genannt:

$f = 1$ MHz: $\delta_{Cu} = 0{,}07$ mm $\qquad f = 100$ kHz: $\delta_{Cu} = 0{,}21$ mm

$\qquad\qquad\;\;\delta_{Fe} = 0{,}01$ mm $\qquad\qquad\qquad\quad\;\;\delta_{Fe} = 0{,}04$ mm

Eine Anwendung des Systems nach Bild A4-1b ist die Messung des Spannungsabfalls in den Wänden eines vollständig geschirmten Laboratoriums. Bild A4-1c zeigt ein System mit ebenfalls hohlzylinderförmigem Leiter, wie es beim Folien-Meßwiderstand angewandt wird.

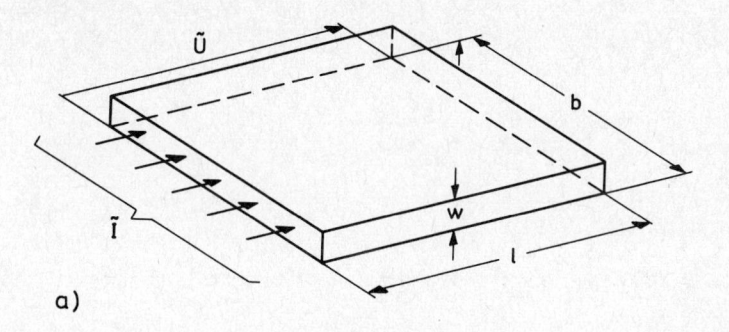

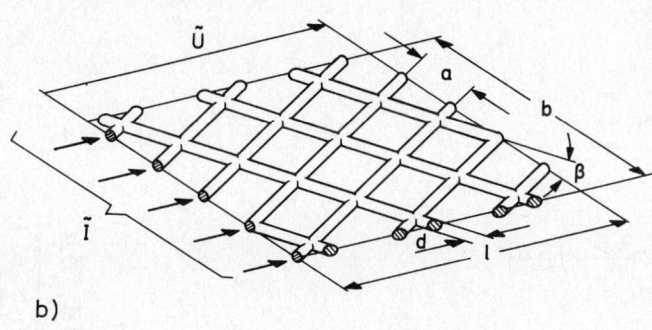

# Berechnung der Impedanz von Flächenleitern

**Bild A4-2**
Flächenleiter mit paralleler Teilstromrichtung
a) Plattenflächenleiter
b) Gitterflächenleiter

Aus einem durchströmten Flächenleiter kann stets ein kleines Quadrat so ausgeschnitten werden, daß die Stromlinien parallel zu zwei gegenüberliegenden Seiten verlaufen. Seine Impedanz wird als spezifische Flächenimpedanz

$$\widetilde{Z}' = R' + j\omega L'$$

bezeichnet. Sie ist identisch mit der Impedanz eines von parallelen Teilströmen durchsetzten quadratischen Flächenleiters mit beliebiger Seitenlänge, wie er sich aus Bild A4-2 für $l = b$ ergibt. Dies gilt sowohl für die bei a) dargestellten Plattenflächenleiter als auch für Gitterflächenleiter nach b). Im letzteren Fall ist das Meßergebnis von dem Winkel $\beta$ zwischen den Gitterstäben und den Quadratseiten unabhängig, wenn nur der Teilleiterabstand $a \ll b$ bleibt.

Für die spezifischen Flächenimpedanzen der wichtigsten Leiterformen gelten die nachstehend zusammengestellten Beziehungen Plattenflächenleiter der Dicke w [*Lautz* 1969]:

Für $w \ll \delta$ gilt $\quad R' = \dfrac{1}{\kappa\, w}\,; \quad L' = \dfrac{\mu\, w}{8}.$

Für $w \gg \delta$ gilt unter der Annahme einer beidseitigen Durchströmung

$$R' = \frac{1}{\kappa\, 2\delta}\,; \quad L' = \frac{\mu\, 2\delta}{8} = \frac{R'}{\omega}.$$

Bei einseitiger Durchströmung ist die wirksame Dicke der leitenden Schicht nur halb so groß, und es gilt:

$$R' = \frac{1}{\kappa\,\delta}\,;\quad L' = \frac{\mu\,\delta}{2} = \frac{R'}{\omega}\,.$$

Gitterflächenleiter mit dem Drahtdurchmesser d und dem Drahtmittenabstand a ≫ d [*Sirait* 1967; *Hylten-Cavallius, Giao* 1969]:

Für d ≪ δ gilt $\quad R' = \dfrac{4a}{\kappa\,\pi d^2}\,;\quad L' = L'_i + L'_a$

$$L'_i = \frac{\mu\,a}{8\pi}$$

$$L'_a = -\frac{\mu_0\,a}{2\pi}\,\ln\left(\sin\frac{\pi d}{2a}\right).$$

Für d ≫ δ gilt $\quad R' = \dfrac{a}{\kappa\,\pi d\delta}\,;\quad L' = L'_i + L'_a$

$$L'_i = \frac{1}{\omega}\,\frac{a}{\kappa\,\pi d\delta} = \frac{R'}{\omega}$$

$L'_a$ wie für d ≪ δ.

Unter der Voraussetzung a ≫ d sind diese Beziehungen auch gültig, wenn anstelle des in Bild A4-2b gezeichneten Gitterflächenleiters mit quadratischen Gitterfeldern andere Formen vorliegen wie z.B. sechseckige Gitterfelder.

Für Flächenleiter mit parallelen Teilströmen errechnet sich die Impedanz eines nach Bild A4-2 passend gewählten Rechtecks der Breite b und der Länge *l*:

$$\tilde{Z} = \tilde{Z}'\,\frac{l}{b}$$

Für Flächenleiter mit radialen Teilströmen errechnet sich die Impedanz eines nach Bild A4–3 passend gewählten Kreisringes mit den Radien r und R:

$$\tilde{Z} = \tilde{Z}'\,\frac{1}{2\pi}\,\ln\frac{R}{r}\,.$$

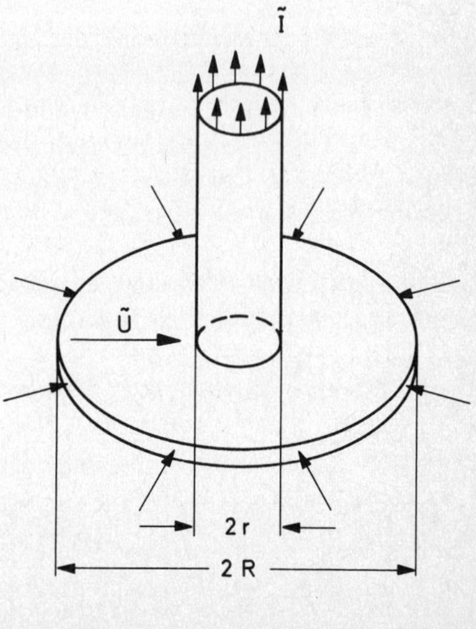

**Bild A4-3**
Flächenleiter mit einer Übergangsstelle des Stromes

Häufig ist nach der Potentialdifferenz gefragt, die zwischen zwei Übergangsstellen eines Stroms in einem ausgedehnten Flächenleiter auftreten. Eine solche Anordnung ist in Bild A4-4 dargestellt, wobei angenommen ist, daß die Ströme in zylindrischen Leitern vom Radius r im Mittenabstand c einem Flächenleiter geführt werden, dessen Abmessungen sehr groß gegenüber c sind. Analog zur Kapazität einer Doppelleitung [z.B. *Lautz* 1969] gilt:

$$\widetilde{Z} = \widetilde{Z}' \frac{1}{\pi} \ln(x + \sqrt{x^2 - 1}) \quad \text{mit} \quad x = c/2r.$$

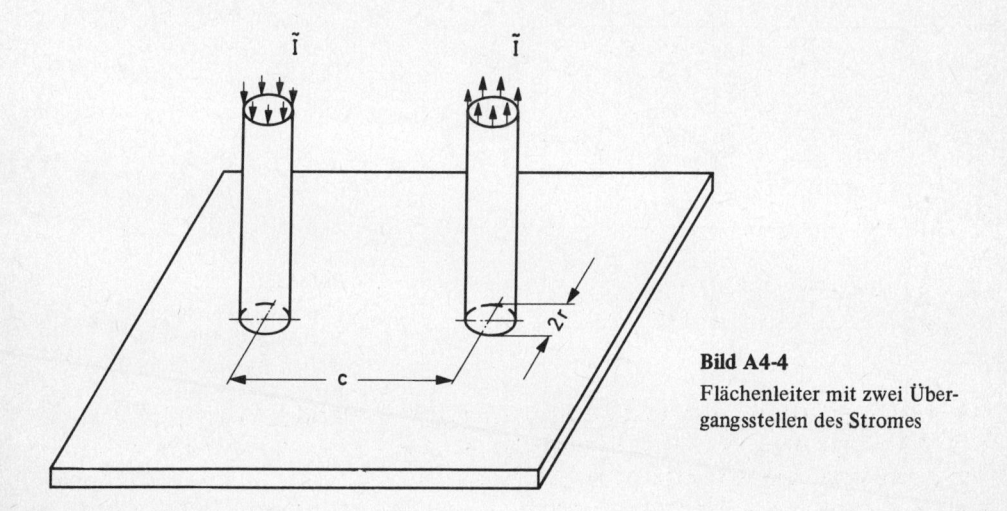

**Bild A4-4**
Flächenleiter mit zwei Übergangsstellen des Stromes

# Anhang 5
## Statistische Auswertung von Meßergebnissen

Bei der experimentellen Bestimmung der elektrischen Festigkeit von Isolieranordnungen erhält man Meßwerte, die je nach Isoliermaterial und Elektrodenkonfiguration eine beträchtliche Streuung aufweisen können. Sind die Schwankungen der Meßwerte zufälliger Natur, bedient man sich bei der Auswertung zweckmäßig der Methoden der mathematischen Statistik[1]). Dadurch ist es möglich, aus wenigen Messungen Aussagen über das Verhalten eines großen Kollektivs mit angebbarer Sicherheit zu machen. Weiterhin lassen sich Ergebnisse in einfacher und übersichtlicher Form darstellen und miteinander vergleichen. Auch gelingt es unter Umständen, mit statistischen Methoden festzustellen, daß verschiedene Mechanismen vorliegen, nämlich dann, wenn sich eine Meßreihe in verschiedene Teilkollektive aufteilen läßt.

---

[1]) Dieser Anhang wurde in Anlehnung an den Entwurf Juni 1970 der IEC Kommission TC 42: High-Voltage Test Techniques. Test Procedures zusammengestellt; weiteres Schrifttum u.a. *Kreyszig* 1967; DIN 1319.

Die Anwendung der Statistik soll hier am Beispiel der für die Hochspannungstechnik besonders wichtigen Durchschlagsspannung $U_d$ behandelt werden; die gleichen Gesetzmäßigkeiten gelten für andere Meßgrößen. Zweckmäßig unterscheidet man zwischen zwei Gruppen von Meßergebnissen, die im folgenden unter A5.1 und A5.2 behandelt werden.

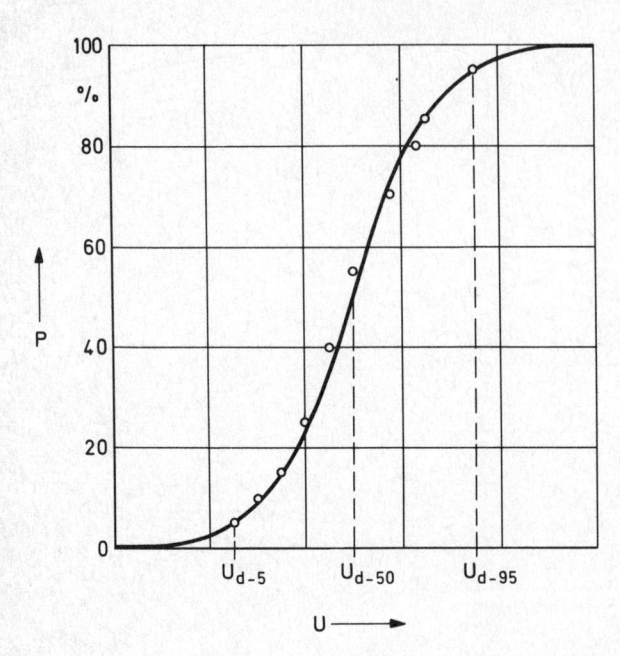

**Bild A5-1**
Experimentell ermittelte Verteilungsfunktion für Durchschlagsspannungen, dargestellt im linearen Koordinatensystem

## A5.1. Direkte Bestimmung von Wahrscheinlichkeitswerten

Bei einer ersten Gruppe von Untersuchungen wird eine Spannung mit bestimmtem zeitlichen Verlauf mehrfach auf denselben Prüfling (oder mehrere gleiche Prüflinge bei zerstörenden Durchschlägen) gegeben und für einen bestimmten Wert der Spannung U jeweils die Anzahl $n_d$ der Durchschläge aus einer Gesamtzahl n bestimmt. Die Durchschlagswahrscheinlichkeit $P(U) = n_d/n$ wird auf diese Weise direkt ermittelt. So erhält man z.B. bei der Prüfung von Isolatoren mit vollen Stoßspannungen direkt die in Bild A5-1 dargestellte Verteilungsfunktion der Durchschlagsspannung. Wichtige Kennwerte sind z.B. die Spannungen $U_{d-50}$, $U_{d-5}$ und $U_{d-95}$.

Zur Auswertung trägt man zweckmäßig die für verschiedene Spannungswerte gemessenen Durchschlagswahrscheinlichkeiten in einem Wahrscheinlichkeitsnetz auf und erhält eine Darstellung nach Bild A5-2. Liegen die gemessenen Punkte wie gezeichnet näherungsweise auf einer Geraden, so kann man annehmen, daß die Durchschlagsspannung des untersuchten Prüflings einer Gauß- oder Normalverteilung gehorcht. Die Ordinate dieses Wahrscheinlichkeitsnetzes ist nämlich so geteilt, daß die Summenhäufigkeitskurve der Normalverteilung eine Gerade wird. Die Annahme einer Normalverteilung für die Durchschlagsspannung von Anordnungen mit gasförmiger, flüssiger oder fester Isolation ist

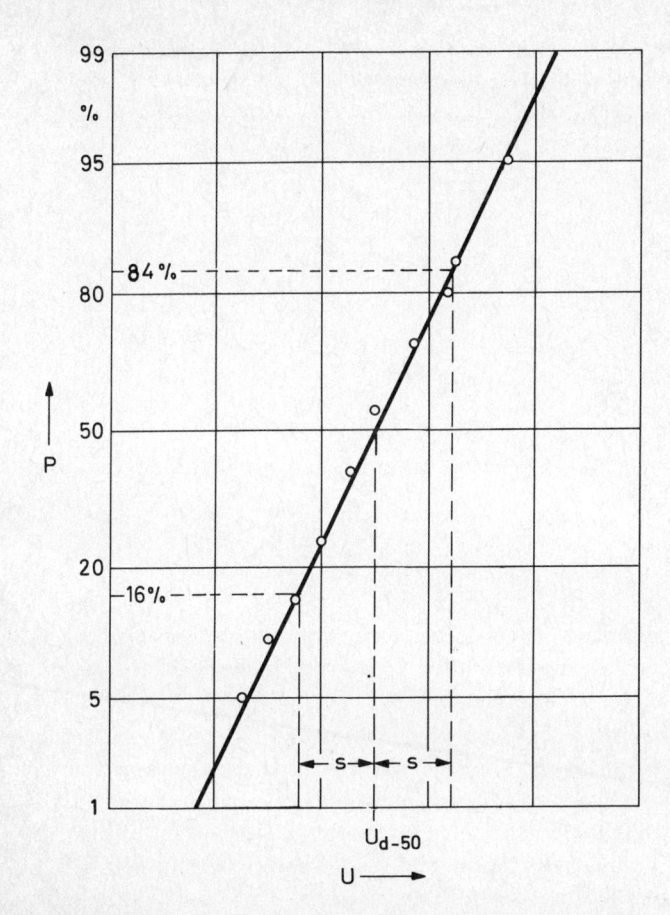

Statistische Auswertung von Meßergebnissen 213

**Bild A5-2**
Darstellung der Verteilungsfunktion von Bild A5-1 im Wahrscheinlichkeitsnetz

in den meisten Fällen zulässig, wenn man sich auf den Bereich der Durchschlagswahrscheinlichkeiten von etwa 5–95 % beschränkt; außerhalb dieses Bereiches müssen spezielle Verfahren angewandt werden [siehe z.B. im Entwurf Juni 1970 der IEC-Kommission TC 42: High-Voltage Test Techniques. Test Procedures].

Hat man im Wahrscheinlichkeitsnetz eine den gemessenen Verlauf annähernde Gerade eingetragen, so liest man bei der Durchschlagswahrscheinlichkeit P(U) = 50 % den Wert $\overline{U}_d \approx U_{d-50}$ ab. Ferner ergibt sich die Standardabweichung s der Meßreihe als Differenz der Spannungen zwischen P(U) = 50 % und 16 % oder auch 50 % und 84 %, da die Gaußverteilung symmetrisch ist.

## A5.2. Bestimmung der Verteilungsfunktion einer Meßgröße

Bei einer zweiten Gruppe von Untersuchungen wird eine bestimmte Spannung an einen Prüfling angelegt und so lange gesteigert, bis es zum Durch- oder Überschlag kommt. Beim folgenden Versuch am selben Prüfling (bzw. an einem neuen, gleichartigen Prüfling bei zerstörenden Durchschlägen) ergibt sich ein etwas abweichender Wert der Durchschlagsspannung. Man erhält also hier eine Meßreihe von $U_d$-Werten, die eine

Streuung aufweisen. Die Aufnahme der Stoßkennlinien von Funkenstrecken oder Ableitern gehört beispielsweise zu dieser Art von Prüfungen.

Für eine Meßreihe von n Durchschlagsspannungswerten $U_{d_i}$ berechnet man den Mittelwert $\overline{U}_d$ und die Standardabweichung s nach den folgenden Gleichungen:

$$\overline{U}_d = \frac{1}{n} \sum_{i=1}^{n} U_{d_i}$$

$$s = \sqrt{\frac{1}{n-1} \sum_{i=1}^{n} (U_{d_i} - \overline{U}_d)^2}$$

Die Standardabweichung kann auch auf $\overline{U}_d$ bezogen werden und wird dann als Variationskoeffizient v bezeichnet:

$$v = \frac{s}{\overline{U}_d}$$

Diese Berechnung kann ganz allgemein bei beliebiger Verteilung durchgeführt werden. Bei Annahme einer Normalverteilung müssen 84 % − 16 % = 68 % der $U_d$-Werte innerhalb des Bereiches von $\overline{U}_d$-s bis $\overline{U}_d$+s zu finden sein.

Es ist auch eine grafische Auswertung der Meßreihe auf Wahrscheinlichkeitspapier analog Bild A5-2 möglich. Dazu trägt man $P(U_d) = n_i/(n+1)$ im Wahrscheinlichkeitsnetz als Funktion von $U_{d_i}$ auf, wobei die Durchschlagswerte nach der Höhe geordnet werden und $n_i$ die Ordnungszahl der Durchschlagsspannung $U_{d_i}$ bei einer Gesamtzahl von n Durchschlägen bedeutet. Die Verteilungsfunktion wird im Wahrscheinlichkeitsnetz wiederum durch eine Gerade angenähert, aus deren Verlauf $\overline{U}_d$ und s wie oben bestimmt werden können. Man erhält nur im Ausnahmefall die exakt gleichen Werte wie man sie aus den Gleichungen berechnet, gewinnt jedoch bei dem grafischen Verfahren ein Bild der Verteilungsfunktion, was in vielen Fällen aufschlußreich sein kann.

### A5.3. Bestimmung der Vertrauensgrenzen des Mittelwertes der Durchschlagsspannung

Die nach A5.2 aus der beschränkten Anzahl von n Messungen einer Meßreihe gewonnenen Werte $\overline{U}_d$ und s stellen mathematisch betrachtet mehr oder weniger genaue Schätzungen der entsprechenden Werte der sehr großen Grundgesamtheit von Prüflingen dar. Man kann nun wiederum unter der Annahme einer Normalverteilung der $U_d$-Werte für eine Messung die Grenzen angeben, innerhalb derer der Mittelwert einer Meßreihe mit $n \to \infty$ unter Vorgabe einer bestimmten statistischen Sicherheit P zu erwarten ist. Die Berechnung dieser „Vertrauensgrenzen des Mittelwertes" ist vor allem beim Vergleich verschiedener Meßreihen sehr nützlich.

Es liege eine Stichprobe mit n Meßwerten vor, deren Mittelwert zu $\overline{U}_d$ und deren Standardabweichung zu s berechnet wurde. Der Mittelwert der Durchschlagsspannung

Statistische Auswertung von Meßergebnissen 215

aus unendlich vielen Einzelmessungen liegt dann mit einer vorgegebenen Sicherheit P innerhalb der Vertrauensgrenzen des Mittelwertes der Stichprobe mit n Prüfkörpern:

$$\overline{U}_d \pm \frac{t}{\sqrt{n}} s$$

Der Faktor t ist abhängig vom gewählten Wert für P sowie der Stichprobenzahl n und ist in statistischen Handbüchern tabelliert [*Owen* 1962; *Kreyszig* 1967]. Für eine statistische Sicherheit von P = 95 % gelten die folgenden Werte:

| n | 5 | 10 | 20 | 50 | 100 | 200 | ∞ |
|---|---|----|----|----|-----|-----|---|
| t | 2,8 | 2,3 | 2,1 | 2,0 | 2,0 | 1,97 | 1,96 |
| t/√n | 1,24 | 0,72 | 0,47 | 0,28 | 0,2 | 0,14 | 0 |

Will man z.B. anhand von Stichprobenmessungen ermitteln, welche von zwei etwas unterschiedlich ausgeführten Typen von Prüfkörpern die höhere elektrische Festigkeit besitzt, so berechnet man für jede Stichprobe den Mittelwert $\overline{U}_d$ und dessen Vertrauensgrenzen. Überdecken sich die Vertrauensgrenzen für beide Stichproben nicht, so kann

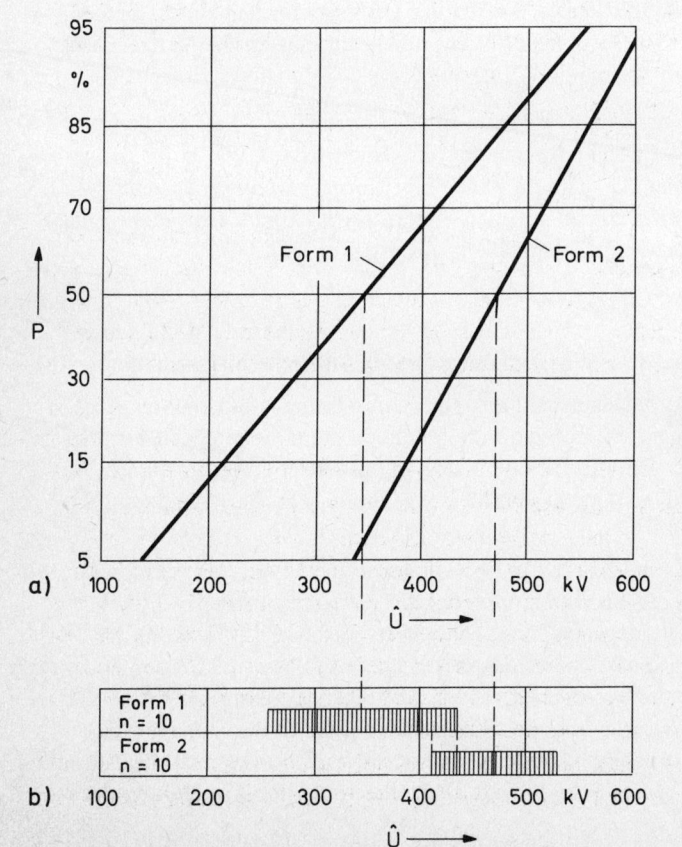

**Bild A5-3**

Stoßdurchschlagsspannungen von zwei verschiedenen Bauformen eines Prüfkörpers

a) Verteilungsfunktionen
b) Vertrauensgrenzen der Mittelwerte
$U_{d-50}$ (P = 95 %); ein Einfluß der Bauform auf $U_{d-50}$ ist statistisch gesichert

mit der gewählten statistischen Sicherheit von z.B. p = 95 % ausgesagt werden, daß die eine Ausführung eine höhere Durchschlagsspannung besitzt. Dieser Sachverhalt ist in Bild A5-3 grafisch dargestellt. Im Falle der Überdeckung der Grenzen könnte der gemessene Unterschied zufällig sein. Ein Beispiel hierfür zeigt Bild A5-4.

### A5.4. Angaben zur Bestimmung von Durchschlagsspannungen mit vorgegebener Wahrscheinlichkeit

Kennt man den Mittelwert und die Standardabweichung der Durchschlagsspannungen einer Anordnung, so kann man wiederum unter Annahme einer Normalverteilung Aussagen über die wahrscheinliche Verteilung der Meßwerte machen.

Es fallen von n = 1000 unabhängigen Einzelmessungen

$\quad$ 317 außerhalb des Bereiches $\overline{U}_d \pm s$
$\quad$ 46 außerhalb des Bereiches $\overline{U}_d \pm 2s$
$\quad$ 3 außerhalb des Bereiches $\overline{U}_d \pm 3s$

wobei angenommen ist, daß bei n = 1000 sich die gemessenen Werte für $\overline{U}_d$ und s nur noch geringfügig von den entsprechenden Werten der Grundgesamtheit unterscheiden. Genau genommen und vor allem bei kleiner Stichprobenzahl müssen die Vertrauensbereiche von $\overline{U}_d$ und s beachtet werden.

Bei praktischen Messungen nach A5.1 wird nun oft der Wert $\overline{U}_d - 3s$ als Schätzwert für die Stehstoßspannung $U_{d-0}$ einer Anordnung verwendet bzw. $\overline{U}_d + 3s$ für die gesicherte Durchschlagsspannung $U_{d-100}$. Im Falle einer Normalverteilung der Durchschlagsspannungen und bei hinreichend genauen Werten für $\overline{U}_d$ und s entsprechen diese Grenzwerte einer Durchschlagswahrscheinlichkeit von 0,3 bzw. 99,7 %.

### A5.5. "Up and Down" Methode zur Bestimmung der 50 %-Durchschlagsspannung

Wenn lediglich die 50 %-Durchschlagsspannung einer Anordnung, wie sie unter A5.1 behandelt wurde, mit geringem Zeitaufwand und dennoch guter Genauigkeit ermittelt werden soll, so ist dazu die "Up and Down" Methode besonders geeignet. Dieses Verfahren liefert mit einer geringen Anzahl von Messungen eine sehr gute Schätzung für $U_{d-50}$.

Man wählt hierbei zunächst eine Spannung $U_k$ (ein geschätzter Wert der gesuchten Durchschlagsspannung) und ein Spannungsintervall $\Delta U_k$, welches etwa bei 3 % von $U_k$ liegen soll. Eine Stoßspannung mit dem Scheitelwert $U_k$ wird auf den Prüfling gegeben. Erfolgt kein Durch- oder Überschlag, so erhält der folgende Stoß den Scheitelwert $U_k + \Delta U_k$. Erfolgt ein Durchschlag, so ist der folgende Scheitelwert $U_k - \Delta U_k$. Dieses Verfahren führt man fort, wobei der Scheitelwert jeder Stoßspannung durch das Ergebnis des vorhergehenden Versuches bestimmt wird. Man registriert die Anzahl der Stoßspannungen $n_i$ bei jedem Scheitelwert $U_i$, der sich bei der Anwendung der

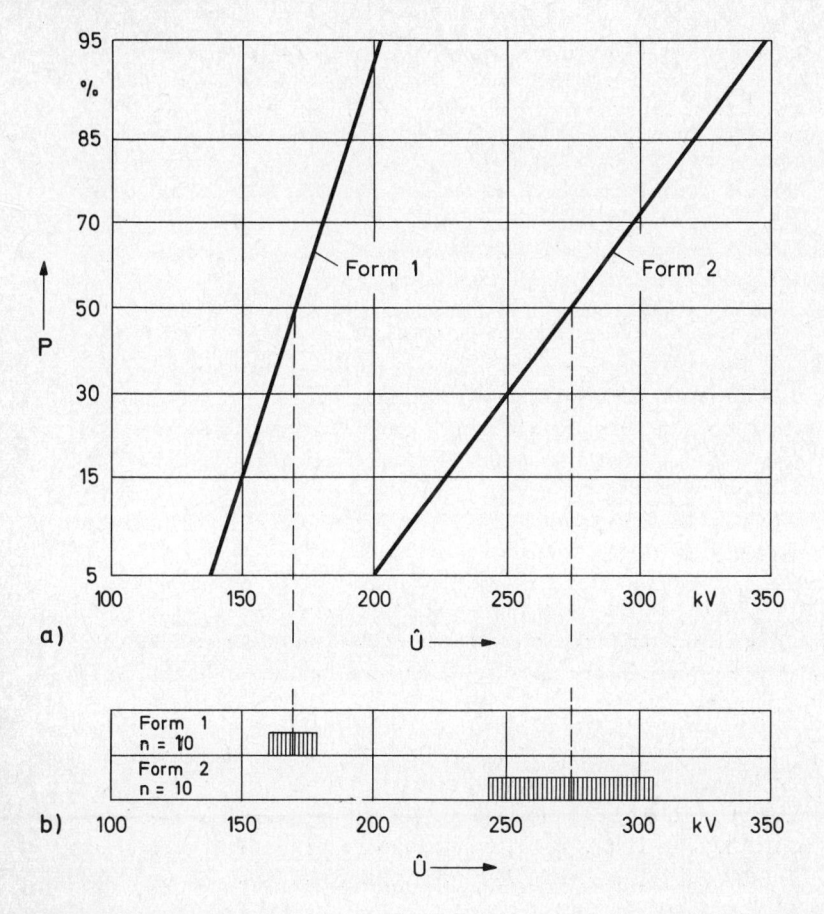

**Bild A5-4.** Stoßdurchschlagsspannungen von zwei verschiedenen Bauformen eines Prüfkörpers
a) Verteilungsfunktionen
b) Vertrauensgrenzen der Mittelwerte
$U_{d-50}$ (P = 95 %); kein statistisch gesicherter Einfluß der Bauform auf $U_{d-50}$

obigen Vorschrift ergibt und kann daraus die 50 %-Durchschlagsspannung nach folgender Gleichung bestimmen:

$$U_{d-50} = \frac{\Sigma n_i U_i}{\Sigma n_i}$$

Schon bei $\Sigma n_i$ = 20 findet sich der so bestimmte Wert mit hoher Sicherheit in dem Bereich der Durchschlagswahrscheinlichkeit zwischen P(U) = 30 % und P(U) = 70 %.

Auch die Standardabweichung kann aus einer solchen Meßreihe zur Bestimmung von $U_{d-50}$ ermittelt werden [*Dixon, Massey* 1969]. Dann ist jedoch eine größere Anzahl $\Sigma n_i$ von Messungen erforderlich.

# Schrifttum

*AEG*, Das Hochspannungsinstitut der AEG, Festschrift zur Eröffnung des Instituts in Kassel 1953, s. auch AEG-Mitteilungen 43 (1953), S. 256–304.

*Älgbrant, A., Brierley, A. E., Hylten-Cavallius, N., Ryder, D.H.*, Switching Surge Testing of Transformers, IEEE PAS 85 (1966), S. 54–61.

*Anderson, J. C.*, Dielectrics, Chapman and Hall, London 1964.

*Baatz, H.*, Überspannungen in Energieversorgungsnetzen, Springer, Berlin 1956.

*Baldinger, E.*, Kaskadengeneratoren, in Flügge, S.: Handbuch der Physik, Bd. 44, Springer Berlin 1959.

*Bertele, H., Mitterauer, J.*, Hochstromtechnik in der modernen Forschung und Entwicklung der Kernfusion, E. u. M. 87 (1970), S. 139–152 und S. 305–353.

*Bewley, L. V.*, Traveling Waves on Transmission Systems, 2. Aufl., Dover Publ., New York 1951.

*Boeck, W.*, Eine Scheitelspannungs-Meßeinrichtung erhöhter Meßgenauigkeit mit digitaler Anzeige, ETZ-A 84 (1963), H. 26, S. 883–886.

*Böning, P.*, Das Messen hoher elektrischer Spannungen, Braun, Karlsruhe 1953.

*Böning, P.*, Kleines Lehrbuch der elektrischen Festigkeit, Braun, Karlsruhe 1955.

*Carrara, G., Zaffanella, L.*, UHV Laboratory Clearence Tests, IEEE-Paper Nr. 68 P 692-PWR, Chicago 1968.

*Craggs, J. D., Meek, J. M.*, High Voltage Laboratory Technique, Butterworth, London 1954.

*Deutsch, F.*, Schalter für Hochstromimpulse bei hohen Spannungen, Bull. SEV 55 (1964), Nr. 22, S. 1123–1129.

*Dixon, W. J., Massey, F. J.*, Introduction to Statistical Analysis, McGraw Hill, New York 1969.

*Elsner, R.*, Das neue Höchstspannungsprüffeld der Siemens-Schuckertwerke in Nürnberg, Siemens–Z. 26 (1952), H. 6, S. 259–267.

*Felici, N. J.*, Elektrostatische Hochspannungs-Generatoren, Braun, Karlsruhe 1957.

*Fischer, A.*, Hochspannungslaboratorien im In- und Ausland, ETZ-A 90 (1969), H. 25, S. 656–662.

*Fitch, R. A., Howell, V. T. S.*, Novel Principle of Transient High-Voltage Generation, Proc. IEE 111 (1964), Nr. 4, S. 849–855.

*Flegler, E.*, Einführung in die Hochspannungstechnik, Braun, Karlsruhe 1964.

*Früngel, F.*, Impulstechnik, Akad. Verlagsges., Leipzig 1960.

*Früngel, F.*, High Speed Pulse Technology, Vol. I u. II, Academic Press, New York 1965.

*Gänger, B.*, Der elektrische Durchschlag von Gasen, Springer, Berlin 1953.

*Gontscharenko, G. M., Dmochowskaja, L. F., Shakov, E. M.*, Ispitalelnie Ustanowki; i ismeritelnie Ustroistwa W Laboratorijach wisokogo (Versuchsanlagen und Meßeinrichtungen in Hochspannungslaboratorien), Naprijaschenija, Moskwa 1966.

*Grabner, K.*, 1400-kV-Wechselspannungs-Prüfkaskade in Säulenbauweise, ELIN-Z. 19 (1967), S. 24–32.

*Greenwood, A.*, Electrical Transients in Power Systems, Wiley, New York 1971

*Gsodam, H., Stockreiter, H.*, Das neu erbaute Hochspannungslaboratorium und Transformatorenprüffeld der ELIN-UNION im Werk Weiz, ELIN-Z. 17 (1965), S. 132–137.

*Hartig, A.*, Unvollkommener und vollkommener Durchschlag in Schwefelhexafluorid, Diss. TH Braunschweig 1966 (Beiheft Nr. 3 der ETZ).

*Hayashi, Ch.*, Nonlinear Oscillations in Physical Systems, McGraw Hill, New York 1964.

*Hecht, A.*, Elektrokeramik, Springer, Berlin 1959.

*Helmchen, G.*, Die Entwicklung der Stoßspannungstechnik, ETZ-A 84 (1963), H. 4, S. 107–113.

*Heilbronner, F.*, Das Durchzünden mehrstufiger Stoßgeneratoren, ETZ-A 92 (1971), H. 6, S. 372–376.

*Heise, W.*, Tesla-Transformatoren, ETZ-A 85 (1964), H. 1, S. 1–8.

*Heller, B., Veverka, A.*, Surge Phenomena in Electrical Machines, Akademia Prague 1968.

*Herb, R. G.*, Van de Graaff Generators, in Flügge, S.: Handbuch der Physik, Bd. 44, Springer Berlin 1959.

*Heynei, V.,*, Erweiterung des Transformatorenprüffeldes und Neubau eines Hochspannungslaboratoriums, BBC-Nachr. 51 (1969), H. 2, S. 67–73.

*v. Hippel, A.*, Dielectric Materials and Applications, 2. Aufl., Wiley, New York 1958.

*Hövelmann, F.*, Untersuchungen über das Stoßdurchschlagsverhalten von technischen Elektrodenanordnungen in Luft von Atmosphärendruck, Diss. TH Aachen 1966.

*Hylten-Cavallius, N. R., Giao, T. N.*, Floor Net Used as Ground Return in High-Voltage Test Areas, IEEE PAS 88 (1969), Nr. 7, S. 996–1005.

*Hylten-Cavallius, N. R.*, Calibration and Checking Methods of Rapid High-Voltage Impulse Measuring Circuits, IEEE PAS 89 (1970), Nr. 7, S. 1393–1403.

*Imhof, A.*, Hochspannungs-Isolierstoffe, Braun, Karlsruhe 1957.

*Jiggins, A. H., Bevan, J. S.*, Voltage Calibration of a 400 kV Van de Graaff Maschine, J. Sc. Instruments 43 (1966), S. 478–479.

*Kaden, H.*, Wirbelströme und Schirmung in der Nachrichtentechnik, 2. Aufl., Springer Berlin 1959.

*Kappeler, H.*, Hartpapierdurchführungen für Höchstspannung, Bull. SEV 40 (1949), Nr. 21, S. 807–815.

*Kieback, D.*, Der Oeldurchschlag bei Wechselspannung, Diss. TU Berlin 1969.

*Kind, D.*, Meßgerät für hohe Spannungen mit umlaufenden Meßelektroden, ETZ-A 77 (1956), H. 1, S. 14–16.

*Kind, D.*, Die Aufbaufläche bei Stoßspannungsbeanspruchung technischer Elektrodenanordnungen in Luft, ETZ-A 79 (1958), H. 3, S. 65–69.

*Kind, D., Salge, J.*, Über die Erzeugung von Schaltspannungen mit Hochspannungs-Prüftransformatoren, ETZ-A 86 (1965), H. 20, S. 648–651.

*Kind, D., König, D.*, Untersuchungen an Epoxidharzprüflingen mit künstlichen Hohlräumen bei Wechselspannungsbeanspruchung, Elektrie 21 (1967), S. 9–13.

*Knoepfel, H.*, Pulsed High Magnetic Fields, North-Holland Publ. Comp., Amsterdam 1970.

*Knudsen, N. H.*, Abnormal Oscillations in Electric Circuits Containing Capacitance, Trans. of the Royal Institute of Technology Nr. 69, Stockholm 1953.

*Kreuger, F. H.*, Discharge Detection in High Voltage Equipment, Heywood, London 1964.

*Kreyszig, E.*, Statistische Methoden und ihre Anwendungen, Vandenhoeck & Ruprecht, Göttingen 1967.

*Küpfmüller, K.*, Einführung in die theoretische Elektrotechnik, Springer, Berlin 1965.

*Kuffel, E., Abdullah, M.*, High-Voltage Engineering, Pergamon Press, Oxford 1970.

*Läpple, H.*, Das Versuchsfeld für Hochspannungstechnik des Schaltwerks der Siemens-Schuckert-Werke, Siemens-Z. 40 (1966), H. 5, S. 428–435.

*Lautz, G.*, Elektromagnetische Felder, Teubner, Stuttgart 1969.

*Leroy, G., Bouillard, J. G., Gallet, G., Simon, M.*, Essais diélectriques et très hautes tensions "Le L.T.H.T. des Renardières", Société Française des Electriciens, 1ère Section, Avril 1971.

*Lesch, G.*, Lehrbuch der Hochspannungstechnik, Springer, Berlin 1959.

*Leu, J.*, Teilentladungen in Epoxydharz-Formstoff mit künstlichen Fehlstellen, ETZ-A 87 (1966), S. 659–665.

*Liebscher, F., Held, H.,* Kondensatoren, Springer, Berlin 1968.
*Llewellyn-Jones, F.,* Ionization and Breakdown in Gases, Science Paperbacks, London 1957.
*Lührmann, H.,* Fremdfeldbeeinflussung kapazitiver Spannungsteiler, ETZ-A 91 (1970), H. 6, S. 332–335.
*Marx, E.,* Hochspannungspraktikum, 2. Aufl., Springer, Berlin 1952.
*Meek, J. M., Craggs, J. D.,* Electrical Breakdown of Gases, Clarendon Press, Oxford 1953.
*Micafil,* Hochspannungs-Laboratorium Micafil, Firmenschrift zur Einweihung des Laboratoriums in Zürich 1963.
*Minkner, R.,* Der Drahtwiderstand als Bauelement für die Hochspannungstechnik und Rechentechnik, Meßtechnik 4 (1969), S. 101–106.
*Möller, K.,* Spannungsabfälle in den Wänden metallisch abgeschirmter Hochspannungslaboratorien, ETZ-A 86 (1965), H. 13, S. 421–426.
*Mole, G.,* Basic Characteristics of Corona Detector Calibrators, IEEE PAS 89 (1970), S. 198–204.
*Mosch, W.,* Die Nachbildung von Schaltüberspannungen in Höchstspannungsnetzen durch Prüfanlagen, Wiss. Z. TU Dresden 18 (1969), H. 2., S. 513–517.
*Mürtz, H.,* Hochspannungs-Explosionsverformung, ETZ-B 16 (1964), H. 18, S. 529–535.
*Nasser, E., Heiszler, M.,* Educational Laboratories in High-Voltage Engineering, IEEE E-12 (1969), Nr. 1, S. 60–66.
*Nasser, E.,* Fundamentals of Gaseous Ionization and Plasma Electronics, Wiley, New York 1971.
*Owen, D. B.,* Handbook of Statistical Tables, Addison-Wesley, London 1962.
*Paasche, P.,* Hochspannungs-Messungen, VEB Verlag Technik, Berlin 1957.
*Petersen, C.,* Untersuchungen über die Zündverzugszeit von Dreielektroden-Funkenstrecken, ETZ-A 86 (1965), H. 17, S. 545–552.
*Pfestorf, G. K. M., Jayaram, B. N.,* Über die theoretische Behandlung der Kaskadenschaltung von Hochspannungstransformatoren, Jahrbuch der TH-Hannover 1958/60.
*Philippow, E.,* Nichtlineare Elektrotechnik, Akad. Verlagsanstalt, Leipzig 1963.
*Philippow, E.,* Taschenbuch Elektrotechnik, Band 2, Starkstromtechnik, VEB Verlag Technik, Berlin 1966.
*Philippow, E.,* Taschenbuch Elektrotechnik, Band 1, Grundlagen, VEB Verlag Technik, Berlin 1968.
*Potthoff, K., Widmann, W.,* Meßtechnik der hohen Wechselspannungen, Vieweg, Braunschweig 1965.
*Prinz, H., Zaengl, W.,* Ein 100-kV-Experimentierbaukasten, Elektrizitätsw. 59 (1960), H. 20, S. 728–734.
*Prinz, H.,* Hochspannungs-Messung mit dem rotierenden Voltmeter, ATM Blatt J 763–3, 4, 5 (1939).
*Prinz, H.,* Feuer, Blitz und Funke, Bruckmann, München 1965.
*Prinz, H.,* Hochspannungsfelder, Oldenbourg, München 1969.
*Raether, H.,* Electron Avalanches and Breakdown in Gases, Butterworth, London 1964.
*Raupach, F.,* MWB-Hochspannungslaboratorium, Firmenschrift zur Inbetriebnahme des Laboratoriums in Bamberg 1969.
*Rieder, W.,* Plasma und Lichtbogen, Vieweg, Braunschweig 1967.
*Rodewald, A.,* Ausgleichsvorgänge in der Marxschen Vervielfachungsschaltung nach der Zündung der ersten Schaltfunkenstrecke, Bull. SEV 60 (1969), H. 2, S. 37–44.
*Roth, A.,* Hochspannungstechnik, 4. Aufl., Springer, Wien 1959.
*Rüdenberg, R.,* Elektrische Schaltvorgänge, 4. Aufl., Springer, Berlin 1953.
*Rüdenberg, R.,* Elektrische Wanderwellen, 4. Aufl., Springer, Berlin 1962.
*Salge, J., Peier, D., Brilka, R., Schneider, D.,* Application of Inductive Energy Storage for the Production of Intense Magnetic Fields, Proc. 6th Symp. on Fusion Technology, Aachen 1970.

*Salge, J.*, Drahtexplosionen in induktiven Stromkreisen, Habilitationsschrift TU Braunschweig 1971.

*Schiweck, L.*, Untersuchungen über den Durchschlagsvorgang in Epoxidharz-Formstoff bei hohen Spannungen, ETZ-A 90 (1969), H. 25, S. 675–678.

*Schwab, A. J.*, Hochspannungsmeßtechnik, Springer, Berlin 1969.

*Siemens,* Formel- und Tabellenbuch für Starkstrom-Ingenieure, 2. Aufl., Girardet, Essen 1960.

*Sirait, T.*, Elektrische Ausgleichsvorgänge in den Erdflächenleitern von Hochspannungslaboratorien, Diss. TH Braunschweig 1967.

*Sirotinski, L. I.*, Hochspannungstechnik, Band I, Teil 1: Gasentladungen, VEB Verlag Technik, Berlin 1955.

*Sirotinski, L. I.*, Hochspannungstechnik, Band I, Teil 2: Hochspannungsmessungen, Hochspannungslaboratorien, VEB Verlag Technik, Berlin 1956.

*Sirotinski, L. I.*, Hochspannungstechnik: Äußere Überspannungen, Wanderwellen, VEB Verlag Technik, Berlin 1965.

*Sirotinski, L. I.*, Hochspannungstechnik: Innere Überspannungen, VEB Verlag Technik, Berlin 1966.

*Slamecka, E.*, Prüfung von Hochspannungs-Leistungsschaltern, Springer, Berlin 1966.

*Stamm, H., Porzel, R.*, Elektronische Meßverfahren, VEB Verlag Technik, Berlin 1969.

*Stephanides, H.*, Grundregeln für den Aufbau von Erdungssystemen in Hochspannungslaboratorien, E. u. M. 76 (1959), S. 73–79.

*Strigel, R.*, Elektrische Stoßfestigkeit, Springer, Berlin 1955.

*Unger, H. G.*, Theorie der Leitungen, Vieweg, Braunschweig 1967.

*Wellauer, M.*, Einführung in die Hochspannungstechnik, Birkhäuser, Basel 1954.

*Widmann, W.*, Stoßspannungs-Generatoren, ATM Blatt Z 44-6, 7, 8 (1962).

*Wiesinger, J.*, Einfluß der Frontdauer der Stoßspannung auf das Ansprechverhalten von Funkenstrecken, Bull. SEV 57 (1966), Nr. 6, S. 243–246.

*Wiesinger, J.*, Funkenstrecken unter Blitz- und Schaltstoßspannungen, ETZ-A 90 (1969), H. 17, S. 407–411.

*Winkelnkemper, H.*, Die Aufbauzeit der Vorentladungskanäle im homogenen Feld in Luft, ETZ-A 86 (1965), H. 20, S. 657–663.

*Whitehead, S.*, Dielectric Breakdown of Solids, Clarendon Press, Oxford 1951.

*Zaengl, W.*, Der Stoßspannungsteiler mit Zuleitung, Bull. SEV 61 (1970), Nr. 21, S. 1003–1017.

*Zaengl, W., Völcker, O.*, Messung des Scheitelwerts hoher Wechselspannungen, ATM Blatt V 3383-4 (1961).

*Zaengl, W.*, Das Messen hoher, rasch veränderlicher Stoßspannungen, Diss. TH München 1964.

# Sachwortverzeichnis

Abgrenzung 76 f., 201 f.
Ableiterfunkenstrecke 200
Abschirmung 53 f., 76, 80 f.
Anstiegszeit 40
Antwortzeit 39, 42 ff., 153, 158
Aufbaufläche 45 f., 154 f.
Aufbauzeit 110 f., 154
Ausnutzungsgrad 31, 33

Blitzstoßspannung 29 f.
Blumlein-Generator 35

*Chubb* und *Fortescue,* Messung nach 9 f., 10 f.

Dreielektroden-Funkenstrecken 92 ff.
Durchschlag 144 ff.
— Festigkeit 129 f.
— Wahrscheinlichkeit 37 f., 110 ff.

Einsetzspannung 62 ff., 140, 142 f.
Einweg-Gleichrichterschaltung 16 f.
*Elsner,* Schaltung nach 165
Energiespeicher 35, 48 ff.
Entladekreise zur Erzeugung von Stoßströmen 50 ff.
Erdschluß 170, 177
Erdung 76 ff., 202
Erdungsziffer 170
Ersatzschaltbild, äußere Teilentladungen 62 ff.
—, innere Teilentladungen 65 f.
—, verlustbehaftetes Dielektrikum 57, 60
—, Prüftransformatoren 5

Faraday-Käfig 82
Faserbrückendurchschlag 127 f., 132 f.
Feldbestimmung, grafische 116
Forroresonanz 175
Flächenleiter 207 ff.
Funkenstrecken 7 ff., 37 f., 90 ff.

Generatoren, elektrostatische 21 ff.
Generatorprinzip, Spannungs- und Feldsträckenmesser nach dem 24 ff.

Gleichrichter 15 f., 18, 106 f.
Gleichspannungen, Erzeugung 15 ff., 103 f.
—, Kenngrößen 14 f.
—, Messung 23 ff.
Gleitentladungen 134, 139 f.
Greinacher-Kaskadenschaltung 20 f.
— -Verdoppelungsschaltung 19, 97, 103 f., 107 f.
Grenzfrequenz 40

*Hagenguth,* Schaltung nach 165
Hochspannungs-Baukasten 94 ff.
Hochspannungs-Versuchsanlagen, Abgrenzung 76 f.
—, Abschirmung 76, 80 f.
—, Erdung 76 ff.

IEC-Empfehlungen 161
Isolationskoordination 155, 162
Isoliergase 146 ff.
Isolieröl, Leitfähigkeit 125 f., 130 f.
—, Prüfung 162 f., 165 f.
—, Verlustfaktor 126 f., 131 f.
Isolierschirme 104 ff., 108 f.

Kanal-Mechanismus 145 f.
Kapazitäten von Hochspannungsprüflingen 73
Kaskadenschaltung, Gleichspannung 20 f.
—, Wechselspannung 2 ff., 204 f.
Keilstoßspannungen 28
Kippschwingungen 170 ff., 177 f.
Klydonograf 140
Kondensatoren 88 ff.
Koronaentladung 62, 134, 136 f.
Kraftwirkungen im magnetischen Feld 191 f., 197 f.
Kugelfunkenstrecken 7 ff., 37 f.
Kurzschlußimpedanz 204 f.
Kurzschlußspannung 6

Laboratorien 74 f.
Laplace-Transformation 40, 206
Lichtbogen 192 ff.
— löschung 194 f.
Luftdichte, relative 9, 37

Marxscher Stoßspannungsgenerator 31 ff., 156 f.
Meßfunkenstrecken 7 ff., 37

Sachwortverzeichnis

Meßkondensatoren 9 f.
Mindestschlagweiten 71, 73, 84 f., 201
Mittelpunktsverlagerung 168 ff.

Paschen-Gesetz 150
Polaritätseffekt 104 f., 107 f.
Preßgaskondensator 90
Prüffelder 70 ff.
Prüftransformatoren 1 ff.
—, Auslegung 74
—, Kaskadenschaltung 2 ff., 204 f.
—, Verwendung zur Schaltstoßspannungserzeugung 35 ff.

Resonanzschaltungen 6 f.
Rogowski-Spule 54 f.

Spannungsmesser, elektrostatische 12 f.
Spannungsteiler, für Schaltstoßspannungen 42
—, gedämpft kapazitiver 43, 89
—, kapazitiver 10 ff., 42
—, ohmscher 41 f.
Spannungswandler 13 f.
Spiralgenerator 35
Sprungantwort 39, 44

Schaltstoßspannungen 30, 33
—, erzeugt mit Prüftransformatoren 35 ff.
Schering-Brücke 60
Schwefelhexafluorid 147 f., 151
Schwingungen, subharmonische 175 f., 178

*Starke* und *Schroeder,* Spannungsmesser nach 12 f.
Statistische Auswertung 211 ff.
Stehstoßspannung 111
Störspannungsmeßgerät 138
Stoßenergie 31
Stoßkennlinien 152 ff., 159 f.
Stoßspannung, Erzeugung 30 ff., 74, 113, 156 f.
—, Kenngrößen 28 ff.
—, Messung 37 ff.
—, Oszillografen 153
—, Teiler 38 ff., 152 f., 157 ff.

Stoßspannungskreise, Berechnung 33 ff., 206 f.
Stoßströme, Erzeugung 48 ff.
—, Kenngrößen 46 ff.
—, Messung 53 ff., 195 ff.
Streuzeit, statistische 110, 154

Teilentladungen, äußere 62 ff., 134
—, innere 65 f., 134
Tesla-Transformator 7
*Toepler,* Feldbestimmung nach 120, 123 f.
Townsend-Mechanismus 144 f.
Transformatorprüfung 163 ff.
Trichel-Impulse 135
Trog, elektrolytischer 118 f.

Überlagerungen 16 ff., 27 f., 103
Überlagerungsfaktor 107
Überspannungen, äußere 29
—, innere 29, 168 ff.
Überspannungsableiter 183 f., 188
Übertragungsverhalten 38 ff., 43 ff.
Unfälle 203
Up and Down-Methode 216 f.

van de Graaff-Generator 22 f.
VDE-Vorschriften 161
Verluste, dielektrische 56 ff.
Verlustfaktor 58 ff.
Villard-Schaltung 19

Wärmedurchschlag 128
Wanderwellen 179 ff.
—, leitung 35
Wasserwiderstände 86
Wechselspannungen, Erzeugung 1 ff.
—, Kenngrößen 1
—, Messung 7 ff., 100 ff.
Wellenersatzschaltbild 181
Wellenwiderstand 180
Wicklungsprüfung 164
Widerstände 86 ff.
Widerstandsbänder 88
Windungsprüfung 164

Zimmermann-Wittka-Schaltung 19 f.
Zündverzugszeit 110

## » Einführung in die Theorie der Elektrischen Maschinen

### Band I: Transformator und Gleichstrommaschine

Von Frank Taegen. Unter Mitarbeit von Edwin Hommes. Mit 163 Abbildungen. — Braunschweig: Vieweg 1970. VIII, 196 Seiten. DIN C 5 (uni-text/Lehrbuch.) Paperback 19,80 DM; gebunden 27,50 DM
ISBN 3 528 03521 8 (Pb.)
ISBN 3 528 03538 2 (gbd.)

Inhalt: *Zählpfeile — Einige physikalische Gesetze — Zählpfeilsysteme — Der verlust- und streuungslose Transformator — Konstruktiver Aufbau des Transformators — Drehstromtransformator — Spartransformator — Stromtransformator — Berechnung der Streuung — Erwärmung — Wirkungsweise einer Spule — Ankerwicklungen — Wirkungsweise der Gleichstrommaschine — Magnetischer Kreis und praktische Ausführung der Gleichstrommaschine.*

### Band II: Synchron- und Asynchronmaschine

Von Frank Taegen. Unter Mitarbeit von Edwin Hommes. Mit 125 Abbildungen. — Braunschweig: Vieweg 1971. XII, 233 Seiten. DIN C 5 (uni-text/Lehrbuch.) Paperback 19,80 DM; gebunden 27,50 DM
ISBN 3 528 03542 0 (Pb.)
ISBN 3 528 03541 0 (gbd.)

Inhalt: *Allgemeines über Drehfeldmaschinen — Spannungs- und Drehmomenterzeugung — Synchronmaschine — Stationärer Betrieb der Schenkelpolmaschine — Pendlungen von Synchronmaschinen — Anlauf und Synchronisierung — Einphasengenerator — Konstruktiver Aufbau der Synchronmaschine — Asynchronmaschine — Stationärer Betrieb der Asynchronmaschine mit Schleifringläufer — Stationärer Betrieb der Drehstrom-Asynchronmaschine mit Käfigläufer — Konstruktiver Aufbau der Drehstrom-Asynchronmaschine — Dynamisches Verhalten des Schleifringläufermotors — Anhang.*

## » vieweg